植物生理学

― 生化学反応を中心に ―

加藤 美砂子 著

裳 華 房

Introduction to Plant Physiology

by

MISAKO KATO

SHOKABO
TOKYO

はじめに

　植物生理学は最近，ますます面白くなってきた。なぜならば，科学技術の進歩により，植物生理学の研究にもゲノム解析を初めとする新しい手法が怒濤(とう)のように押し寄せ，分子レベルでの新しい発見が相次いでいるからである。しかし，分子レベルの最新の知見ばかりに踊らされていると「植物」という個体として生きる生命を見失ってしまう。本書では，植物が生きていくためのしくみを知るという植物生理学の本質を，大学の初学者向けにわかりやすく解説した。

　執筆にあたっては，お茶の水女子大学で理学部生物学科向けの「代謝生物学」および「植物生理工学」で講義をしている内容を骨格とし，さらに充実したものになるよう，よりわかりやすい解説に努めた。筆者は，学生時代に清水 碩先生が執筆された裳華房の『大学の生物学　植物生理学』で植物生理学を学ぶことで，植物生理学への興味を育み，その思いが現在の研究・教育につながることとなった。多くの大学生や一般の方が本書を読むことで，植物生理学への関心を高め，植物生理学の楽しさを知り，それによって植物生理学の裾野を広げることができれば嬉しく思う。

　また，基礎的な事項を解説するだけでなく，植物生理学の研究の先には何があるのか，研究の社会実装という観点から，第12章ではバイオテクノロジーの技術や藻類を用いた有用物質生産について紹介した。植物生理学を学ぶこと，研究することは，やがて私たちの社会に還元されていく。そして，この本を読んだ後には，さらに専門性の高い植物生理学の本を手に取っていただきたい。

　本書の出版にあたっては，多くの方々に大変お世話になった。ご専門の分野を通読していただき，細部にわたってご助言をいただいた東京大学 寺島一郎博士，東京大学 阿部光知博士，筑波大学 岩井宏曉博士，お茶の水女子大学 植村知博博士に深く感謝する。また，電子顕微鏡写真についてご助言をいただいた基礎生物学研究所 西村幹夫博士，遺伝子表記についてご教示いただいた国立遺伝学研究所 中村保一博士に感謝する。貴重な写真をご提供いただいた私の研究室の卒業生である松脇いずみ博士に感謝する。最後に，本書の作成にご尽力いただいた裳華房の野田昌宏氏に心よりお礼を申し上げる。私が24年前に共著で書いた本の編集者であった野田氏と，長い年月を経て，再び，本書を作る機会をいただいた巡り合わせに感謝している。

2019年3月

加藤 美砂子

目　次

第1章　植物生理学を学ぶための基礎知識

1・1　植物を構成する物質　　　　　1 ｜ 1・3　植物の組織と器官　　　　　5
1・2　植物の系統　　　　　　　　　4 ｜ 1・4　モデル植物　　　　　　　　6

第2章　植物の細胞

2・1　植物細胞の基本構造　　　　　8 ｜ 2・4・1　核　　　　　　　　　　12
2・2　細胞壁　　　　　　　　　　　8 ｜ 2・4・2　半自律的なオルガネラ　12
2・3　膜の構造と細胞膜　　　　　11 ｜ 2・4・3　細胞内膜系のオルガネラ　15
2・4　オルガネラ　　　　　　　　12 ｜

第3章　光合成

3・1　光合成色素　　　　　　　　17 ｜ 3・2・3　光化学系I　　　　　　24
　3・1・1　光合成に利用できる光　17 ｜ 3・3　ATP合成　　　　　　　　26
　3・1・2　光合成色素の種類　　　18 ｜ 3・4　カルビン・ベンソン回路　27
　3・1・3　クロロフィルによる光の吸収　22 ｜ 3・5　光呼吸　　　　　　　　　30
3・2　光化学系　　　　　　　　　22 ｜ 3・6　C_4光合成とCAM型光合成　32
　3・2・1　2つの光化学系の存在　22 ｜ 　3・6・1　C_4光合成　　　　　32
　3・2・2　光化学系IIとシトクロムb_6f複合体　23 ｜ 　3・6・2　CAM型光合成　　　33

第4章　呼　吸

4・1　植物における呼吸の概略　　35 ｜ 4・4　酸化的リン酸化　　　　　41
4・2　解糖系　　　　　　　　　　36 ｜ 4・5　ペントースリン酸経路　　43
4・3　TCA回路　　　　　　　　　39 ｜

第5章　糖質の代謝

- 5・1　糖の構造 … 45
  - 5・1・1　単糖類 … 45
  - 5・1・2　オリゴ糖と多糖 … 46
- 5・2　スクロース … 47
  - 5・2・1　スクロースの合成 … 47
- 5・2・2　スクロースの分解 … 49
- 5・3　デンプン … 50
  - 5・3・1　デンプンの構造と合成 … 50
  - 5・3・2　デンプンの分解 … 53

第6章　脂質の代謝

- 6・1　脂肪酸の合成 … 55
- 6・2　膜を構成する脂質 … 58
  - 6・2・1　極性脂質の分類 … 58
  - 6・2・2　極性脂質の合成 … 60
  - 6・2・3　その他の脂質 … 63
- 6・3　貯蔵脂質 … 64
  - 6・3・1　トリアシルグリセロールの合成と存在形態 … 64
  - 6・3・2　トリアシルグリセロールの分解 … 65
- 6・4　植物の身を守る脂質 … 68

第7章　無機栄養の代謝

- 7・1　植物と無機栄養 … 69
- 7・2　窒素代謝 … 69
  - 7・2・1　硝酸還元 … 69
  - 7・2・2　窒素固定 … 73
  - 7・2・3　アミノ酸合成 … 76
- 7・3　硫黄同化 … 78
- 7・4　リンの吸収 … 81

第8章　二次代謝

- 8・1　二次代謝の基本経路 … 83
- 8・2　テルペノイド … 84
- 8・3　フェニルプロパノイド … 88
- 8・4　フラボノイド … 91
- 8・5　アルカロイド … 93
- 8・6　二次代謝産物の機能 … 98

第9章　代謝産物の輸送

- 9・1　篩管輸送 … 101
  - 9・1・1　篩管の構造 … 101
  - 9・1・2　転流される物質 … 102
  - 9・1・3　篩部への積み込みと積み下ろし … 103
- 9・2　道管輸送 … 106
  - 9・2・1　水の吸収 … 106
  - 9・2・2　道管と仮道管 … 107
- 9・3　細胞内輸送 … 108

第 10 章　植物ホルモン

10・1　オーキシン　109
- 10・1・1　オーキシンの発見　109
- 10・1・2　オーキシンの構造と合成　110
- 10・1・3　オーキシンの生理作用と輸送　113
- 10・1・4　オーキシンの受容と応答　115

10・2　ジベレリン　117
- 10・2・1　ジベレリンの発見　117
- 10・2・2　ジベレリンの構造と合成　117
- 10・2・3　ジベレリンの生理作用　118
- 10・2・4　ジベレリンの受容と応答　119

10・3　サイトカイニン　122
- 10・3・1　サイトカイニンの発見　122
- 10・3・2　サイトカイニンの構造と合成　122
- 10・3・3　サイトカイニンの生理作用　124
- 10・3・4　サイトカイニンの受容と応答　124

10・4　エチレン　126
- 10・4・1　エチレンの発見　126
- 10・4・2　エチレンの合成　126
- 10・4・3　エチレンの生理作用　127
- 10・4・4　エチレンの受容と応答　127

10・5　アブシシン酸　129
- 10・5・1　アブシシン酸の発見　129
- 10・5・2　アブシシン酸の構造と合成　129
- 10・5・3　アブシシン酸の生理作用　129
- 10・5・4　アブシシン酸の受容と応答　131

10・6　ブラシノステロイド　132
- 10・6・1　ブラシノステロイドの発見　132
- 10・6・2　ブラシノステロイドの構造と合成　132
- 10・6・3　ブラシノステロイドの生理作用　132
- 10・6・4　ブラシノステロイドの受容と応答　134

10・7　ジャスモン酸　135
- 10・7・1　ジャスモン酸の発見　135
- 10・7・2　ジャスモン酸の構造と合成　136
- 10・7・3　ジャスモン酸の生理作用　138
- 10・7・4　ジャスモン酸の受容と応答　138

10・8　サリチル酸　139
- 10・8・1　サリチル酸研究の歴史　139
- 10・8・2　サリチル酸の合成　139
- 10・8・3　サリチル酸の生理作用　140
- 10・8・4　サリチル酸の受容と応答　141

10・9　ストリゴラクトン　142
- 10・9・1　ストリゴラクトンの発見　142
- 10・9・2　ストリゴラクトンの構造と合成　142
- 10・9・3　ストリゴラクトンの植物内での移動と生理作用　144
- 10・9・4　ストリゴラクトンの受容と応答　145

10・10　ペプチドホルモン　146
- 10・10・1　ペプチドホルモンの分類　146
- 10・10・2　ペプチドホルモンの例　147

第11章　成長の調節

11・1　受精と発生   *149*
  11・1・1　被子植物の受精   *149*
  11・1・2　被子植物の胚発生   *152*

11・2　植物の一生   *154*
  11・2・1　休　眠   *154*
  11・2・2　発　芽   *154*
  11・2・3　栄養成長   *155*
  11・2・4　花　成   *156*
  11・2・5　花器官の形成   *158*

11・3　環境応答   *159*
  11・3・1　光   *159*
  11・3・2　気孔の開閉   *164*

第12章　植物生理学は未来を拓く：バイオテクノロジー

12・1　植物の形質転換   *165*
  12・1・1　アグロバクテリウム法   *165*
  12・1・2　その他の形質転換法   *167*

12・2　分子育種とその応用   *168*
12・3　ファイトレメディエーション   *171*
12・4　藻類を用いた有用物質生産   *172*

引用文献　*176*
索　引　*179*

注釈の文頭に付けた記号（†, ◆）について
　†　…　本文を参照
　◆　…　発展的な内容

主な略語一覧

3-PGA（3-phosphoglyceric acid）3-ホスホグリセリン酸
ABA（abscisic acid）アブシシン酸
ABC 輸送体（ATP-binding cassette transporters）ATP 結合カセット輸送体
ACP（acyl carrier protein）アシルキャリアプロテイン
APS（adenosine 5′-phosphosulphate）アデノシン 5′-ホスホ硫酸
BR（brassinosteroid）ブラシノステロイド
CAM（crassulacean acid metabolism）ベンケイソウ型有機酸代謝
CHS（chalcone synthase）カルコンシンターゼ
CK（cytokinin）サイトカイニン
DGDG（digalactosyl diacylglycerol）ジガラクトシルジアシルグリセロール
DHAP（dihydroxyacetone phosphate）ジヒドロキシアセトンリン酸
DMAPP（dimethylallyl pyrophosphate）ジメチルアリルピロリン酸
F1,6-BP（fructose 1,6-bisphosphate）フルクトース 1,6-ビスリン酸
F6P（fructose 6-phosphate）フルクトース 6-リン酸
FPP（farnesyl pyrophosphate）ファルネシルピロリン酸
G6P（glucose 6-phosphate）グルコース 6-リン酸
GA（gibberellin）ジベレリン
GAP（glyceraldehyde 3-phosphate）グリセルアルデヒド 3-リン酸
GDH（glutamate dehydrogenase）グルタミン酸脱水素酵素
GGPP（geranylgeranyl pyrophosphate）ゲラニルゲラニルピロリン酸
GPP（geranyl diphosphate）ゲラニルピロリン酸
GS（glutamine synthetase）グルタミン合成酵素
IAA（indole 3-acetic acid）インドール 3-酢酸
IPP（isopentenyl pyrophosphate）イソペンテニルピロリン酸
JA（jasmonic acid）ジャスモン酸
KAS（ketoacyl-ACP synthase）ケトアシル -ACP シンターゼ
MEP（2-C-methylerythritol 4-phosphate）2-C-メチル-エリスリトール 4-リン酸
MGDG（monogalactosyl diacylglycerol）モノガラクトシルジアシルグリセロール
NCED（9-cis-epoxycarotenoid dioxygenase）9-cis-エポキシカロテノイドジオキシゲナーゼ
PAL（phenylalanine ammonia-lyase）フェニルアラニンアンモニアリアーゼ
PAPS（3′-phosphoadenosine-5′-phosphosulfate）3′-ホスホアデノシン 5-ホスホ硫酸
PC（phosphatidyl choline）ホスファチジルコリン
PE（phosphatidyl ethanolamine）ホスファチジルエタノールアミン
PEP（phosphoenolpyruvic acid）ホスホエノールピルビン酸
PFK（phosphofructokinase）ホスホフルクトキナーゼ
PFP（pyrophosphate-F6P 1-phosphotransferase）ピロリン酸依存ホスホフルクトキナーゼ
PG（phosphatidyl glycerol）ホスファチジルグリセロール
PS（photosystem）光化学系
ROS（reactive oxygen species）活性酸素
Rubisco（ribulose-1,5-bisphosphate carboxylase/oxygenase）リブロース-1,5-ビスリン酸カルボキシラーゼ/オキシゲナーゼ
RuBP（ribulose 1,5-bisphosphate）リブロース 1,5-ビスリン酸
SA（salicylic acid）サリチル酸
SAH（S-adenosylhomocysteine）S-アデノシルホモシステイン
SAM（S-adenosylmethionine）S-アデノシルメチオニン
SAR（systemic acquired resistance）全身獲得抵抗性
SAT（serine acetyltransferase）セリンアセチルトランスフェラーゼ
sn（stereospecific numbering）立体特異的番号付け
SnRK1（sucrose non-fermenting-1 related protein kinase）
SPS（sucrose phosphate synthase）スクロースリン酸シンターゼ
SQDG（sulfoquinovosyldiacylglycerol）スルホキノボシルジアシルグリセロール
TAA（tryptophan aminotransferase of Arabidopsis）トリプトファンアミノ基転移酵素
TAG（triacylglycerol）トリアシルグリセロール
TCA（tricarboxylic acid）トリカルボン酸
TGN（trans-Golgi network）トランスゴルジネットワーク
Ti プラスミド（tumor-inducing plasmid）
UCP（uncoupling protein）脱共役タンパク質

第1章 植物生理学を学ぶための基礎知識

　植物は水の中から陸に上がる進化を遂げました。陸上で動かない生活を送る植物は，環境に適応してさまざまなしくみを発達させています。植物生理学は，「植物のしくみ」を理解するための学問分野です。「植物のしくみ」を理解するためには，植物の生命現象を，多方面から考えなければなりません。分類学，形態学，生化学，遺伝学，生態学などのように昔から展開されてきた学問分野に加え，近年になってめざましく発展した分子生物学，生命情報学，分子進化学などの領域，さらにはバイオイメージングやゲノム編集などの最新の研究技術などと共に学ぶことで，植物生理学はますます面白くなります。また，陸上植物だけが植物ではありません。水の中で生活する藻類も植物です。

　本章では，多様な植物のしくみを科学の言葉で解き明かすために必要な知識を，物質，系統，形態，モデル植物の4つのキーワードから簡潔に解説します。

1・1　植物を構成する物質

　植物を構成する物質の中で最も多いのは水である。水は極性のある分子であり，凝集力をもつため，植物の道管を移動することが可能である。植物を構成する有機物として重要な物質は，糖（第5章参照），脂質（第6章参照），タンパク質，核酸である。タンパク質は，20種のアミノ酸（図1・1）がペプチド結合により重合して構成される†。

　タンパク質の一次構造はアミノ酸の配列順序のことである。ペプチド結合は堅い平面構造をとるため，二次構造が生まれる。規則的な二次構造として，αヘリックスとβシート構造が知られている。三次構造は，アミノ酸側鎖も含めたタンパク質分子を構成する原子の空間的な配置の構造である。水素結合，疎水結合，システイン残基どうしのジスルフィド結合によって形成される。タンパク質はポリペプチド鎖が2本以上集まって複合体として機能することがあり，複合体の立体構造を四次構造とよぶ。

　核酸には，遺伝子の本体であるデオキシリボ核酸（DNA）とリボ核酸（RNA）がある。タンパク質と核酸の構造の詳細については，他書を参照してほしい。

†アミノ酸残基：タンパク質を構成するアミノ酸は脱水縮合をしているため，遊離アミノ酸と区別するためにアミノ酸の名前の後に残基を付けて表示することが多い。

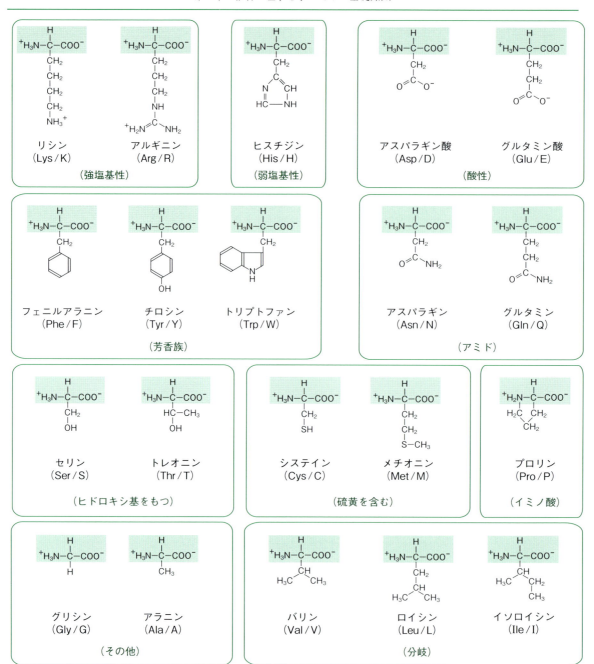

図1・1 タンパク質を構成するアミノ酸

　植物生理学では，植物の中で行われる化学反応である**代謝**（metabolism）を扱う。代謝においてエネルギー源として重要な役割を果たす物質が**アデノシン三リン酸**（adenosine triphosphate, ATP）である。ATPはアデニンとリボースが結合したアデノシンに3分子のリン酸が結合した物質である（図1・2）。

ATPが加水分解されて**アデノシン二リン酸**（adenosine diphosphate, ADP）となる反応によって，1分子のATPから標準状態で約30.5 kJ（7.3 kcal）のエネルギーが放出される。代謝経路は負の自由エネルギー変化を伴う発エルゴン反応で一方向に進行する。エネルギー状態の低い物質を代謝可能な高エネルギー物質に変えるためにはエネルギーを供給する必要がある。エネルギーを得る代謝を**異化**（catabolism），異化で得られたエネルギーを用いて新たな物質を合成する代謝を**同化**（anabolism）とよぶ。

　代謝における酸化還元反応には，**ニコチンアミドアデニンジヌクレオチド**（nicotinamide adenine dinucleotide, NAD）や**ニコチンアミドアデニンジヌクレオチドリン酸**（nicotinamide adenine dinucleotide phosphate, NADP）のような電子伝達物質が関与する。酸化還元に関与して構造が変化するのはニコチンアミド環だけである（図1・3）。

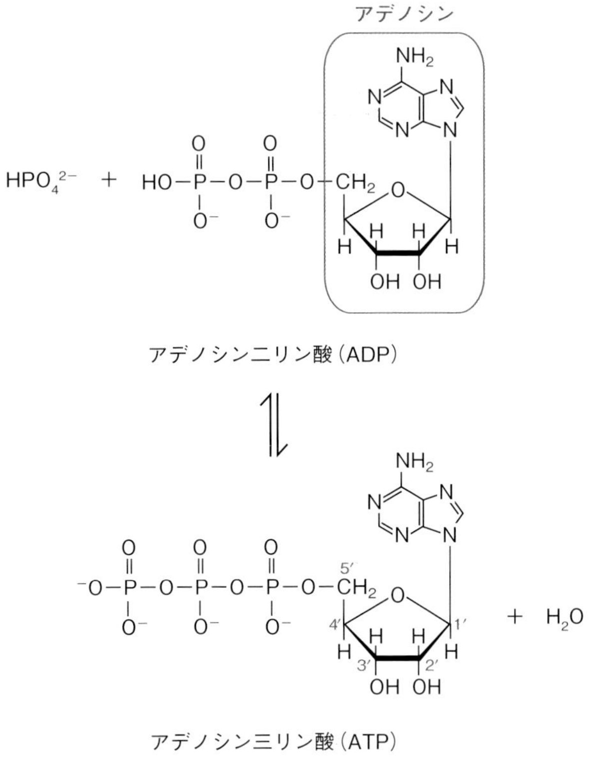

図1・2　ATPからADPへの変換

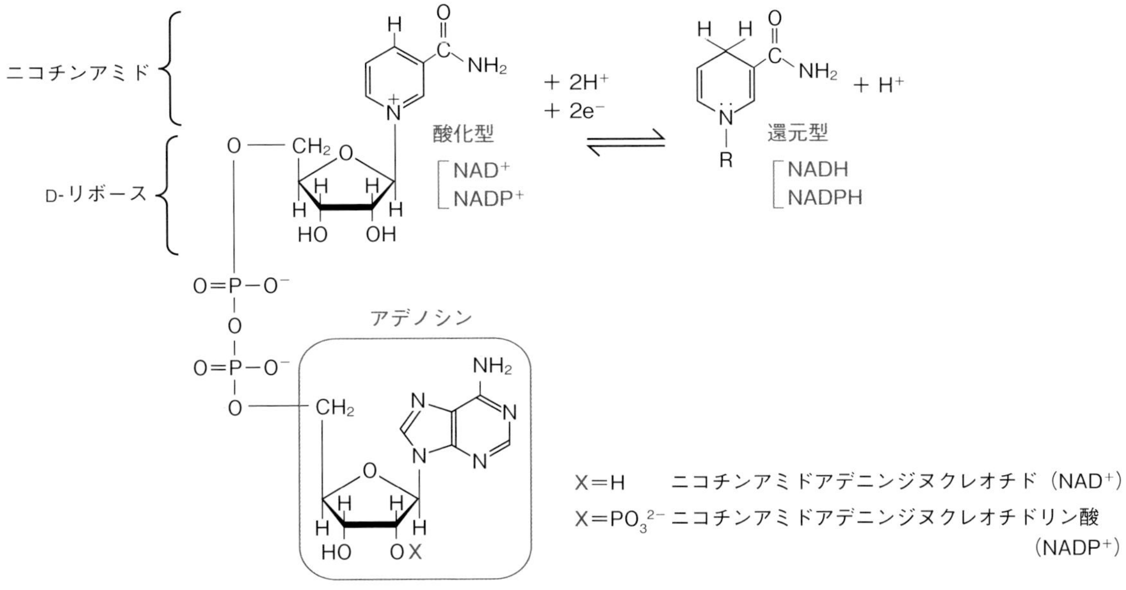

図1・3　NAD$^+$とNADP$^+$の構造と反応

X＝H　　ニコチンアミドアデニンジヌクレオチド（NAD$^+$）
X＝PO$_3^{2-}$　ニコチンアミドアデニンジヌクレオチドリン酸（NADP$^+$）

1・2 植物の系統

陸上植物 (land plant) には，非維管束植物 (nonvascular plant) と維管束植物 (vascular plant) がある（図1・4）。非維管束植物はコケ植物 (bryophyte) であり，苔類，蘚類，ツノゴケ類に分けられる。維管束植物は種子植物 (seed plant) と非種子植物（シダ類とその近縁種）に分けられる。

裸子植物 (gymnosperm) は胚珠が覆われていない植物であり，ソテツ類，イチョウ類，針葉樹などを含む。被子植物 (angiosperm) には，単子葉植物 (monocot)，真正双子葉植物 (eudicot)，モクレン類などの基部被子植物 (basal angiosperm) がある[†]。裸子植物と被子植物は種子植物である。種子植物の形態的な特徴は生殖器官として花をもつことであり，種子植物は顕花植物 (flowering plant) ともよばれる。陸上植物は光合成色素としてクロロフィル a と b をもち，この特徴は緑藻と共通である。本章では取り上げないが，藻類には図1・4に示した緑藻と紅藻以外にも綱 (class) レベルで多くの分類群が存在し，光合成色素の組成も陸上植物と異なる。

† 基部被子植物：被子植物の祖先は双子葉植物であり，単子葉植物は双子葉植物から進化したと考えられる。単子葉植物の分化と同時期かそれ以前に分化していた原始的な双子葉植物を基部被子植物とよぶ。基部被子植物には，アンボレラ目，スイレン目，アウストロバイレヤ目，モクレン類を含む。

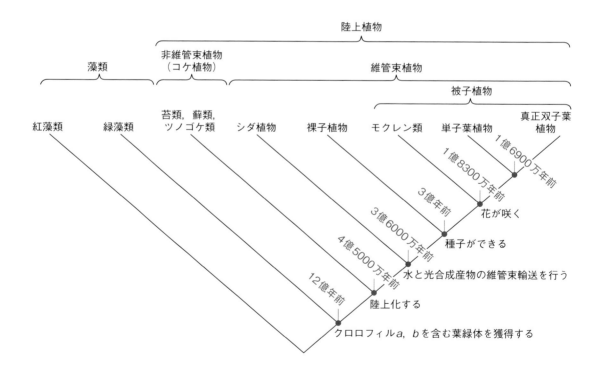

図1・4 さまざまな陸上植物の系統と藻類の進化の関連性
（テイツ・ザイガー，2017を改変）

1·3 植物の組織と器官

　植物の**器官**（organ）には，上方に成長し植物体を支える**茎**（stem），茎の周りに規則的に配列される**葉**（leaf）†，地下部で下方に成長し植物体を支えて水や無機塩類の吸収を行う**根**（root）がある（**図1·5**）。1本の茎とその周囲の複数の葉からなる単位を**シュート**（shoot）とよぶ。

　普通，葉は扁平な**葉身**（lamina, leaf blade），葉身と茎をつなぐ**葉柄**（petiole），葉柄の基部付近の**托葉**（stipule）から構成される。托葉は早くに脱落する場合もあり，観察されないことも多い。葉身では光合成が盛んに行われる。表面と裏面には葉緑体をもたない細胞からなる**表皮**（epidermis）が存在する。表皮

† **葉序**（phyllotaxis）：茎の周りの規則的な葉の配列を葉序という。1つの節（葉が茎に付着する茎の部分）に複数の葉がつく葉序を輪生葉序（verticillate phyllotaxis）とよぶ。このうち2葉がつく十字対生葉序をもつ植物は非常に多い。1つの節に1葉がつく葉序は，互生葉序（alternate phyllotaxis）とよばれ，茎の周りの葉の接続点が螺旋状になるため，螺旋葉序とよばれることもある。

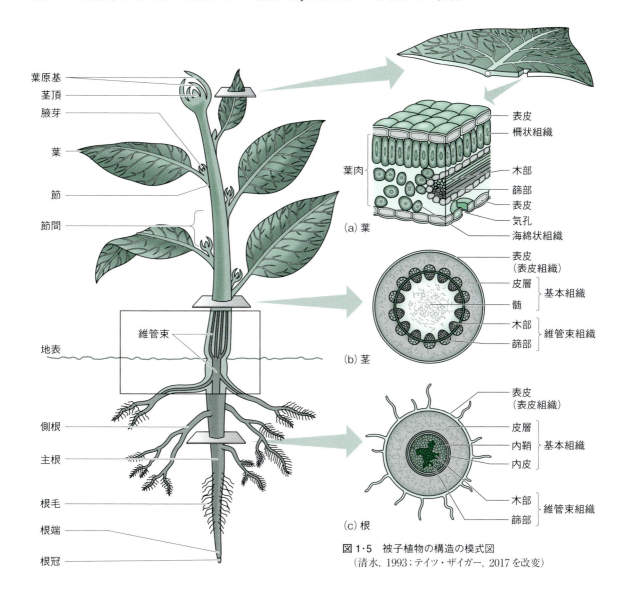

図1·5　被子植物の構造の模式図
（清水，1993；テイツ・ザイガー，2017を改変）

細胞の外側の細胞壁はクチクラで覆われていて，組織の保護や水分の蒸散を防いでいる。表皮には，**気孔**（stoma）の**孔辺細胞**（guard cell），水孔，毛の分化が見られる。気孔は一般に葉面に一様に分布し，また，葉の表面より裏面に高密度に分布することが多い（164ページ参照）。気孔を開くことで，植物はガス交換を行い，光合成に必要なCO_2を取り込み，水分を蒸散させる。孔辺細胞には葉緑体が存在する[†]。水孔は葉脈の先端と連動して余分な水分の排出を行う。毛には植物体の保護や保温の役割などがある。**葉肉細胞**（mesophyll cell）が構成する組織には，葉の表面側の**柵状組織**（palisade tissue）と裏側の**海綿状組織**（spongy tissue）がある。柵状組織では表面に垂直に円柱状の細胞が密に並ぶ。通常は1層であるが2～3層の場合もある。海綿状組織では不規則な形の細胞がまばらに連なり，細胞間隙が大きくなっている。細胞間隙は気孔とつながり，外界と連絡している。

[†]孔辺細胞の葉緑体：表皮細胞には葉緑体がなく，孔辺細胞には葉緑体が存在する。孔辺細胞の葉緑体の役割の1つは，気孔開閉に必要なATPの供給と考えられている。

　茎も表面は**表皮**（epidermis）で覆われている。表皮のすぐ内側が**皮層**（cortex）である。皮層の内側の**維管束**（vascular bundle）を含む部分を**中心柱**（central cylinder, stele）とよぶ。維管束組織では，篩部が茎の外側，木部が茎の内側になって1つのセットを形成し，双子葉植物ではこのセットが放射状に配置されている。茎の中心部を**柔細胞**（parenchyma cell）[†]が占めている場合，**髄**（pith）とよぶ。

　根も茎と同様に，**表皮**，**皮層**，**中心柱**から構成される。表皮は1層の細胞であり，一部は伸長して**根毛**（root hair）となる。皮層には細胞間隙が多く，通気組織となっている。皮層の最も内側の部分を**内皮**（endodermis）とよぶ。内皮は中心柱には含まれない。内皮には**カスパリー線**（Casparian strip）が存在する（107ページ参照）。中心柱の周辺部は**内鞘**（pericycle）とよばれる。内鞘は内皮の内側の細胞層であり，普通は1層の細胞からなる。内鞘の細胞は柔細胞である。内鞘は側根の原基が発生するところである。また，根の先端にある**根端分裂組織**（root apical meristem）は**根冠**（root cap）によって保護されている。

[†]柔細胞：一次細胞壁（8ページ参照）からなるため細胞壁が薄く，原形質連絡の多い細胞である。柵状組織や海綿状組織を構成する細胞も柔細胞である。その他にジャガイモの塊茎などの貯蔵を行う細胞や，C_4光合成（32ページ参照）で重要な役割を果たす維管束鞘細胞も柔細胞である。

1・4　モデル植物

　近年の植物生理学の発展にはモデル植物での研究が大きく貢献している。モデル植物は，対象となる生命現象を追跡しやすく，形質転換が可能であり，全ゲノムが解読されていて，そのゲノムサイズが小さく，ライフサイクルが短いことが望ましい。

1·4 モデル植物

　2000年に，アブラナ科シロイヌナズナ属の一年草である**シロイヌナズナ**（*Arabidopsis thaliana*）の全ゲノム情報が解読された[†]。ゲノムサイズは130 Mbであり，顕花植物としては非常に小さい。日照時間が長くなると花成が誘導される長日植物である。実験室内での扱いも容易で，逆遺伝学[†]的なアプローチによって，植物の生命現象全般にわたり多くの新しい発見を生み出している。

　マメ科植物である**ミヤコグサ**（*Lotus japonicus*）はゲノムサイズが470 Mbである。マメ科植物のモデル系として，共生による窒素固定やフラボノイドなどの二次代謝の解析に用いられている。

　イネ（*Oryza sativa*）はゲノムサイズが390 Mbである。イネはイネ科植物の中ではゲノムサイズが小さいことから，イネ科植物あるいは単子葉植物のモデルとして用いられている。また，イネはモデル植物でありながら，主要作物でもある。イネの全ゲノム解析が完了したことにより[†]，農業上重要な形質を支配するさまざまな遺伝子の解析が進められている。

　被子植物以外のモデル植物も研究に用いられている。コケ植物の蘚類である**ヒメツリガネゴケ**（*Physcomitrella patens*）はゲノムサイズが500 Mbである。相同組換えを高効率で行うことができる利点をもつ。植物の進化や植物ホルモンによる形態形成の研究に用いられることが多い。

　コケ植物の苔類である**ゼニゴケ**（*Marchantia polymorpha*）は，陸上で水平方向に成長することで，発達した維管束をもたなくても成長ができる植物である。形質転換や突然変異体の分離も容易である。ゼニゴケは日本で葉緑体ゲノム，ミトコンドリアゲノム，核ゲノムの全構造が解明されている。核ゲノムは230 Mbであり，遺伝的冗長性が低いことから，最近，モデル植物としてよく研究に用いられている。

　単細胞の緑藻である**クラミドモナス**（*Chlamydomonas reinhardtii*）は和名をコナミドリムシという。クラミドモナスは藻類の中で数少ない，形質転換が可能な種である。単細胞なので均一な条件で大量に培養することができる。クラミドモナスは雌雄同型であるが，有性生殖を行うことができる。ゲノムサイズは120 Mbであり，光合成や生殖に関する研究などが行われている。

[†] シロイヌナズナの遺伝子表記：*Arabidopsis thaliana*の頭文字を取って，Atを冒頭に付ける。例えば，At4G08920.1は4番染色体のゲノム(G)の892番目に位置する遺伝子で，同じ遺伝子上にスプライシングのバリアントや最初のアノテーションと異なるオープンリーディングフレームで遺伝子が予測された場合には，.2, .3のように番号が付加される。この遺伝子はクリプトクロム（cryptochrome）をコードしていて，遺伝子は*CRY1*である。その遺伝子産物（タンパク質）はCRY1と表記する。この遺伝子が欠損した変異体は，*cry1*と小文字のイタリックで表す。

[†] 逆遺伝学：特定の遺伝子の発現を抑制，または過剰発現させることにより得られた表現型の変化を調べることにより，その遺伝子の機能を解析する手法である。

[†] 日本晴：日本が主導する国際共同研究によって2004年にイネの全ゲノム解読を行った品種は日本晴（*Oryza sativa* L. cv. Nipponbare）である。

第2章　植物の細胞

　1665年にイギリスのロバート・フックは，コルクを自作の顕微鏡で観察し，多数の小さな部屋のような構造を発見しました。コルクは死細胞のため，細胞の外側の細胞壁しか残っていなかったのですが，このときから，生物の構成単位は細胞（cell）であるという概念が提唱されました。真核生物である植物は細胞から構成されています。細胞の基本構造は真核生物に共通ですが，ロバート・フックが観察した細胞の周囲にある細胞壁は植物に特有の構造であり，植物の進化の過程で大きな役割を果たしてきました。そして，細胞の内部には，さまざまな膜が発達し，オルガネラを形成することで，細胞内コンパートメンテーションを可能にしています。

　本章では植物細胞の特徴について解説します。

2・1　植物細胞の基本構造

　植物細胞は細胞膜の外側に**細胞壁**（cell wall）をもつ。細胞膜の内側には膜から構成されるオルガネラ（細胞小器官）が存在する。植物細胞の内部には，大きな**液胞**（vacuole）が発達している（**図2・1**）。オルガネラ以外の可溶性の部分を**サイトゾル**（cytosol）とよぶ。サイトゾルには**細胞骨格**（cytoskeleton）が存在する。細胞骨格は細胞の形態を維持し，オルガネラの配置や細胞分裂などに寄与する[†]。植物の主要な細胞骨格は，**チューブリン**（tubulin）の重合体からなる**微小管**（microtubule）と，**G-アクチン**（actin）の重合体であるアクチンフィラメント（F-アクチン）である。

[†] **原形質流動**（cytoplasmic streaming）: 細胞で観察される原形質流動は，オルガネラに結合したミオシン（myosin）がアクチンフィラメントの上を動くことによって引き起こされる。ミオシンは分子モーターとよばれる，細胞内を動くタンパク質の1つである。

2・2　細　胞　壁

　細胞壁により，植物は機械的な強度を高めることができる。それだけでなく，細胞壁は細胞の形を制御することで植物の形態形成に大きく関与している。細胞壁は，細胞が伸長する際に形成される**一次細胞壁**（primary cell wall）と，伸長が終了した後に一次細胞壁の内側に形成される**二次細胞壁**（secondary cell wall）に分けることができる。そして，**中葉**（middle lamella）という薄

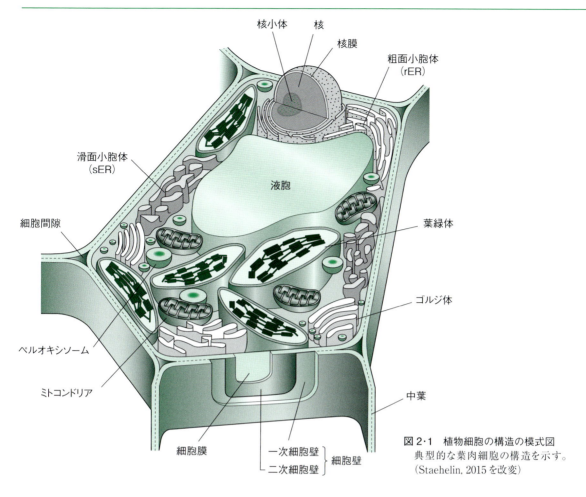

図 2・1 植物細胞の構造の模式図
典型的な葉肉細胞の構造を示す。
(Staehelin, 2015 を改変)

い層が細胞同士の境界に存在する(図 2・1)。

細胞壁はセルロース(cellulose)の微繊維とその中に入り込むマトリックスから構成されている。熱水で抽出されるペクチン(pectin)とアルカリ性の溶液で抽出されるヘミセルロース(hemicellulose)がマトリックスとして知られている[†]。一次細胞壁は結晶性のセルロース微繊維がヘミセルロースに架橋された網目状構造をとり,その隙間をペクチンが埋めている。マトリックスの成分は一次細胞壁と二次細胞壁で異なり,双子葉植物の一次細胞壁にはペクチンが多く,二次細胞壁にはセルロースとヘミセルロースが多い。一次細胞壁に親水性のペクチンが多く含まれることが,細胞の伸長能力の増大につながっている。一次細胞壁にはこの他に,アラビノガラクタンタンパク質などの非酵素タンパク質が含まれるが,その機能の詳細は不明である。二次細胞壁には,この他にリグニンが含まれ,細胞壁の強度を増大させる。中葉にはペクチンが多く含まれる。

[†] ペクチンとヘミセルロース: ペクチンにはホモガラクツロナン,ラムノガラクツロナン I,ラムノガラクツロナン II などがある。ヘミセルロースには,キシログルカン,キシラン,グルコマンナン,$(1,3;1,4)$-β-D-グルカンなどがある。被子植物にはキシログルカンが多く,イネ目の植物にはキシランと $(1,3;1,4)$-β-D-グルカンが多い。

†**セルロース合成酵素**: シロイヌナズナには10個のセルロース合成酵素（CesA）をコードする遺伝子があり，このうち3個の遺伝子が一次細胞壁の合成に関与すると考えられている。ロゼット型の複合体タンパク質は6組のサブユニットからできていて，それぞれのサブユニットはCesA二量体から構成されている。各二量体が1本の1,4-β-D-グルカンの重合を触媒すると推定されていて，1つのロゼット型複合体から36本の1,4-β-D-グルカンが合成されるモデルが提唱されている。

　セルロース微繊維は，数十本の β-1,4-結合で連結されたグルコースの鎖が平行に配列されて束になり，隣接する分子間で水素結合が形成され強固な束となり，さらにこの束が集まりセルロース微繊維となる†。セルロースは細胞膜上でロゼット型の複合体によって合成される。それに対して，マトリックスはゴルジ体で膜結合型の糖転移酵素によって合成され，小胞を介して細胞壁に輸送される。

　細胞の成長の方向や速度は一次細胞壁によって決まる。セルロース微繊維を特定の方向に配置させ，マトリックスを再編成することにより，微繊維間の接着を選択的にゆるめて細胞は伸長する。微繊維間の架橋のつなぎ換えには，エンド型キシログルカン転移酵素／加水分解酵素（XTH）が機能すると考えられている。この酵素はキシログルカンを切断し，切断された鎖を別のキシログルカンにつなぐことができる。このキシログルカンのつなぎ換えにより，セルロース微繊維とキシログルカンの再編成が行われた結果，細胞壁のゆるみが引き起こされる（図2·2）。このようにして細胞壁がゆるみ，細胞壁の表面積が増大すると，成長中の細胞の膨圧と水ポテンシャルが低下し，細胞が吸水して伸長する。

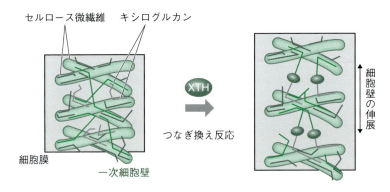

図2·2 エンド型キシログルカン転移酵素／加水分解酵素（XTH）による細胞壁中のキシログルカン架橋のつなぎ換え反応による細胞壁再編モデル
つなぎ換え反応の際に切断されるキシログルカン鎖（供与鎖）を緑色，つながれるキシログルカン鎖（受容鎖）をグレー（灰色）で表示している。（横山ら，2015を改変）

　細胞壁中には，隣り合った2つの細胞を連結する**原形質連絡**（plasmodesmata）とよばれる通路が存在する。原形質連絡は直径30〜50 nmの管であり，内部にはデスモ小管が貫通していて，デスモ小管の両端はそれぞれの細胞の小胞体膜とつながっている。原形質連絡は，細胞分裂に伴う一次細胞壁の形成の際に作られる一次原形質連絡と，細胞分裂が完了してから細胞壁の一部を分解して作られる二次原形質連絡がある。原形質連絡は多くの陸上植物に存在する。水や植物ホルモンなどの低分子物質だけでなく，タンパク質や

mRNA などの高分子物質も輸送される。ある種の植物ウイルスは原形質連絡を使って感染領域を拡大することが知られている。

2·3 膜の構造と細胞膜

細胞やオルガネラは膜によって構成されている。膜は主としてタンパク質とグリセロ脂質からなる。膜の脂質組成はオルガネラによって異なっている。脂質は二重層を形成し，極性脂質の親水性の極性基が膜の外側に，疎水性のアシル基が膜の内部に配置される。タンパク質は，膜の表面にある**表在性タンパク質**（peripheral protein），膜を完全に貫く**膜貫通タンパク質**（transmembrane protein），脂質による修飾を受け，その疎水性部分をアンカーとして膜に結合させてタンパク質部分は表層に位置する**アンカー型タンパク質**（anchored protein）などがある（図 2·3）。細胞膜において，脂肪酸やプレニル基をアンカーとするタンパク質はサイトゾル側に配置されるが，GPI-アンカー型タンパク質は細胞の外側に配置される[†]。

† **GPI-アンカー型タンパク質**：グリコシルホスファチジルイノシトール（GPI）はオリゴ糖鎖とイノシトールリン脂質で構成されている。GPI がタンパク質の C 末端に共有結合で付加されて，アンカータンパク質となる。GPI-アンカー型タンパク質は細菌から真核生物まで広く存在している。

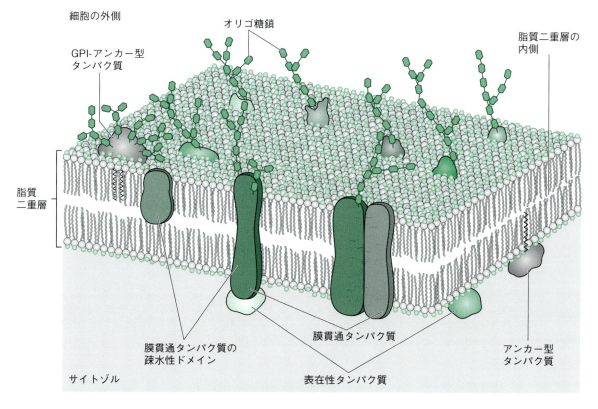

図 2·3 生体膜の基本構造
(Staehelin, 2015 を改変)

2·4 オルガネラ

2·4·1 核

核（nuclei, 単数形は nucleus）は遺伝情報を含み，細胞の生命活動を制御する重要な役割を担っている。核は二重膜である**核膜**（nuclear membrane）に囲まれている。核膜には**核膜孔**（nuclear pore）とよばれる径が 50 nm ほどの通路がある。核膜孔には少なくとも 30 種類以上のヌクレオポリンと総称されるタンパク質から構成される分子量が約 125 MDa の核膜孔複合体（nuclear pore complex）が存在し，核と細胞質の間の物質輸送を制御している。低分子物質や 40 kDa 以下のタンパク質は核膜孔を自由に通過することができると考えられている。40 kDa 以上のタンパク質は，**核局在化配列**（nuclear localization signal）をもつ場合にのみ，この配列が認識されて核膜孔複合体を通過することができる。核局在化配列や輸送に関与すると思われる因子は何種類か見つかっていて，複数の輸送経路があると思われる。逆に核から細胞質へタンパク質を移行させる**核外輸送配列**（nuclear export signal）もあり，この配列をもつタンパク質は核から細胞質へ輸送される。

核の DNA はタンパク質と結合した**クロマチン**（chromatin）として存在する。また，核内には，通常，1つの**核小体**（nucleous）があり，ここで**リボソーム**（ribosome）が合成される。

2·4·2 半自律的なオルガネラ

色素体(plastid)や**ミトコンドリア**(mitochondria, 単数形は mitochondrion)は，独立して分裂する半自律的なオルガネラであり，独自の DNA とリボソームをもつ。色素体とミトコンドリアに存在するタンパク質の一部は独自の DNA でコードされているが，その他は核 DNA でコードされている。

分裂組織の細胞には**原色素体**（proplastid）がある。原色素体は，光が照射されることにより，葉緑体(chloroplast)に発達する。土の中で発芽した子葉や，暗所で発芽させて生育させたシュートにおいて，原色素体は**エチオプラスト**（etioplast）となる（図 2·4）。エチオプラストには**プロラメラボディ**（prolamellar body）とよばれる，脂質二重膜が管状に並んだ格子構造が存在する。プロラメラボディの周辺部にはプロチラコイドが伸びている。エチオプラストに光が照射されると，プロラメラボディはすみやかに分解され，チラコイドが発達し，エチオプラストはクロロフィル†をもつ**葉緑体**に分化する（図 2·5）。葉緑体は 2 枚の**包膜**（envelope）で囲まれ，内部には**チラコイド**（thylakoid）が存在す

†クロロフィル合成：クロロフィル合成系の酵素であるプロトクロロフィリドオキシドレダクターゼは光依存型であるため，暗所では機能できず，クロロフィルは合成されない。そのため，エチオプラストにはクロロフィルが含まれない。

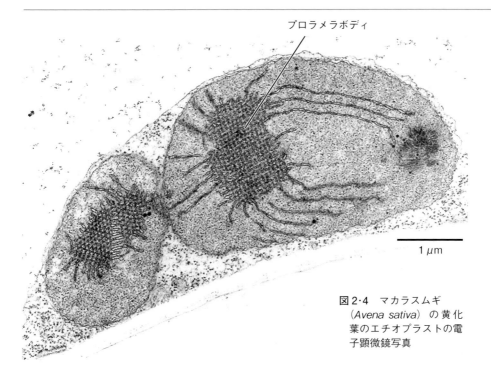

図2·4 マカラスムギ（*Avena sativa*）の黄化葉のエチオプラストの電子顕微鏡写真

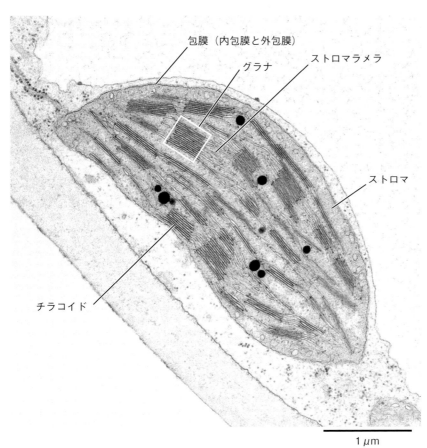

図2·5 チャノキ（*Camellia sinensis*）の葉の葉緑体の電子顕微鏡写真
包膜は外包膜と内包膜の2枚から構成されている。

◆葉緑体に存在するタンパク質：葉緑体に存在するタンパク質をコードする遺伝子の多くは，葉緑体ゲノムではなく核ゲノムにコードされている。サイトゾルで合成された葉緑体のタンパク質は，包膜にあるタンパク質膜透過装置(トランスロコン)によってサイトゾルから葉緑体の中に運ばれる。外包膜にはTOC（translocator of the outer chloroplast envelope），内包膜にはTIC（translocator of the inner chloroplast envelope）とよばれるトランスロコンが機能している。

る。チラコイドが積み重なり，**グラナ**（grana）を形成する。グラナは，**ストロマラメラ**（stroma lamella）で連結されている。チラコイドには光合成の光化学系とATP合成酵素が存在する。葉緑体内部の膜以外の可溶性の領域は**ストロマ**（stroma）とよばれ，カルビン・ベンソン回路の酵素や脂肪酸合成酵素などが存在する。原色素体からは，色素をもたない**白色体**（leucoplast）が分化することもある。根でデンプンを蓄積する**アミロプラスト**（amyloplast），油滴を含む**エライオプラスト**（elaioplast）が白色体として知られている。花や果実，紅葉している葉に存在する**有色体**（chromoplast）はカロテノイドを多く含んでいる。有色体は葉緑体が変化してできることが多い。

ミトコンドリアも二重膜で囲まれたオルガネラで，呼吸によるATP生産を行う。ミトコンドリアの内部には膜構造が発達している（**図2·6**）。内膜にATP合成酵素や電子伝達系が存在する。内膜は内側に向かって折りたたまれて**クリステ**（cristae）を形成し，表面積を増大させている。内膜に囲まれた**マトリックス**（matrix）にはTCA回路の酵素が存在する。

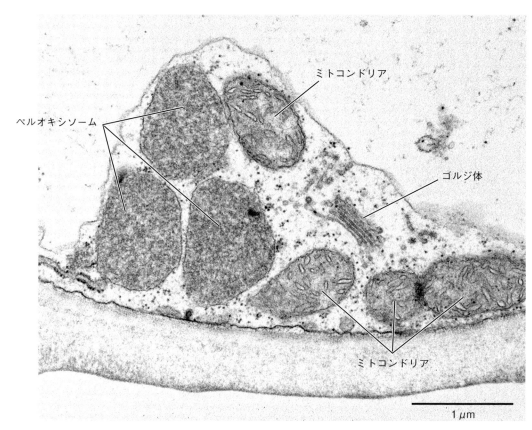

図2·6　チャノキ（*Camellia sinensis*）の葉のミトコンドリア，ゴルジ体，ペルオキシソームの電子顕微鏡写真

2・4・3 細胞内膜系のオルガネラ

細胞膜が細胞質に陥入することによって生じた単膜（一重膜）で囲まれているオルガネラは**細胞内膜系**（endomembrane system）に属している。そして，細胞膜を含めた複雑な**膜交通**（membrane traffic）のネットワークを形成している（図 2・7）。**小胞体**（endoplasmic reticulum, ER）は管状あるいは扁平な袋状の構造が網目状に細胞質全体に広がった構造をとり，核膜ともつながっている。多数のリボソームが結合した小胞体の領域を**粗面小胞体**（rough ER），リボソームが結合していない領域を**滑面小胞体**（smooth ER）とよぶ。小胞体は分泌タンパク質の合成，タンパク質のプロセシング，タンパク質の輸送，リン脂質の合成などの機能をもつ。また，新しい膜を自ら作り出すことができない細胞内膜系の他のオルガネラに小胞や小管を介して膜を融合させることで，オルガネラの発達と分裂に貢献している。

ゴルジ体（Golgi apparatus）は円盤状の袋が極性のある層状構造を形成したオルガネラである。小胞体から小胞や小管を受け取る側をシス槽，反対側をトランス槽とよぶ。トランス槽側には，**トランスゴルジネットワーク**（*trans-Golgi network*, TGN）とよばれる小管でできたネットワーク構造が存在する。

◆ **被覆タンパク質**（coat protein）: 小胞体からゴルジ体に輸送される小胞の表面は **COP**（coat protein complex）II とよばれる被覆タンパク質で覆われている。逆行輸送の場合は，COPI で覆われた小胞が輸送される。エンドサイトーシスによって細胞膜から取り込まれた小胞は，最初は**クラスリン**（clathrin）という被覆タンパク質で覆われている。

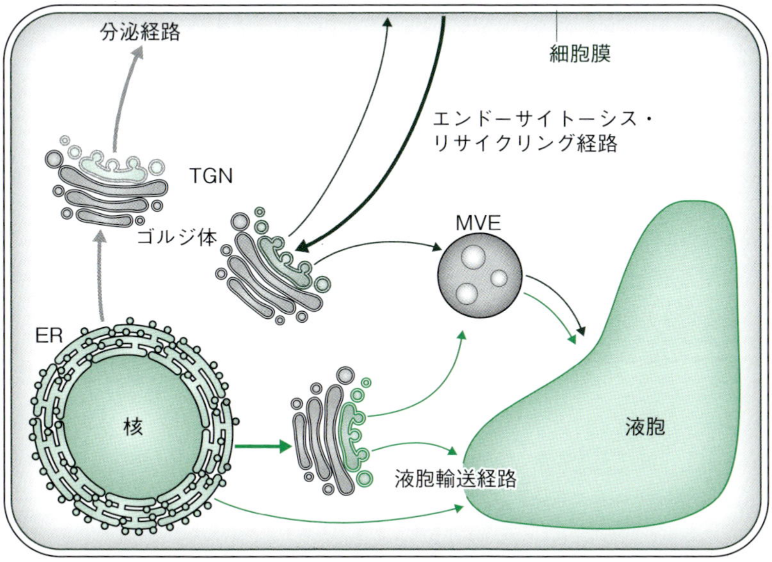

図 2・7 膜交通の主なルート
分泌経路では ER から新しくできた小胞が細胞膜や細胞膜外に輸送される。エンドサイトーシス・リサイクリング経路では細胞膜から小胞を輸送することで膜をオルガネラに取り込む。この経路では，小胞は初期エンドソーム（種子植物ではトランスゴルジネットワークだと考えられている）に取り込まれ，その後，液胞で分解されるか，細胞膜にリサイクルされる。液胞輸送経路では，新たに合成された液胞タンパク質が液胞に運ばれる。この際に，後期エンドソームである**多胞体**（multivesicular endosome, MVE）がタンパク質の選別に関与する。（Kanazawa & Ueda, 2017 を改変）

小胞体で形成された輸送小胞はシス槽からトランス槽に移行し，さらにTGNから細胞膜や液胞に運ばれる。この方向の輸送を順行輸送とよぶ。ゴルジ体のシス槽は成熟してトランス槽となり，トランス槽はTGNとなり分泌小胞を形成する。これに対して，膜のリサイクリングとして重要な，細胞膜からゴルジ体，小胞体への小胞輸送は逆行輸送とよばれる。ゴルジ体のシス槽からトランス槽に順行輸送される過程で修飾されたタンパク質は，TGNにおいて特定の場所に輸送される。

　小胞の逆行輸送により細胞膜を取り込む過程を**エンドサイトーシス**（endocytosis）とよぶ。エンドサイトーシス・リサイクリング経路では**エンドソーム**（endosome）というオルガネラが機能し，細胞膜の面積が過剰に増加することを防いでいる。

　液胞（vacuole）は細胞の中で最も大きな体積を占める。1つの細胞には中央液胞とよばれる1つの大きな液胞が存在するのが一般的である。しかし，分裂組織の細胞や花弁の細胞には中央液胞ではなく，多数の小さな液胞が存在することが多く，その形態は多様化している。**液胞膜**（tonoplast）を構成するタンパク質と脂質は小胞体で合成され，膜交通のルートによって輸送されたものである。液胞は植物の形態を維持するための膨圧を生成し，細胞の体積を増大させる空間充填機能[†]をもつ。内部には無機イオン，糖，有機酸，フラボノイドなどの色素，アルカロイドなどの二次代謝産物を含む。液胞は動物におけるリソソームと同様の機能ももち，さまざまな加水分解酵素が含まれていて，老化の際には不要な物質を分解する。液胞膜にはATPaseが存在し，H^+を輸送することで内部を酸性に保っている。

　マイクロボディ（microbody）とよばれる**ペルオキシソーム**（peroxisome）や**グリオキシソーム**（glyoxysome）は細胞内膜系のオルガネラであるが，独立して増殖する。ペルオキシソームは緑葉に一般的に存在し，その内部では脂肪酸のβ酸化（67ページ参照）や光呼吸のグリコール酸の代謝が行われる（30ページ参照）。グリオキシソームは脂肪性種子に存在し，グリオキシル酸の代謝に関与する（65ページ参照）。植物の緑化の過程でグリオキシソームはペルオキシソームに転換すると考えられている。

[†]液胞の空間充填機能；成熟した植物細胞の体積の90％は液胞が占めている。葉緑体は液胞の周囲の細胞の表面側に配置され，光合成に必要な光を捕集するのに有利である。

第3章　光合成

　植物が地球における生態系の生産者である理由は，**光合成**（photosynthesis）を行い，空気中の二酸化炭素を固定する能力をもつためです。植物が光合成で二酸化炭素を吸収し酸素を放出することはよく知られていますが，光合成全体は単純な反応ではなく，非酵素的な光化学反応と酵素反応による代謝反応が織りなす，植物特有の壮大な反応系です。
　この章では光合成の基本的なしくみについて解説します。

3·1　光合成色素

3·1·1　光合成に利用できる光

　光には2つの性質がある。1つは電磁波としての性質，もう1つは光子（photon, 光量子）としての性質である。光は電磁波なので波であるが，光子として粒子のように振る舞い，一定のエネルギーをもつ†。電磁波のスペクトルのうち，可視光とよばれる範囲は約400〜約700 nmの範囲である（図3·1）。光合成は，この可視光のエネルギーを用いて行われる。

　この可視光のうち，どの波長の光が光合成に利用されているかを調べるためには，光合成の**作用スペクトル**（action spectrum）を調べるのが有効である（図3·2）。それぞれの波長において一定の光量子束密度†の光を照射し，そのとき

† **光とエネルギー**；波において，**波長**（wavelength, λ で示す），**振動数**（frequency, ν で示す），**波の進行速度**（c で示す）の関係は，$c = \lambda\nu$ である。ここでは，波の進行速度は光の速さであり，$3 \times 10^8 \, \mathrm{m\,s^{-1}}$ である。一方，光子は一定のエネルギーをもつ。1光子のエネルギー（E）は，プランクの法則により $E = h\nu$ となる。h はプランク定数（6.626×10^{-34} J s）である。そのため，$E = hc/\lambda$ となり，波長が長いとエネルギーは弱く，波長が短いとエネルギーは強くなる。

† **光量子束密度**；1秒あたり，1 m² あたりの光子の数。単位は $\mathrm{\mu mol\,m^{-2}\,s^{-1}}$ である。

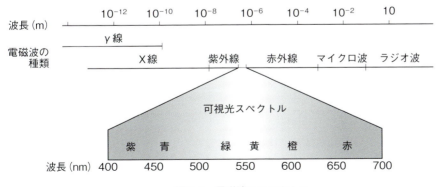

図3·1　電磁波のスペクトル

†**光合成と緑色光**：緑色植物の光合成色素の吸収スペクトルには、緑色光の領域（500～570 nm 付近）に吸収極大をもつ色素は見当たらない。植物の葉が緑色に見えるのも、緑色光を反射・透過するためである。しかし、緑色光が光合成に役立っていないと決めつけるのは間違いである。葉の表面から入射された緑色光は、葉を直線的に通り抜けるのではなく、葉の葉肉組織の細胞にぶつかりながら方向を変えて、長い距離を進む。葉肉組織は光の屈折率の異なる細胞と空気から構成されている。光が屈折しながら長い距離を進むことにより、緑色光も少しずつ吸収され、光合成に用いられるのである。特に不定形の細胞からなる海綿状組織ではこの効果が著しい。

†**遠赤色光による光合成**：陸上植物は可視光を用いて光合成を行うが、クロロフィル d をもつ微細藻類は、遠赤色光を吸収して光合成を行うことができる。これまで、クロロフィル d は限られたシアノバクテリアが有するだけで、遠赤色光による光合成量は地球の規模からすると無視できる程度のものであると考えられてきた。しかし、2008年に発表された報告によると、世界各地の海や池の底に堆積した泥からクロロフィル d が検出された。クロロフィル d とその分解産物の濃度は、クロロフィル a とその分解産物の濃度と比べると最大で4%程度であった。この結果は、地球上の光合成全体に占める遠赤色光による光合成の割合がこれまでの予想よりもはるかに大きいことを示している（Kashiyama et al., 2008）。

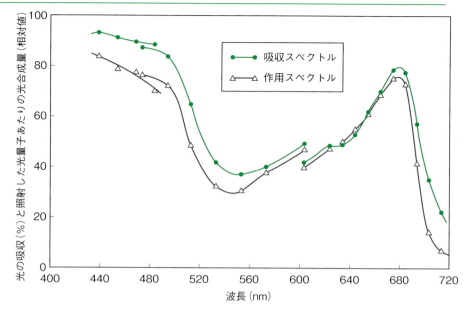

図 3・2 クロレラを用いた光合成の作用スペクトルと光の吸収スペクトル
（Emerson & Lewis, 1934 を改変）

の光合成量を調べると、赤色光である 680 nm 付近と青色光である 400～480 nm 付近の光合成量が高いことがわかる。一方、光の吸収スペクトルと比較すると、作用スペクトルと吸収スペクトルがほとんど一致する領域と、吸収したすべての光が光合成に用いられてはいない領域が存在することもわかる†。このような光の吸収に対する光合成効率は**量子収率**（quantum yield, ϕ）とよばれ、吸収された光子に対する光合成反応速度の比率で表す。

3・1・2 光合成色素の種類

光合成に必要な光は、葉緑体に存在する光合成色素で吸収される。光合成色素は、その化学構造から、**クロロフィル**（chlorophyll）（**図 3・3**）、**カロテノイド**（carotenoid）（**図 3・4**）、**フィコビリン**（phycobilin）（**図 3・5**）の3種に分類される（**表 3・1**）。

クロロフィルにはクロロフィル a, b, c, d, f が知られている†。クロロフィルは4個のピロールが Mg を中心に環状に繋がったテトラピロール（ポルフィリン）構造をもつ。クロロフィル c 以外は炭素数20のアルコールであるフィトール鎖を有している。環 II の 3C に $-CH_3$ が結合したものはクロロフィル a、$-CHO$ が結合したものはクロロフィル b である。クロロフィル a とクロロフィル b は緑色植物の主要な色素である。クロロフィル c、クロロフィル d、クロロフィル f は藻類に存在する。このうち、クロロフィル d とクロロフィル f は

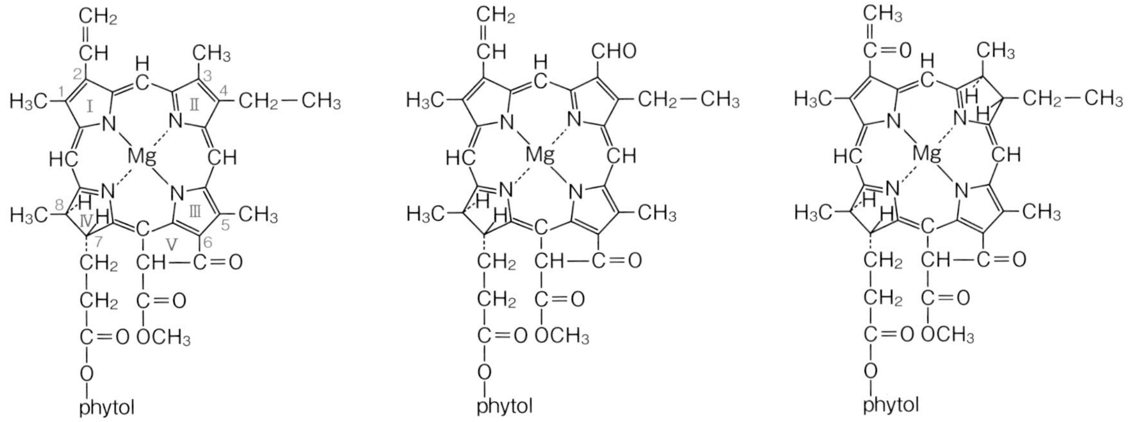

クロロフィル*a*　　クロロフィル*b*　　バクテリオクロロフィル*a*

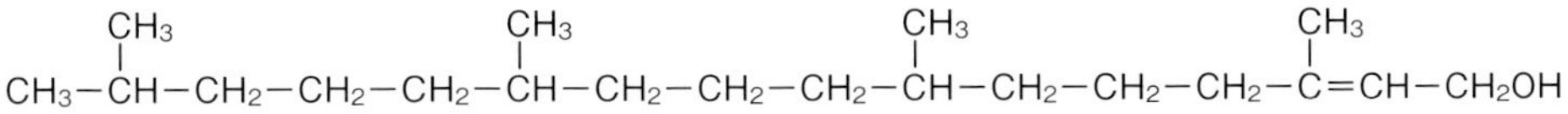

フィトール (phytol) ($C_{20}H_{38}OH$)

図 3·3　主要なクロロフィルの構造
（清水，1993）

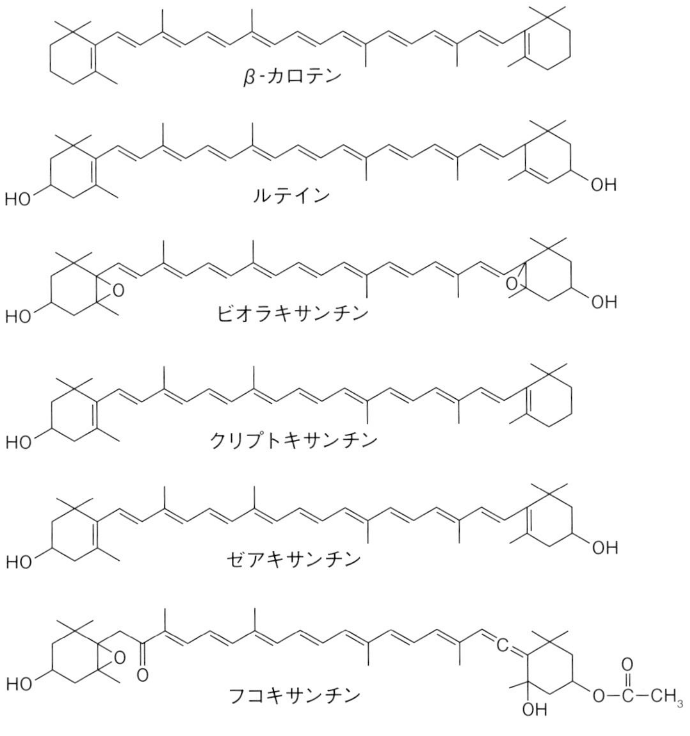

図 3·4　主要なカロテノイドの構造
（清水，1993 を改変）

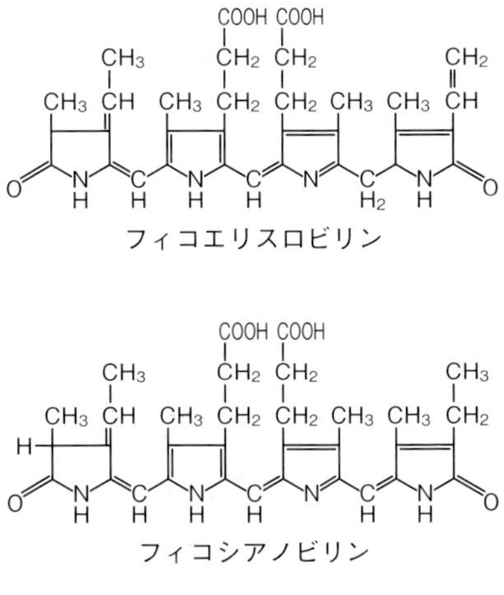

図 3·5　主要なフィコビリンの構造
（清水，1993）

表3・1 光合成色素の分布

生物	クロロフィル a	b	c	バクテリオクロロフィル	カロテノイド	フィコビリン
真核生物						
種子植物, シダ植物, コケ植物	+	+	−		+	−
緑藻	+	+	−		+	−
ユーグレナ	+	+	−		+	−
珪藻	+	−	+		+	−
渦鞭毛藻	+	−	+		+	−
褐藻	+	−	+		+	−
紅藻	+	−	−		+	+
原核生物						
シアノバクテリア	+	−	−		+	+
プロクロロン	+	+	−		+	−
紅色硫黄細菌				+	+	−
紅色非硫黄細菌				+	+	−
緑色硫黄細菌				+	+	−

（清水，1993 を改変）（Taiz *et al*., 2015 の web　http://6e.plantphys.net/topic07.02.html を改変）

† **クロロフィル d とクロロフィル f**：遠赤色光を吸収することができるクロロフィル d は，1996 年に宮下らによってシアノバクテリア *Acaryochloris marina* の主要色素であることが発見された．クロロフィル d よりもさらに波長の長い遠赤色光を吸収することができるクロロフィル f は，Chen らによって 2010 年にオーストラリアで採取されたストロマトライトから発見された．ストロマトライトとは，シアノバクテリアの死骸と泥が層状となったドーム型の岩石である．多くのストロマトライトは化石として発見されるが，オーストラリアのシャーク湾ハメリンプールでは，化石ではなく生きているストロマトライトが見られる．

遠赤色光を吸収することができる†．光合成細菌にはバクテリオクロロフィルが存在し，現在までにバクテリオクロロフィル a, b, c, d, e, g が知られている．

カロテノイドはすべて複数の共役二重結合をもつ直鎖状の分子である．炭素数 40 のテトラテルペンを基本骨格とする．カロテノイドはその構造から，**カロテン**（carotene）と**キサントフィル**（xanthophyll）に分けることができる．カロテンのいくつかの水素原子がヒドロキシ基に置換されている，あるいは同じ炭素原子に結合する水素原子のペアがオキソ基と置換されている構造のカロテノイドをキサントフィルとよぶ．つまり，キサントフィルはカロテンと異なり，酸素原子をその構造中に有している．カロテノイドにはさまざまな種類があるが，すべての光合成生物はいずれかのカロテノイドをもつ．

フィコビリンは開環テトラピロール分子であり，シアノバクテリアと紅藻に存在する．細胞内ではタンパク質と結合して，フィコビリソームという特殊な構造体を形成している．

クロロフィルのうち反応中心に存在するのは，特殊な例外を除き，クロロフィル a である．反応中心以外に存在するクロロフィル a と他のクロロフィルは集光色素として，反応中心に光エネルギーを送る働きをしている．カロテノイドは**補助色素**（accessory pigment）ともよばれ，光合成装置に結合し，吸収したエネルギーを光合成の反応中心に伝えると共に，過剰なエネルギーを熱として散逸させる機能をもつ．図 3・6 に主な光合成色素の吸収スペクトルを

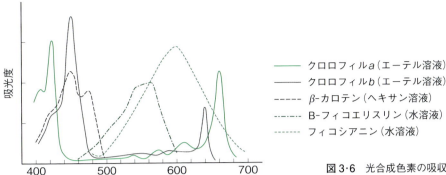

図 3·6 光合成色素の吸収スペクトル
（清水，1993 を改変）

示す。クロロフィルは赤色光と青色光を，カロテノイドは青色光を吸収することがわかる。フィコビリンはクロロフィルとカロテノイドの吸収効率の低い，500〜600 nm の光を吸収する。緑色植物の光合成に有効な光の波長は約 400〜700 nm の可視光であり，これを**光合成有効放射**（photosynthetically active radiation, PAR）とよぶ。

クロロフィルとカロテノイドが葉緑体のチラコイド膜に存在するのに対し，フィコビリンはフィコビリソームに存在する†。フィコビリソームは，膜に存在する光合成の反応中心の上にコアとよばれる中心部分とロッドとよばれる突き出した構造からなる，シアノバクテリアと紅藻に特異的な細胞内構造である（図 3·7）。例えば，よく見られる色素の配置は外側からフィコエリスリン，フィコシアニン，アロフィコシアニンの順番である。外側の色素は吸収波長が短く，内側の色素は吸収波長が長くなっている。この事実は，エネルギーの高い光を吸収する色素から，エネルギーの低い光を吸収する色素へと，反応中心に向かい円滑にエネルギーを伝達していることを示している。

†**フィコビリンの抽出**：クロロフィルやカロテノイドは，植物から有機溶媒で抽出して薄層クロマトグラフィーで分離する実験が高校の教科書にも紹介されている。しかし，シアノバクテリアや紅藻のフィコビリンは有機溶媒では抽出できない。フィコビリンはタンパク質と共有結合をしているため，有機溶媒で色素のみを抽出することはできず，タンパク質と結合した状態で水溶液として抽出する。

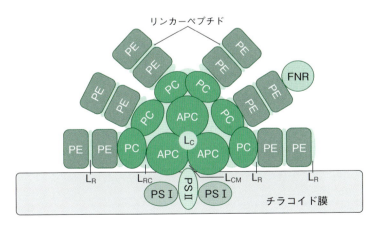

PE：フィコエリスリン
PC：フィコシアニン
APC：アロフィコシアニン
FNR：フェレドキシンNADP酸化還元酵素
PSI：光化学系I
PSII：光化学系II
L_C, L_R, L_{RC}, L_{CM} はフィコビリンタンパク質の間をつないでいるリンカーペプチド

図 3·7 フィコビリソームの構造モデル
（Guan, 2007；佐藤，2014 を改変）

3・1・3 クロロフィルによる光の吸収

基底状態（最低のエネルギー状態）のクロロフィル分子が光を吸収すると励起状態となる（図3・8）。クロロフィル分子に存在する共役二重結合が光を吸収するために機能している。エネルギーの高い青色光を吸収したクロロフィルは、赤色光を吸収したときとは異なる第2励起状態となる。この状態はきわめて不安定であるため、熱を放出して、第1励起状態となる。第2励起状態のクロロフィルは、エネルギーを別の分子に渡すか[†]、または、光化学反応を行うことによって基底状態に戻る。エネルギーをすべて熱として放出する場合もある。また、吸収波長が少し長い赤い蛍光を発して基底状態に戻る場合もある[†]。

†フェルスター遷移：励起状態のクロロフィルから他の分子にエネルギーを移す励起移動はフェルスター遷移とよばれる。ドナー分子とアクセプター分子の双極子相互作用による共鳴過程である。移動の効率は分子間距離の6乗に反比例する。移動の速度はドナー分子の蛍光帯とアクセプター分子の吸収帯の重なりに比例する。

†蛍光顕微鏡による葉緑体の観察：蛍光顕微鏡や共焦点レーザー顕微鏡を用いて細胞内の葉緑体を観察するときに、クロロフィルの自家蛍光を利用する。クロロフィルは葉緑体に局在するため、試料に励起光を照射して赤い蛍光を検出することで、葉緑体を同定できる。

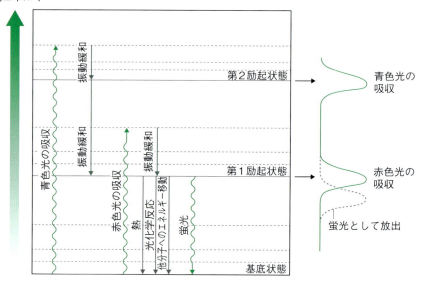

図3・8 クロロフィルによる光の吸収と放出
（Niyogi *et al.*, 2015 を改変）

3・2 光化学系

3・2・1 2つの光化学系の存在

前述の光合成色素は色素分子が単独に存在しているのではなく、タンパク質と結合し、**アンテナ複合体**（antenna complex）として存在する。光合成色素が集めたエネルギーは**反応中心複合体**（reaction center complex）に渡される。アンテナ複合体のうち、**光化学系 I**（PS I）に結合するものは LHC（light harvesting complex）I、**光化学系 II**（PS II）に結合するものは LHCII とよばれている[†]。これらのアンテナ複合体では、クロロフィル *a/b* アンテナタンパク質（chlorophyll *a/b* antenna protein）色素分子間のエネルギー移動は 10^{-12} 秒程度の時間で起こる。

†LHCII の構造：アンテナ複合体の構成成分はクロロフィルとタンパク質だけではない。例えば、LHCIIでは、タンパク質の他にクロロフィル *a*、*b*、カロテノイドであるルテイン、ネオキサンチン、ビオラキサンチン、極性脂質であるホスファチジルグリセロール（PG）やジガラクトシルジアシルグリセロール（DGDG）から構成されている（Barros & Kühlbrandt, 2009）。

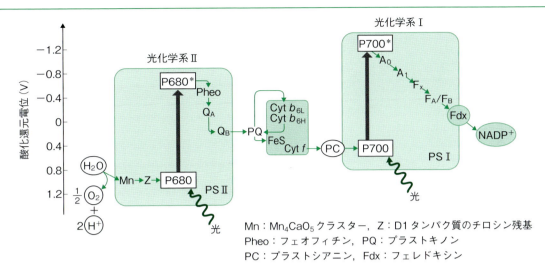

図 3·9 光合成の電子伝達系
この形の図は Z スキームとよばれている。(Niyogi *et al.*, 2015 を改変)

光化学反応系には，光化学系 I と光化学系 II が存在し，この間を電子伝達系が繋いでいる[†]（図 3·9）。光化学系 I と II の反応中心クロロフィルは還元状態でそれぞれ，700 nm および 680 nm に吸収極大をもつことから，光化学系 I の反応中心を P700，光化学系 II の反応中心を P680 とよぶ。

3·2·2　光化学系 II とシトクロム b_6f 複合体

光化学系 II では水が分解されて酸素を発生する。光化学系 II の初発電子供与体はクロロフィル a の二量体である。光化学系 II を構成する主要な膜タンパク質は，D1, D2, CP43, CP47, Cyt b_{559} を含むタンパク質である[†]。これらのタンパク質に初発電子供与体や，その他のクロロフィル，カロテノイド，フェオフィチン，プラストキノンおよび水を分解する Mn_4CaO_5 クラスターが結合している。光化学系 II が 4 回の反応を行うことで，2 分子の水が分解され，4 個の H^+ がルーメン側に放出される。同時に産生される電子は，$P680^+$ を還元することで自身が酸化された D1 タンパク質のセミキノン型のチロシン残基を還元して元の状態に戻すのに使われる。P680 は，**フェオフィチン**（pheophytin）に電子を渡す。フェオフィチンはクロロフィルのマグネシウムイオンが水素に置換された構造である。電子はフェオフィチンから，プラストキノン Q_A, Q_B に渡され，Q_B に結合するプラストキノンが 2 個の電子を受け取り，セミキノン型の中間体を経て H^+ を取り込むことによりプラストキノールとなる（図 3·10）。プラストキノールはチラコイド膜中を拡散し，シトクロム b_6f 複合体に電子を渡す。この時に 2 個の H^+ がルーメンに放出される。1 個の電子は複

[†] **電子伝達系の阻害剤**：電子伝達系の阻害剤は，除草剤として利用されている。DCMU (dichlorophenyldimethylurea) は光化学系 II の D1 タンパク質のプラストキノン Q_B 結合部位に結合することで電子伝達を阻害する。除草剤ジウロンとして知られている。メチルビオロゲン (methyl viologen) はパラコートとよばれ，光化学系 I の電子受容体から電子を受け取り，その電子を酸素分子に渡すことで活性酸素であるスーパーオキシド (O_2^-) を生成する。

[†] **強光阻害と D1 タンパク質**：植物に強い光を照射すると**強光阻害** (photoinhibition) という現象が起こる。その応答の 1 つに光化学系 II の損傷がある。光化学系 II の中でも D1 タンパク質が強光によって特異的に破壊され，プロテアーゼによって分解されることが知られている。

†鉄硫黄タンパク質：鉄硫黄クラスターともよばれる。種子植物の光合成で機能する鉄硫黄タンパク質には，硫黄原子と鉄電子がそれぞれ2個から構成されている [2Fe-2S] 型と，4個から構成されている [4Fe-4S] 型がある。リスケ型鉄硫黄タンパク質やフェレドキシンは [2Fe-2S] 型であり，光化学系Iで働く FeS_X, FeS_A, FeS_B は [4Fe-4S] 型である。

†シトクロム f：シトクロムは含有しているヘムの種類により，a, b, c, d がある。f 型のヘムは存在せず，シトクロム f の f は，ラテン語で葉を意味する folium あるいは frons に由来する名称である。葉に多いことからシトクロム f と名付けられた。シトクロム f は c 型ヘムをもっている。

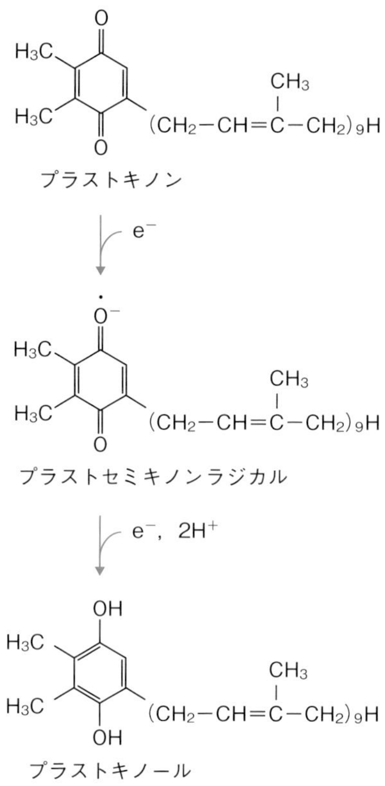

図3·10 プラストキノンの酸化と還元

合体の中の**リスケ型鉄硫黄タンパク質**†（Rieske iron-sulfur protein）を経てシトクロム f† に移動し，その後，シトクロム b_6f 複合体を離れて**プラストシアニン**（plastocyanin）に渡される。プラストシアニンは銅を含む分子量が10,000程度のタンパク質である。プラストシアニンは水溶性であり，ルーメンに存在し，シトクロム b_6f 複合体から受け取った電子によって，光化学系Iを還元する。また，プラストキノールのもう1個の電子は，**Qサイクル**（Q cycle）という機構で働くことが知られている。電子はシトクロム b_{6L}, b_{6H} を経てプラストキノン還元部位に結合しているプラストキノンに渡される。プラストキノン還元部位はチラコイドの外側にあるのに対し，酸化部位はチラコイドの内側にある。プラストキノンはストロマ側から2個の H^+ を取り込み，プラストキノールとなり，チラコイド膜を拡散してプラストキノン酸化部位に向かう。

3·2·3 光化学系I

プラストシアニンからの電子は，光化学系Iの反応中心である P700 に渡される。P700 はクロロフィル a の二量体である。光化学系Iの主要なコアタンパク質は相同性のある PsaA および PsaB という2つからなる。光化学系IIとは異なり，光化学系Iの反応中心にはコアアンテナとよばれる多くのクロロフィルが結合していて，光の吸収とエネルギー伝達に働いている。電子は P700 から，光化学系Iの複合体の中で，A_0 とよばれるクロロフィル，A_1 とよばれるフィロキノン，F_X, F_A, F_B とよばれる鉄硫黄タンパク質に順次，渡される。その後，電子は複合体の外に出て水溶性の鉄硫黄タンパク質である**フェレドキシン**（ferredoxin）を還元する。チラコイド膜には**フェレドキシン-NADP 還元酵素**（ferredoxin-NADP$^+$ reductase）が存在し，還元された

◆クロロフィルの合成経路：クロロフィルのテトラピロール部分の前駆体は，5-アミノレブリン酸（ALA）である。ALA はグルタミン酸から3段階の反応を経て合成される。ALA はクロロフィルだけでなく，同じテトラピロールであるヘムなどの合成にも用いられる。2分子の ALA が縮合してピロール環を作り，4個のピロール環が結合してテトラピロールになった後に，多段階の反応を経てクロロフィルとなる。

フェレドキシンから電子を奪い，$NADP^+$ を還元して NADPH を生成する。このNADPHは，後述の炭素同化において還元力として使われる。

光化学系Iにはこの他に**循環的電子伝達経路**（cyclic electron transport）が存在する。**NDH複合体**（NADH dehydrogenase-like complex）がフェレドキシンから電子を受け取り，プラストキノン，シトクロム b_6f に渡して電子を循環させる経路が古くから知られていたが，近年，NDH複合体ではなく，PGR1-PGR5[†]タンパク質がフェレドキシンから電子を受け取る経路が発見されている。循環的電子伝達経路では，NADPHは生成されないが，ATPは合成される。循環的電子伝達経路は，特に C_4 植物の維管束鞘細胞の葉緑体で重要な働きをすると考えられている。

図3・11にチラコイド膜に存在する光化学系に関与するタンパク質の分布を示す。光化学系IIはチラコイドの積層部分に多く，光化学系IとATP合成酵素はストロマラメラとグラナの非積層部分に多い。このように，チラコイド膜上のタンパク質の分布は一様ではない。

† **PGR5**：PGR（proton gradient regulation）5 の機能は，高い光強度の下で強い蛍光を発するシロイヌナズナの *pgr5* 変異体の解析から明らかになった（Munekage *et al.*, 2002）。PGR5が関与する循環的電子伝達経路も，ATP合成と光化学系Iを過剰な光から守るために機能すると考えられている。

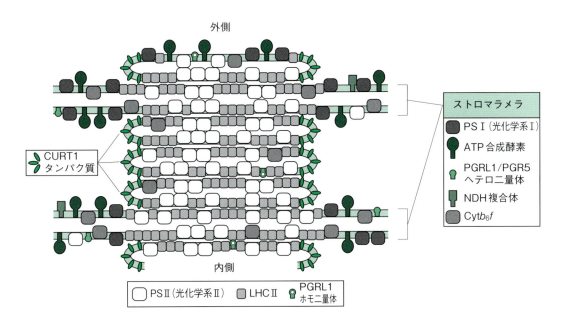

図3・11　チラコイド膜に存在するタンパク質複合体の分布
　CURT1タンパク質はグラナのサイズと数を調節すると考えられている。(Pribil *et al.*, 2014を改変)

3・3 ATP 合成

図 3・12 に，これまでに述べたチラコイド膜を介した電子と H^+ の移動の模式図を示す。電子伝達に伴い，チラコイド膜外に **H^+ 駆動力**（proton motive force）が形成される。光化学系 II での水の分解によるルーメンへの H^+ の放出，プラストキノンがストロマ側から H^+ を取り込みシトクロム b_6f 複合体に電子を渡すときのルーメンへの H^+ の放出，光化学系 I での $NADP^+$ の還元によるストロマ側での H^+ の消費により，チラコイド膜の内側は H^+ 濃度が高くなる。このチラコイド膜の内側と外側の H^+ 濃度の差が H^+ 駆動力である。この H^+ 駆動力を利用して ATP 合成酵素（CF_0CF_1）が ATP を合成する反応を**光リン酸化**（photophosphorylation）という[†]。ATP 合成酵素は，2 つの部位からなり，疎水的な膜に埋め込まれた部分は CF_0 であり，ストロマ側に突出した部分は CF_1 である（図 3・13）。CF_1 は α 鎖と β 鎖が交互に 3 個ずつ配置されていて，主要な触媒部位は β 鎖に存在する。H^+ はルーメンから ATP 合成酵素の CF_0 を通りチラコイド膜の外側に放出される。そのときに，CF_0 を軸とし CF_1 部分が回転して ATP が合成される。CF_1 をストロマ側から見ると，中央に γ 鎖があり，α 鎖と β 鎖は II と δ によって固定されていて動かず，γ 鎖が α 鎖と β 鎖の内側で回転する。3 個の β 鎖の構造は 3 種類に変化し，酵素が 1 回転すると 3 分子の ATP が合成される[†]。

[†] **化学浸透説（化学浸透圧説，chemiosmotic theory）**：生体膜における電子伝達に共役して起こる ATP 生成機構の理論。化学浸透説は，イギリスのピーター・ミッチェルによって 1960 年代に提唱された。ミッチェルは 1978 年にノーベル化学賞を受賞した。

[†] **回転触媒説（rotary catalysis mechanism theory）**：ATP 合成酵素が回転することで ATP を作り出す回転触媒説を提唱したのは，アメリカのポール・ボイヤーである。ボイヤーは 1997 年にノーベル化学賞を受賞した。

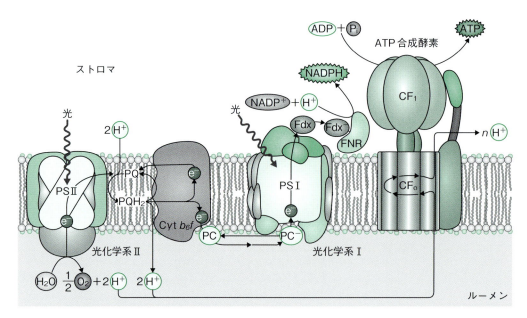

図 3・12　チラコイド膜での H^+ の移動と ATP 合成
　　　　FNR：フェレドキシン-$NADP^+$ レダクターゼ（Niyogi *et al.*, 2015 を改変）

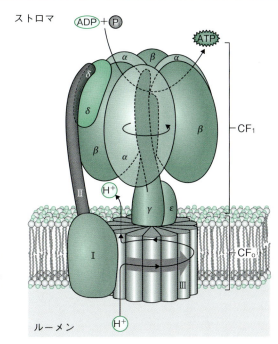

図 3・13　ATP 合成酵素の構造
CF_1 は，α, β, γ, δ, ε の 5 個のサブユニットからなる。CF_0 は，Ⅰ，Ⅱ，Ⅲ，Ⅳの 4 種類のサブユニットからなる。ただし，Ⅳはこの角度からは見えない。（Niyogi et al., 2015 を改変）

3・4　カルビン・ベンソン回路

光化学系で合成された還元力 NADPH と ATP を用いて，葉緑体のストロマでは**カルビン・ベンソン回路**（Calvin-Benson cycle）によって炭素が固定される[†]（図 3・14）。この回路は，**還元的ペントースリン酸経路**（reductive pentose phosphate cycle）とよばれることもある。図 3・15 にカルビン・ベンソン回路の概略を示す。二酸化炭素（CO_2）は，C_5 のリブロース 1,5-ビスリン酸（RuBP）と反応する。この二酸化炭素固定反応（カルボキシレーション）の結果，初期産物として，3-ホスホグリセリン酸（3-PGA）ができる。3-PGA は，光化学系によって生成した ATP と NADPH を用いて還元反応を行い，グリセルアルデヒド 3-リン酸（GAP）を合成する。グリセルアルデヒド 3-リン酸は ATP を用いた再生産反応を経て，リブロース 1,5-ビスリン酸に戻る。カルビン・ベンソン回路を一周するには 6 分子の CO_2 が必要である。6 分子の CO_2 から生じる反応生成物の炭素原子の総数は 36 個であり，そのうちの 6 個の炭素原子は 2 分子の GAP に変換された後に，カルビン・ベンソン回路から離れ，さまざまなトリオースリン酸を経て，スクロースやデンプンなどの合成に使われる。残りの 30 個の炭素原子が再生反応によって 6 分子の RuBP となる。

[†] **カルビン・ベンソン回路の発見**：カルビン・ベンソン回路は，アメリカのメルビン・カルビン，アンドリュー・ベンソン，ジェームス・バッシャムによって解明された。材料として緑藻セネデスムス（イカダモの仲間）やクロレラを用い，^{14}C で標識された化合物によるトレーサー実験により分析を行った。

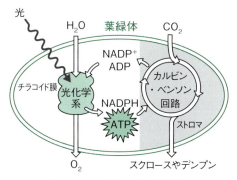

図 3・14　光合成全体の概略図

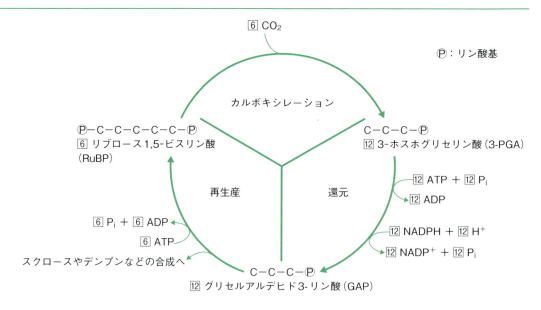

図 3・15　カルビン・ベンソン回路の概略

†**Rubisco の構造**：種子植物の Rubisco は，8 個のラージサブユニットと 8 個のスモールサブユニットからなる十六量体である。ラージサブユニットの遺伝子は葉緑体 DNA に，スモールサブユニットの遺伝子は核 DNA にコードされている。

†**エンジオール中間体（下図）**：点線の部分がエンジオール構造である。

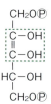

　カルビン・ベンソン回路には 13 の酵素が関与する（図 3・16）。CO_2 を固定する酵素は，**リブロース-1,5-ビスリン酸カルボキシラーゼ／オキシゲナーゼ**（ribulose-1,5-bisphosphate carboxylase/oxygenase, **Rubisco**†）である。RuBP はエンジオール中間体†を経て CO_2 が付加され，加水分解の後に 2 分子の 3-PGA ができる。3-PGA は，ATP を用いて 1,3-ビスホスホグリセリン酸となり，次に NADPH によって還元されグリセルアルデヒド 3-リン酸（GAP）となる。GAP の一部はトリオースリン酸イソメラーゼによりジヒドロキシアセトンリン酸（DHAP）となり，葉緑体外に輸送され，スクロースの合成などに使われる。葉緑体内で GAP と DHAP は，C_3，C_4，C_5，C_6，C_7 の糖リン酸に変換され，RuBP に再生される。また，葉緑体内でフルクトース 6-リン酸を経て，デンプンが合成される。それだけではなく，カルビン・ベンソン回路の中間体は，脂質やアミノ酸の前駆体としても使われる。

　カルビン・ベンソン回路の活性を制御する 1 つの要因は，Rubisco のさまざまな活性調節機構にある。その 1 つがカルバミル化である。基質とは異なる二酸化炭素が Rubisco の特定のリシン残基に結合することにより Rubisco は活性化され，さらにカルバミル基に Mg^{2+} が付加して安定化する。また，糖リン酸が Rubisco に結合することにより，構造が変化して活性化できなくなることがある。**ルビスコアクティベース**（Rubisco activase）とよばれる酵素が Rubisco から糖リン酸を外すことで，Rubisco のカルバミル化と Mg^{2+} の結合が進み，活性化される。

3・4 カルビン・ベンソン回路

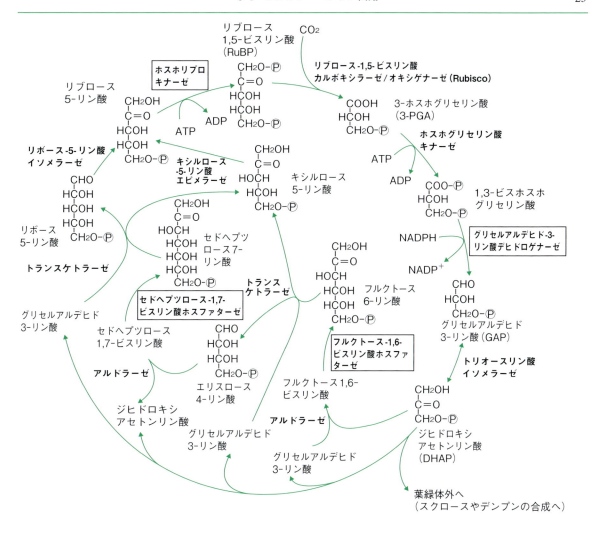

図 3・16 カルビン・ベンソン回路
四角で囲んだ酵素はチオレドキシンの制御を受ける。(日本光合成研究会 編, 2003 を改変)

　カルビン・ベンソン回路の活性は，チオレドキシンによっても制御されている。チオレドキシンは低分子量のタンパク質で酸化還元を受ける2個のSH基をもつ。カルビン・ベンソン回路で働く酵素であるグリセルアルデヒド-3-リン酸デヒドロゲナーゼ，フルクトース-1,6-ビスリン酸ホスファターゼ，セドヘプツロース-1,7-ビスリン酸ホスファターゼ，ホスホリブロキナーゼはチオレドキシンによる還元を受けて活性化される (図 3・17)。酵素を還元することで酸化されたチオレドキシンはフェレドキシン-チオレドキシンレダクターゼ (還元酵素) によりフェレドキシンから電子を受け取り，還元される。酸化されたフェレドキシンは，光化学系Iから電子を受け取り還元される。そのため，チオレドキシンの還元を必要とする酵素は光によって活性が高くなる。

◆カーボニックアンヒドラーゼ (carbonic anhydrase): 水中で二酸化炭素と重炭酸イオンとの $CO_2 + H_2O \rightleftarrows H^+ + HCO_3^-$ の反応を触媒する。藻類はこの酵素を用いて反応が平衡に達する速度を速め，結果としてRubisco周辺の二酸化炭素の水中の濃度を高くすることで，円滑に光合成を行っている。

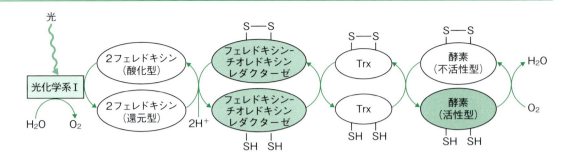

図 3·17　チオレドキシンによる酵素の活性化

3·5　光呼吸

　Rubiscoはカルボキシラーゼ反応によってCO_2を固定するが，オキシゲナーゼ反応も触媒する。この場合の基質もRuBPである。Rubiscoの触媒反応によりO_2がRuBPを酸化して，1分子の3-PGAと2-ホスホグリコール酸を作り出す。この反応から始まるホスホグリコール酸の代謝経路を**光呼吸**（photorespiration）という。Rubiscoが行うカルボキシラーゼ反応とオキシゲナーゼ反応の比率は，酵素の触媒部位が同じであるため，周囲のCO_2と酸素の分圧に影響される。地球上に酸素発生型の光合成生物が現れたときの大気の酸素濃度は低く，Rubiscoがオキシゲナーゼ反応を触媒する能力を有していても問題にはならなかった。しかし，現在の大気中の酸素濃度はRubiscoがオキシゲナーゼ活性を発揮するのに十分な濃度となっている。オキシゲナーゼ反応で生成する3-PGAはカルビン・ベンソン回路に入っていくが，2-ホスホグリコール酸はカルビン・ベンソン回路の反応を妨げるため，光呼吸によってATPと還元力を用いて3-PGAにまで代謝される。光呼吸は葉緑体だけでなく，ペルオキシソーム，ミトコンドリアも経由する反応系である（**図3·18**）。

　2-ホスホグリコール酸はホスホグリコール酸ホスファターゼによりグリコール酸に加水分解される。葉緑体の内包膜には，グリコール酸を特異的に輸送するトランスポーターがあり，グリコール酸は葉緑体の外に出され，その後は拡散によりペルオキシソームに入る。ペルオキシソームでグリコール酸は，グリコール酸酸化酵素によりグリオキシル酸になる。この反応で同時に生じる過酸化水素はカタラーゼによって速やかに除去される。その後，グリオキシル酸は2つの反応で代謝される。1つの反応では，グルタミン酸-グリオキシル酸アミノトランスフェラーゼによりα-ケトグルタル酸とグリシンになる。ここで生じるα-ケトグルタル酸は葉緑体に戻り，再度，グルタミン酸に変換される。この反応はフェレドキシンによる還元，グルタミンからのアミノ基転移を含む。

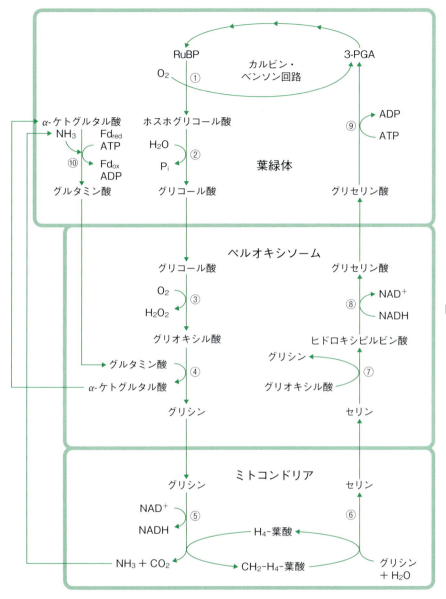

図 3·18 光呼吸の経路
① Rubisco, ② 2-ホスホグリコール酸ホスファターゼ, ③ グリコール酸オキシダーゼ, ④ グルタミン酸-グリオキシル酸アミノトランスフェラーゼ, ⑤ グリシンデカルボキシラーゼ, ⑥ セリンヒドロキシメチルトランスフェラーゼ, ⑦ セリン-グリオキシル酸アミノトランスフェラーゼ, ⑧ ヒドロキシピルビン酸レダクターゼ, ⑨ グリセリン酸キナーゼ, ⑩ グルタミンシンセターゼ, グルタミン酸シンターゼ。H_4-葉酸: テトラヒドロ葉酸, CH_2-H_4-葉酸: 5,10-メチレンテトラヒドロ葉酸 (Blankenship, 2014 を改変)

この過程では，ミトコンドリアで生成する NH_3 が葉緑体に拡散し，再固定される反応も含む。グリオキシル酸のもう1つの反応では，セリン-グリオキシル酸アミノトランスフェラーゼによりグリシンを生成する。ペルオキシソームで生じたグリシン2分子がミトコンドリアに入ると，グリシンデカルボキシラーゼ複合体により，CO_2 と NH_3 が放出され，NAD^+ が還元され NADH となる。その後，セリンヒドロキシメチルトランスフェラーゼによって2分子目のグリシンにメチル基が付加されセリンができる。この反応には葉酸が必要である。セリンはペルオキシソームに入り，前述のようにグリシンを生成するが，同時

に生成されるヒドロキシピルビン酸がNADHにより還元されてグリセリン酸，葉緑体に輸送されグリセリン酸キナーゼによって3-PGAに変換される。

このように，RuBPのオキシゲナーゼ反応で生じた2-ホスホグリコール酸を代謝するためにはエネルギーを必要とし，CO_2を放出する。しかし，強光を受けて過剰な還元力やATPが発生したときに，これらを消費して光合成装置を守る役割があるのではないかと考えられている。

3·6　C_4光合成とCAM型光合成

3·6·1　C_4光合成

カルビン・ベンソン回路でCO_2が固定されてできる初期産物は3-PGAである。しかし，$^{14}CO_2$を植物体に投与した実験により，サトウキビでは初期産物が3-PGAではなくC_4化合物であることが示された（図3·19）。この経路は1965年にコーチャックによって発見され，その後，ハッチとスラックによって，カルビン回路・ベンソン回路だけが機能するC_3光合成に対し，C_4光合成[†]と名付けられた。C_4光合成を行う植物[†]にはイネ科植物が多いが，イネはC_3光合成を行う。

C_4光合成は葉肉細胞と維管束鞘細胞とで行われる。C_4光合成を行うC_4植物の葉の断面には，維管束を取り囲む維管束鞘細胞が発達し，その周囲を葉肉細胞が取り囲む特有の**クランツ構造**（Kranz anatomy）を観察することができる。

[†] C_4光合成のタイプ：C_4光合成には，本文で解説したNADPマリックエンザイム（NADP-ME）型の他に，アオビユやキビでみられるNADマリックエンザイム（NAD-ME）型，ニクキビやギニアグラスでみられるPEPカルボキシキナーゼ（PEPCK）型がある。
NAD-ME型は，アスパラギン酸がオキサロ酢酸を経てリンゴ酸になり，NAD-MEがミトコンドリアで脱炭酸を行う。PEPCK型では，アスパラギン酸がオキサロ酢酸になり，PEPCKがオキサロ酢酸を脱炭酸する。

[†] C_4植物の系統：C_4植物は66の独立した系統から発生し，7500種が地球上に生存すると考えられている。(Sage et al., 2012)

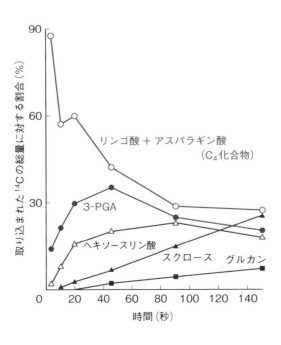

図3·19　C_4光合成の代謝産物の変動
　$^{14}CO_2$をサトウキビに投与し，標識された代謝産物の割合の変動を追跡した。^{14}C-標識は，初期にC_4化合物であるリンゴ酸とアスパラギン酸に多く存在し，その後，減少した。カルビン・ベンソン回路の初期産物である3-PGAよりもC_4化合物に^{14}C-標識が高い割合でみられる。(Hatch & Slack, 1966)

葉肉細胞でCO$_2$を取り込んでC$_4$化合物に固定し，維管束鞘細胞でカルビン・ベンソン回路を駆動させるという分業を行っている。

葉肉細胞でCO$_2$を固定するために機能するのは，ホスホエノールピルビン酸（PEP）カルボキシラーゼであるが[†]，この酵素の基質はCO$_2$ではなくHCO$_3^-$である。このHCO$_3^-$は，葉肉細胞に局在するカーボニックアンヒドラーゼの反応によりCO$_2$から変換されて生成する。PEPカルボキシラーゼはPEPに1個の炭素を付加し，C$_4$の有機酸であるリンゴ酸を生成する。リンゴ酸は**原形質連絡**（10ページ参照）によって維管束鞘細胞に輸送され，NADPマリックエンザイムにより脱炭酸されてピルビン酸となる。脱炭酸されて生成したCO$_2$はカルビン・ベンソン回路に入って代謝される。

一方，ピルビン酸は原形質連絡により葉肉細胞に運ばれ，ピルビン酸・リン酸ジキナーゼによってPEPに戻る（**図3・20**）。このようなC$_4$光合成は，NADPマリックエンザイム型とよばれ，サトウキビやトウモロコシなどの植物で行われている。C$_4$光合成はPEPを生成するためにエネルギーを必要とするが，C$_4$化合物としてCO$_2$を濃縮することができるため，Rubiscoの周囲では高いCO$_2$濃度を維持することが可能である。そのため，Rubiscoのオキシゲナーゼ活性は抑制されていて，光呼吸の速度がきわめて低いことが特徴である。

[†] δ^{13}C：自然界の炭素には^{12}Cの他に^{13}Cという安定同位体がある。δ^{13}Cは以下の式で計算される。
δ^{13}C（‰）＝[｛(試料中の^{13}C/^{12}C)／(標準化石中の^{13}C/^{12}C)｝－1]×1000
標準化石中の^{13}C/^{12}Cは，0.011237である。Rubiscoは^{12}Cを選択して固定するが，C$_4$植物のPEPカルボキシラーゼは^{12}Cと^{13}Cを区別することなく用いることができる。そのため，C$_3$植物のδ^{13}CはC$_4$植物のδ^{13}Cよりも低くなる。

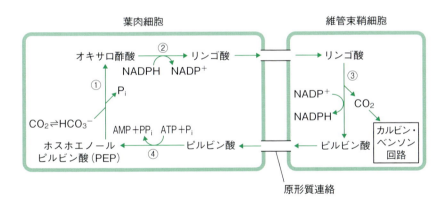

図3・20 NADPマリックエンザイム型のC$_4$光合成の代謝経路
① PEPカルボキシラーゼ，② NADP-リンゴ酸デヒドロゲナーゼ，③ NADPマリックエンザイム，④ ピルビン酸-リン酸ジキナーゼ．P$_i$：リン酸，PP$_i$：ピロリン酸
（Blankenship, 2014を改変）

3・6・2 CAM型光合成

C$_4$植物以外にも，CO$_2$を濃縮する機構を備えた光合成を行う植物が存在する。そのような植物の多くは高温の乾燥地帯に適応しており，**CAM**（crassulacean acid metabolism）**植物**とよばれている。CAM型光合成は，最初にベンケイソ

ウ科 (Crassulaceae) の植物で発見され，その後，サボテンやパイナップルなどの多肉植物で行われることが明らかになった[†]。

CAM 植物の光合成は，夜間に気孔から CO_2 を取り込み，C_4 光合成と同様に PEP カルボキシラーゼによって PEP に HCO_3^- の炭素原子を付加してオキサロ酢酸を合成することから始まる（図 3・21）。夜間に PEP カルボキシラーゼが活性化されて[†]反応が進むことで葉内の CO_2 濃度は低下する。気孔は葉内の CO_2 濃度が低下すると開き，外界の CO_2 を取り込む。オキサロ酢酸は NADPH によって還元されリンゴ酸となり，液胞に貯められる。昼間は，液胞からリンゴ酸を外に出し，NADP マリックエンザイムによってピルビン酸と CO_2 に変換する。すると葉内の CO_2 濃度が高くなるために気孔は閉じる。細胞内で生じた CO_2 はカルビン・ベンソン回路に入って代謝される。C_4 植物は葉肉細胞と維管束鞘細胞という 2 種類の細胞を使って分業して光合成を行っているが，CAM 植物は昼と夜とで分業をしている。

[†] **多肉植物以外の CAM 植物**：多肉植物以外にも CAM 植物は分布している。例えば水生シダ植物のミズニラの仲間 (*Isoetes australis*) は CO_2 濃度の低い水中で効率的に CAM 型光合成を行い，光呼吸を抑制している (Pedersen *et al.*, 2010)。

[†] **PEP カルボキシラーゼの活性調節**：PEP カルボキシラーゼは PEP カルボキシラーゼキナーゼによってリン酸化されると活性型になる。CAM 植物では夜間にリン酸化されて活性化されるが，C_4 植物では昼間にリン酸化されて活性型となる。

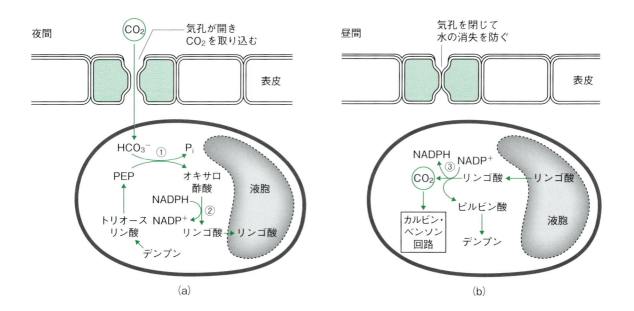

図 3・21　CAM 植物の光合成経路
　① PEP カルボキシラーゼ，② NADP-リンゴ酸デヒドロゲナーゼ，③ NADP マリックエンザイム
（Blankenship, 2014 を改変）

第4章　呼　吸

　生物は呼吸により，炭素化合物に貯蔵されたエネルギーを取り出し，精密な調節機構によってそのエネルギーを生きるために利用します．呼吸によって放出されたエネルギーはATP（アデノシン三リン酸）に蓄えられ，生命活動に使われます．酸素を必要とする**好気呼吸**（aerobic respiration）のしくみは，多くの真核生物に共通ですが，植物の呼吸が動物とは異なっている点もあります．

　この章では，呼吸を中心とするエネルギー代謝について解説します．

4·1　植物における呼吸の概略

　植物の呼吸の基質がスクロースである場合，以下の反応式で表すことができる．

$$C_{12}H_{22}O_{11} + 12\,O_2 + 13\,H_2O \rightarrow 12\,CO_2 + 24\,H_2O$$

スクロースの炭素はCO_2となり，O_2は電子を受け取りH_2Oとなる．

　反応全体での**ギブス自由エネルギー**（Gibbs free energy）の変化（$\Delta G'$）は$-5764\,\text{kJ mol}^{-1}$であり，この値が負であるということは，反応は右に進み，大きなエネルギーの放出を伴うことを意味している．このエネルギーの一部が，ATPに変換される．

　植物の呼吸の過程は，**解糖系**（glycolysis），**TCA回路**（tricarboxylic acid cycle，クエン酸回路ともよばれる），**酸化的リン酸化**（oxidative phosphorylation），**酸化的ペントースリン酸経路**（oxidative pentose phosphate pathway）の4つの過程がある．このうち，解糖系と酸化的ペントースリン酸経路はサイトゾルとプラスチドに存在する．TCA回路と酸化的リン酸化はミトコンドリアで行われる．

　図4·1に，呼吸の概略を示す．

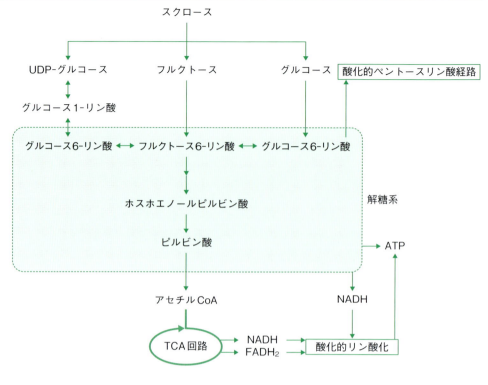

図 4·1　呼吸の概略

4·2　解 糖 系

　動物の解糖系の基質はグルコースであるが，植物の解糖系はスクロースから始まると考えることができる。スクロースは，**図 4·1** に示すように，インベルターゼによりグルコースとフルクトースに分解されるか，スクロースシンターゼによって UDP-グルコースとフルクトースに分解されて，解糖系に入る（第 5 章参照）。

　グルコースからの代謝経路を**図 4·2** に示す。グルコースはヘキソキナーゼによりグルコース 6-リン酸（G6P）となる。G6P はグリセルアルデヒド-3-リン酸デヒドロゲナーゼにより，フルクトース 6-リン酸（F6P）となる。F6P は ATP 依存ホスホフルクトキナーゼ（PFK）により，フルクトース 1,6-ビスリン酸†（F1,6-BP）となる。PFK はアロステリック酵素で，高濃度の ATP によって阻害され，基質である F6P によって活性化される。F6P を F1,6-BP に変換する酵素には PFK の他にもう 1 つあり，ピロリン酸依存ホスホフルクトキナーゼ（PFP）とよばれている。PFP は PFK とは異なり，サイトゾルに局在する。PFP は，スクロース合成にも関与するフルクトース 2,6-ビスリン酸（F2,6-BP）によって活性化されるが（48 ページ参照），サイトゾルには活性化

†**ビスリン酸**：2 個のリン酸基が別々の場所に結合している場合は，二リン酸ではなくビスリン酸と表記することが多い。

†**ムターゼ**（次ページ）：同じ分子内で官能基を別の位置に移す酵素をいう。

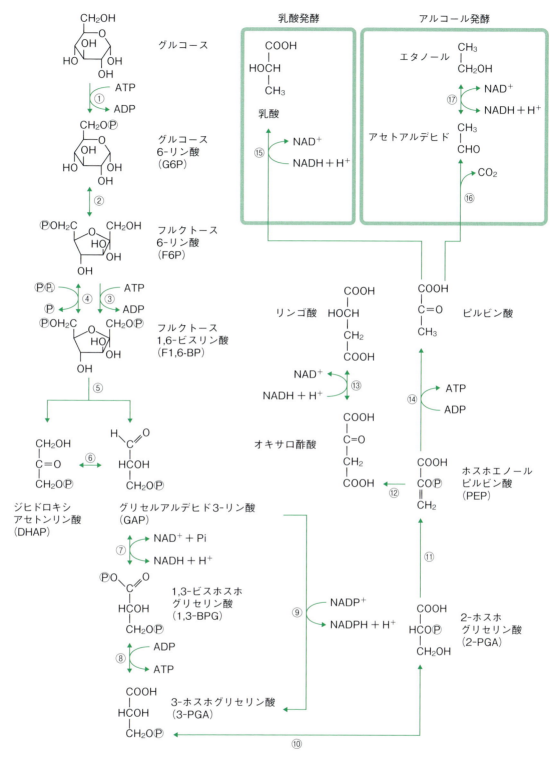

図 4·2　グルコースからの解糖系と発酵
① ヘキソキナーゼ，② グルコースリン酸イソメラーゼ，③ ATP 依存ホスホフルクトキナーゼ（PFK），④ ピロリン酸依存ホスホフルクトキナーゼ（PFP），⑤ アルドラーゼ，⑥ トリオースリン酸イソメラーゼ，⑦ NAD$^+$ 依存グリセルアルデヒド -3- リン酸デヒドロゲナーゼ，⑧ 3- ホスホグリセリン酸キナーゼ，⑨ NADP$^+$ 依存グリセルアルデヒド -3- リン酸デヒドロゲナーゼ，⑩ ホスホグリセリン酸ムターゼ†，⑪ エノラーゼ，⑫ ホスホエノールピルビン酸カルボキシラーゼ（PEPC），⑬ リンゴ酸デヒドロゲナーゼ，⑭ ピルビン酸キナーゼ，⑮ 乳酸デヒドロゲナーゼ，⑯ ピルビン酸デカルボキシラーゼ，⑰ アルコールデヒドロゲナーゼ

† TIM バレル：トリオースリン酸イソメラーゼは α/β バレル構造が発見された最初のタンパク質である．平行な 8 本の β ストランドの円筒を 8 本の平行な α ヘリックスが囲んだ樽（バレル）のような構造をしている．トリオースリン酸イソメラーゼ (triosephosphate isomerase) の頭文字を取り，このような構造を TIM バレルとよぶ．TIM バレルは天然タンパク質の構造としては，最も高い頻度で存在し，そのほとんどは酵素である．

† パスツール効果：酸素があると発酵が阻害されるという現象を，19 世紀にフランスのルイ・パスツールが酵母で発見した．この現象をパスツール効果とよぶ．

に必要な濃度の F2,6-BP が存在すると考えられている．PFP の発現を抑制した形質転換植物の研究により，PFP は植物の生存には必須ではないと推定されている．

F1,6-BP はアルドラーゼによりトリオースであるジヒドロキシアセトンリン酸（DHAP）とグリセルアルデヒド 3-リン酸（GAP）に分解される．DHAP はトリオースリン酸イソメラーゼ† により GAP に異性化された後に，NAD^+ に依存したグリセルアルデヒド-3-リン酸デヒドロゲナーゼの反応により，1,3-ビスホスホグリセリン酸（1,3-BPG）となる．植物にはこの他に 2 種類のグリセルアルデヒド-3-リン酸デヒドロゲナーゼが存在する．1 つは葉緑体に存在し，カルビン・ベンソン回路で機能する $NADP^+$ 依存型である（29 ページ参照）．もう 1 つは，リン酸化を伴わない $NADP^+$ 依存型の酵素である．この酵素はサイトゾルに存在し，1,3-BPG を経由せずに 3-ホスホグリセリン酸を生成する．シロイヌナズナでは，この酵素は特にリン酸欠乏時に機能し，解糖系を円滑に進行させる．

NAD^+ 依存型のグリセルアルデヒド-3-リン酸デヒドロゲナーゼによって生成された 1,3-BPG は，3-ホスホグリセリン酸，2-ホスホグリセリン酸を経て，ホスホエノールピルビン酸（PEP）となる．PEP はピルビン酸キナーゼによってピルビン酸になり，この反応で 1 分子の ATP が生成する．ピルビン酸は，その後，TCA 回路に入る．植物には，PEP が PEP カルボキシラーゼによりカルボキシル化され，オキサロ酢酸になる経路もある．オキサロ酢酸は NADH の還元力を使ってリンゴ酸デヒドロゲナーゼによりリンゴ酸に変換される．リンゴ酸は，ピルビン酸と同じように TCA 回路に入って代謝されるか，液胞に貯蔵される．

解糖系全体で ATP の合成量を考えると，前半にヘキソースのリン酸化で ATP を使う反応が 2 回あり，後半にトリオースリン酸から ATP を生成する反応が 2 回存在する．アルドラーゼの反応により，ヘキソースは 2 分子のトリオースになっていることから，解糖系でグルコース 1 分子が代謝されると 2 分子の ATP が合成されることになる．

また，好気的条件では解糖系で得られたピルビン酸はミトコンドリアの TCA 回路に入って代謝されるが，嫌気的条件では**発酵**（fermentation）が起こる†．TCA 回路では NADH が NAD^+ となるが，嫌気的条件では酸化的リン酸化が起こらず，NADH が酸化されないため，発酵によって NAD^+ を供給して解糖系の反応を進行させる．アルコール発酵は酵母で行われることがよく知られているが，植物でも起こる反応である．冠水などで酸素が欠乏した植物組

織では，最初に乳酸発酵が行われ，その後にアルコール発酵が起こることがある．乳酸デヒドロゲナーゼはサイトゾルのpHで機能し，細胞内に乳酸が蓄積される．その結果，サイトゾルは酸性となり，乳酸はNADHを酸化する．ピルビン酸デカルボキシラーゼは酸性側に至適pHがあるので，ピルビン酸からアセトアルデヒドへの反応が進みやすくなり，アルコール発酵が起こる．生成したエタノールはサイトゾルのpHでは電荷をもたず細胞膜を超えて拡散していくため，サイトゾルのpHは弱酸性に保たれる．

植物の解糖系の調節には細胞内のPEPの濃度が関与する．ATP依存ホスホフルクトキナーゼはPEPによって阻害される．動物では解糖系の調節はATP依存ホスホフルクトキナーゼの活性化とピルビン酸キナーゼの活性化によって行われる．しかし植物ではピルビン酸キナーゼとPEPカルボキシラーゼが機能するPEP代謝によりボトムアップ方式で調節が行われることに特徴がある．

4・3 TCA 回路

解糖系で生成されたピルビン酸はミトコンドリアに入り，TCA (tricarboxylic acid) 回路で酸化される（図4・3）．TCA回路は，クエン酸回路あるいはクレブス回路ともよばれる．ピルビン酸はミトコンドリアのマトリックスで，**ピルビン酸デヒドロゲナーゼ複合体**†（pyruvate dehydrogenase complex）により脱炭酸され，NADHとアセチルCoAが生成する．アセチルCoAはクエン酸シンターゼによりC_4のジカルボン酸であるオキサロ酢酸と結合し，C_6のトリカルボン酸であるクエン酸となる．クエン酸はアコニターゼによって異性化され，イソクエン酸となる．イソクエン酸はイソクエン酸デヒドロゲナーゼにより脱炭酸されてC_5の2-オキソグルタル酸になり，その後，2-オキソグルタル酸デヒドロゲナーゼにより脱炭酸され，C_4のスクシニルCoAとなる．この2回の脱炭酸反応では，それぞれ，NADHが生成する．スクシニルCoAのチオエステル結合がもつエネルギーは，スクシニルCoAシンターゼ†による基質レベルのリン酸化により，ADPとリン酸からATPを合成するのに使われる．スクシニルCoAからは，コハク酸が生成する．コハク酸はコハク酸デヒドロゲナーゼにより酸化され，フマル酸となる．コハク酸デヒドロゲナーゼは，TCA回路の中でただ1つの膜結合型酵素であり，電子伝達系の一部を構成している．コハク酸から奪われた電子とH^+はFADに渡され，$FADH_2$が生成する．フマル酸はリンゴ酸を経て，オキサロ酢酸となる．このときにNADHも生成する．つまりTCA回路では1分子のピルビン酸から3

†ピルビン酸デヒドロゲナーゼ複合体：ピルビン酸デヒドロゲナーゼ（E1），ジヒドロリポアミドS-アセチルトランスフェラーゼ（E2），ジヒドロリポアミドデヒドロゲナーゼ（E3）の3種の酵素が集まって複合体を構成する．反応にはこの他に，チアミン二リン酸，リポ酸，CoA，FAD，NAD^+が必要である．TCA回路で機能する2-オキソグルタル酸デヒドロゲナーゼ複合体および分枝アミノ酸の分解に関与する分枝α-ケト酸デヒドロゲナーゼ複合体も，類似の複合体を形成し，E3は同一分子である．これら3つの酵素は，α-ケト酸デヒドロゲナーゼ複合体ファミリーとよばれている．

†スクシニルCoAシンターゼ：動物の酵素はADPではなくGDPを用いて基質レベルのリン酸化を行う．

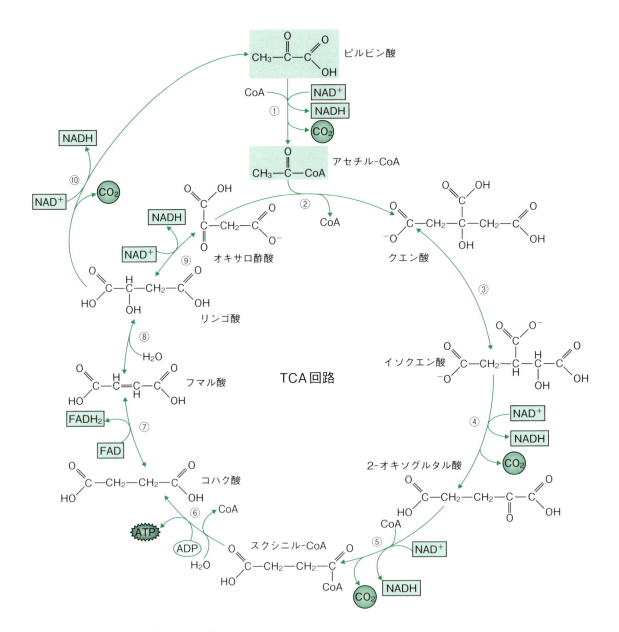

図 4・3 植物の TCA 回路
① ピルビン酸デヒドロゲナーゼ複合体, ② クエン酸シンターゼ, ③ アコニターゼ, ④ イソクエン酸デヒドロゲナーゼ, ⑤ 2-オキソグルタル酸デヒドロゲナーゼ, ⑥ スクシニル CoA シンターゼ, ⑦ コハク酸デヒドロゲナーゼ, ⑧ フマラーゼ, ⑨ リンゴ酸デヒドロゲナーゼ, ⑩ NAD^+-リンゴ酸酵素

分子の CO_2, 4分子の NADH, 1分子の $FADH_2$, 基質レベルのリン酸化による1分子の ATP が生成する。

植物のミトコンドリアのマトリックスには NAD^+-リンゴ酸酵素（malic enzyme）が存在する。4·2節で述べたように，解糖系で合成された PEP はオキサロ酢酸を経由してリンゴ酸に変換される。ミトコンドリアのマトリックスに入ったリンゴ酸は NAD^+-リンゴ酸酵素によってピルビン酸となる。もちろん，リンゴ酸は TCA 回路に入り，オキサロ酢酸以降の反応が進行する場合もある。TCA 回路の中間体は，他の代謝系に入ることもある。その場合，中間体が足りずに回路を円滑に回すことができなくなる。これを補うのが，**アナプレロティック反応**（anaplerotic reaction）とよばれる代謝中間体の補充である。例えば，2-オキソグルタル酸は窒素代謝との分岐点に位置する物質であり，窒素化合物の合成に使われると TCA 回路の中間体が不足する。不足した中間体は解糖系で合成された PEP からリンゴ酸に変換されて供給される。

4·4 酸化的リン酸化

TCA 回路で生成された NADH および $FADH_2$ は，再酸化されるためにミトコンドリアの電子伝達系に入る。

$$NADH + H^+ + 1/2 O_2 \rightarrow NAD^+ + H_2O$$
$$FADH_2 + 1/2 O_2 \rightarrow FAD + H_2O$$

NADH と $FADH_2$ の酸化のギブス自由エネルギー（$-\Delta G'$）の放出は，それぞれ，$220\,kJ\,mol^{-1}$ および $167.5\,kJ\,mol^{-1}$ である。この自由エネルギーを使って，ミトコンドリアの内膜を介した H^+ の電気化学的勾配を形成する。

植物の電子伝達系はミトコンドリア内膜に存在する4つのタンパク質複合体から構成される（図4·4）。NADH は NADH デヒドロゲナーゼを含む複合体 I（CI）で酸化される。NADH から奪った電子は**ユビキノン**†（ubiquinone）に伝達される。ユビキノンは内膜に存在し，膜の疎水領域を拡散することができる。複合体 II（CII）はコハク酸デヒドロゲナーゼであり，TCA 回路でのコハク酸からフマル酸への酸化を触媒する。電子はユビキノンに伝達される。複合体 III（CIII）はシトクロム bc_1 複合体である。ユビキノンを酸化し，電子をシトクロム c に伝達する。Q サイクルによってユビキノンからの2個の電子の移動に伴い，4個の H^+ がマトリックスから内膜に移動する。シトクロム c は

†ユビキノンとプラストキノン：ユビキノンおよび光合成の光化学系 II の電子伝達に関与するプラストキノン（23ページ参照）は，どちらもベンゾキノン誘導体に疎水性のイソプレノイド側鎖がついた構造である。ユビキノンはコエンザイム Q10 という名称で，健康サプリメントとして販売されている。

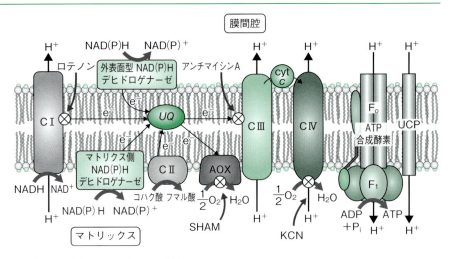

図 4・4　植物ミトコンドリアの電子伝達系
複合体 I はロテノンで，複合体 III はアンチマイシン A で，複合体 IV は KCN で阻害される。AOX は SHAM で阻害される。(Plaxton & Podestá, 2006 を改変)

複合体 III と複合体 IV（CIV）の間に位置する表在タンパク質である。複合体 IV はシトクロムオキシダーゼであり，酸素を 4 個の電子で還元して，水を生じる。

　植物のミトコンドリアの電子伝達系には，タンパク質複合体 I-IV の他に，NADP(H) デヒドロゲナーゼ (NADP(H) dehydrogenase) とオルタナティブオキシダーゼ (alternative oxidase, AOX) が内膜に結合している。これらの酵素はプロトンの輸送には関与していないため，NADH の酸化によって得られるエネルギーは ATP に変換されない。AOX による酸素の還元は KCN では阻害されず，サリチルヒドロキサム酸（SHAM）によって阻害されるので，シアン耐性呼吸とよばれる。AOX はユビキノンから電子を受け取り，酸素を還元する。AOX が機能した結果，エネルギーは熱として放出される[†]。植物がストレスを受けたときに**活性酸素** (reactive oxygen species, ROS) が発生し，この ROS が AOX の発現を活性化することが知られている。AOX が機能することで，ユビキノンから電子を奪い，ユビキノンの過剰な還元を防ぐ役割があると考えられる。AOX は植物に特異的であるが，ミトコンドリア内膜には，動物で発見されていた**脱共役タンパク質** (uncoupling protein, UCP) も存在することが明らかになっている。UCP は膜のプロトンに対する透過性を増加させて，脱共役剤として働く。この UCP も，AOX と同じようにストレスによって誘導され，ROS により活性化されることで，電子伝達系の過剰な還元を防ぐと考えられる。

　ミトコンドリアでの ATP 合成は，光合成の際の ATP 合成と同じように，

[†] **熱を発する花**(thermogenic flowers)：サトイモ科の植物の中には，開花時に熱を発して揮発性物質を発生させることで，受粉者となる昆虫を誘引し，受粉に有利な戦略を取るものがある。このときに発生する熱は，AOX によって作られる。

化学浸透説に基づいている。ミトコンドリアの内膜は H^+ を透過させないために，膜の内外で H^+ の電気化学的勾配が形成される。この電気化学的勾配を消費して，F_oF_1-ATP合成酵素のチャネルをプロトンが透過することで，ATPが合成される。

4・5　ペントースリン酸経路

植物には，ヘキソースの酸化経路として，解糖系の他に，酸化的ペントースリン酸経路 (oxidative pentose phosphate pathway) がある。通常は，ペントースリン酸経路とよばれている。ペントースリン酸経路は色素体とサイトゾルに存在すると考えられているが，色素体で行われる反応が主な経路であると思われる。モデル植物のシロイヌナズナのゲノム情報から，この経路に必要なトランスケトラーゼとトランスアルドラーゼは，色素体に存在するが，サイトゾルには存在しないことが明らかになっている。色素体の包膜には，ペントースリン酸経路の中間産物を輸送するトランスポーターがあり，葉緑体とサイトゾルの間での物質の輸送は活発に行われている。

図4・5に示すように，反応はグルコース6-リン酸 (G6P) から始まる。G6PはNADP$^+$依存型グルコース-6-リン酸デヒドロゲナーゼによりグルコノラクトン6-リン酸となり，この物質は6-ホスホグルコノラクトナーゼにより6-ホスホグルコン酸となる。6-ホスホグルコン酸のC1位の炭素が脱炭酸され，C_5のリブロース5-リン酸となる。ここまでの反応は不可逆的な酸化反応である。リブロース5-リン酸から，C_3，C_4，C_5，C_6，C_7の糖リン酸に変換されていく。この経路で生じるC_3のグリセルアルデヒド3-リン酸とC_6のフルクトース6-リン酸は，解糖系に流れて代謝されることが多い。ペントースリン酸経路で合成される中間産物は，さまざまな生体物質の素材として用いられるために，他の代謝系に入っていく。この経路では1分子のCO_2が発生し，2分子のNADPHが合成される。このNADPHは，脂肪酸の生成，窒素同化，グルタチオンの還元，ROSの除去など，さまざまな場面で還元力として使われる。非緑色組織では，光合成からのNADPHの供給はできないので，ペントースリン酸経路が主なNADPHの供給源となる。例えば，亜硝酸還元酵素の電子供与体として機能するフェレドキシンの還元は，非緑色組織ではペントースリン酸経路によって生じたNADPHが行っている。

ペントースリン酸経路の活性調節は，最初に働く酵素であるグルコース-6-リン酸デヒドロゲナーゼ (G6PDH) によって行われる。この酵素の活性は，

◆ペントース (五単糖)：核酸の構成成分であるリボースとデオキシリボースが生体内のペントースとしてよく知られている。この他に植物に含まれるペントースとしては，細胞壁の構成成分であるアラビノース，キシロース，アピオースがある。このうち，アラビノースはD型ではなく，L型である。アピオースは，炭素骨格が枝分かれしている，植物に含まれる数少ない分枝糖の1つである。

◆グルコースから生じる炭素：グルコースが解糖系で代謝されるとC1位とC6位の炭素がCO_2として放出される。一方で，ペントースリン酸経路で代謝されると，C1位の炭素がCO_2として放出される。植物組織に放射性の標識化合物である[1-^{14}C]グルコースと[6-^{14}C]グルコースをそれぞれ与えて，発生する$^{14}CO_2$の放射活性を比較することにより，解糖系とペントースリン酸経路のどちらがより大きくグルコース代謝に貢献したかを推定することができる。

NADPH/NADP$^+$ の比によって影響を受ける。G6PDH による反応生成物であるNADPH が多くなり，NADPH/NADP$^+$ の比が高くなると活性は阻害され，ペントースリン酸経路が進行しない状態となる。G6PDH の遺伝子はシロイヌナズナでは6個あり，そのうち4個がプラスチドで機能すると推定されている。プラスチドに存在する酵素は，チオレドキシンによるシステインの化学修飾によって活性が調節されていて，酸化されると活性型となる（29 ページ参照）。

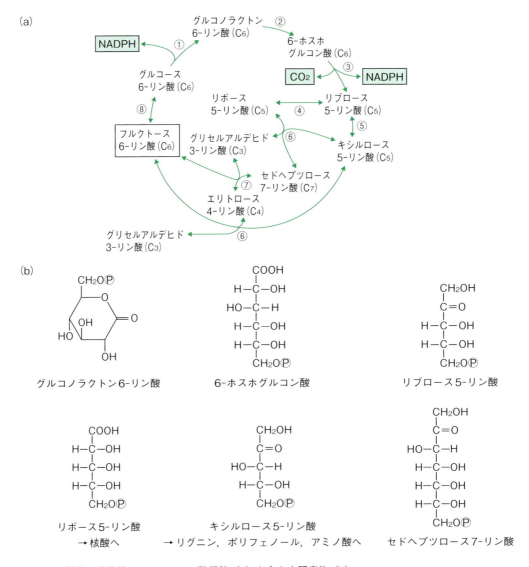

図 4·5 植物の酸化的ペントースリン酸経路（a）と主な中間産物（b）
① グルコース -6-リン酸デヒドロゲナーゼ（G6PDH），② 6-ホスホグルコノラクトナーゼ，③ 6-ホスホグルコン酸デヒドロゲナーゼ，④ リブロース -5-リン酸イソメラーゼ，⑤ リブロース -5-リン酸エピメラーゼ，⑥ トランスケトラーゼ，⑦ トランスアルドラーゼ，⑧ ホスホグルコースイソメラーゼ（Kruger & von Schaewen, 2003 を改変）

第5章　糖質の代謝

　光合成によって固定された炭素はさまざまな有機物に変換されます。代謝の過程では，主としてC_3からC_7までの単糖類のリン酸エステルを経由し，単糖類から多糖類までの糖の関連物質が合成されます。篩管の転流物質としてスクロースがよく知られています。また，植物が光合成によってデンプンを合成することも，古くから知られています。

　この章では，スクロースとデンプンを中心に，その合成について解説します。

5・1　糖の構造

5・1・1　単糖類

　単糖は分子内に還元性の**アルデヒド**（-CHO）または**ケトン**（>C=O）のいずれかのカルボニル基をもち，$C_nH_{2n}O_n$という一般式で表すことができる。アルデヒド基をもつ単糖は**アルドース**，ケトン基をもつ単糖は**ケトース**と区別される。単糖は構成する炭素原子の数によって分類され，C_3をトリオース，C_4をテトロース，C_5をペントース，C_6をヘキソース，C_7をヘプトースとよぶ。

　図5・1(a)にフィッシャー（Fischer）の投影式による単糖の構造を示す[†]。例えばアルドースであるグルコースでは，アルデヒド基から最も遠い不斉中心（キラル中心）に結合しているヒドロキシ基をD-グルコースでは右側に，L-グルコースでは左側に書く。植物に存在する糖のほとんどは，D型である。糖の骨格を作る炭素原子には，アルドースではカルボニル基の炭素原子を1として番号を付ける。しかし，実際には単糖のアルデヒド基やケトン基は，分子内でヒドロキシ基と反応して環状構造をとる。水溶液中のグルコースは，ハース（Haworth）の投影式で表すと，C-1に結合している水素原子とヒドロキシ基の位置の違いにより，α-D-グルコースとβ-D-グルコースの2つの混合物である（図5・1(b)）。

　その他の単糖の関連化合物の例をあげる。植物のペントースリン酸経路の中間体である6-ホスホグルコン酸は，グルコースのアルデヒド基が酸化されて

[†]**フィッシャー表示**：Dはギリシア語で右という意味のdextro，Lは同じく左という意味のlevoに由来する。Dは右旋性，Lは左旋性である。この表示では，キラル中心を1つもつ右旋性のD-グリセルアルデヒドの構造を標準とする。

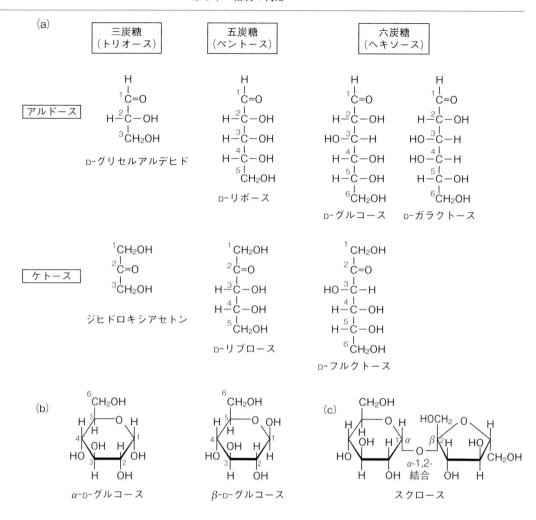

図 5・1　単糖とスクロース（二糖）の構造
（a）フィッシャーの投影式による単糖の構造．（b）ハースの投影式によるD-グルコースの環状構造．（c）スクロースの構造

◆糖アルコール：アルドースやケトースのカルボニル基が還元されると糖アルコールとなる．特に，グルコース 6-リン酸から生成されるミオイノシトールは，重要な物質である．脂質のホスファチジルイノシトールの構成成分であり，イノシトールリン酸に変換されて細胞内のシグナルのセカンドメッセンジャーとして機能する．

カルボキシ基となったグルコン酸がリン酸化したものである．グルコースの非還元末端（-CH$_2$OH）が酸化されてカルボキシ基になったグルクロン酸は細胞壁の成分の1つである．また，高エネルギーをもつ UDP グルコースや ADP グルコースは糖ヌクレオチドであり，反応性の高い代謝中間体としてさまざまな物質の合成において重要な役割を果たしている．

5・1・2　オリゴ糖と多糖

2〜6個の単糖がグリコシド結合によってつながった糖類を**オリゴ糖**という．オリゴ糖の中で，植物体に最も多く存在するのがスクロース（ショ糖）である（**図 5・1(c)**）．スクロースは，グルコースとフルクトースが α-1,2-グリコシド結

合をした二糖である。スクロースは分子内に還元基をもたないため、他の物質との反応性が低く、安定である。トレハロース（trehalose）†はグルコースがα-1,1-グルコシド結合をした二糖である。また、ガラクトースとスクロースが結合したラフィノースや、2分子のガラクトースと1分子のスクロースが結合したスタキオースは、一部の植物ではスクロースに代わる転流物質として用いられている（103ページ参照）。

単糖が結合した多糖は、植物の貯蔵物質や細胞壁の構成成分として存在する。同じ単糖から構成されるホモ多糖と異種の単糖から構成されるヘテロ多糖に分けることができる。ホモ多糖の場合は、結合様式に関係なく、単糖の語尾（-ose）の代わりに（-an）を付けてよぶ。グルコースから構成されていればグルカン、フルクトースから構成されていればフルクタンである。植物体に多いグルカンは、後述のデンプン（starch）および、細胞壁に存在し、$β$-1,4-結合で構成されるセルロース（cellulose）である。植物が傷害を受けたときに傷口を塞ぐカロース（callose）は$β$-1,3-結合のグルカンである（102ページ参照）。ヘテロ多糖の例としては、キシログルカン（xyloglucan）は、グルカンの主鎖にキシロースの側鎖が連結している。アラビノキシラン（arabinoxylan）はキシラン主鎖にアラビノースの側鎖が連結している。これらのヘテロ多糖は、いずれも、細胞壁の構成成分である（9ページ参照）。

† トレハロース6-リン酸（T6P）：トレハロース6-リン酸は、UDP-グルコースとG6Pから合成される。T6Pは形態形成、花成、気孔の開閉、デンプン代謝などに関係する炭素シグナル分子として働くことが示されているが、その詳細は明らかになっていない。T6PはSnRK1（49ページ参照）を阻害して、スクロース代謝とも密接な関係があることがわかっている。

◆ 寒天：海藻であるテングサやオゴノリに含まれ、食用となる寒天の7割を占める成分がアガロース（agarose）とよばれるヘテロ多糖である。アガロースは、D-グルコースと3,6-アンヒドロ-L-ガラクトースが結合した二糖が連結している。L型の糖が含まれる生体物質は非常に少ない。

5・2 スクロース

5・2・1 スクロースの合成

スクロースはサイトゾルで合成される。葉緑体でカルビン・ベンソン回路によって合成された有機物は、ジヒドロキシアセトンリン酸（DHAP）として葉緑体外に輸送される。このときにリン酸輸送体も機能し、DHAPがサイトゾルに放出されるのと同時にリン酸が葉緑体内に入る。DHAPはトリオースリン酸イソメラーゼにより、グリセルアルデヒド3-リン酸となる。この後に、アルドラーゼによってフルクトース1,6-ビスリン酸（F1,6-BP）となる。アルドラーゼの反応は両方向に進むことができるが、トリオースリン酸濃度が高い場合は、F1,6-BPが合成される方向に進む。F1,6-BPから1分子のリン酸が外れ、フルクトース6-リン酸（F6P）となる。F6Pは、UDP-グルコースと反応し、スクロースリン酸シンターゼ（sucrose phosphate synthase, SPS）によりスクロース6-リン酸となる。UDP-グルコースはグルコース1-リン酸からUDP-グルコースピロホスホリラーゼによって合成される。SPSの反応は可逆的であ

るが,スクロースリン酸ホスファターゼの反応は不可逆的であり,SPS とスクロースリン酸ホスファターゼは複合体として機能するため,スクロースがすみやかに合成される(図 5・2)。

スクロース合成の制御機構の 1 つに,フルクトース 2,6-ビスリン酸(F2,6-BP)による調節がある。F2,6-BP は,代謝中間体ではなく,糖代謝の調節物質として機能する。F2,6-BP は,F6P からフルクトース -6-リン酸 -2-キナーゼによっ

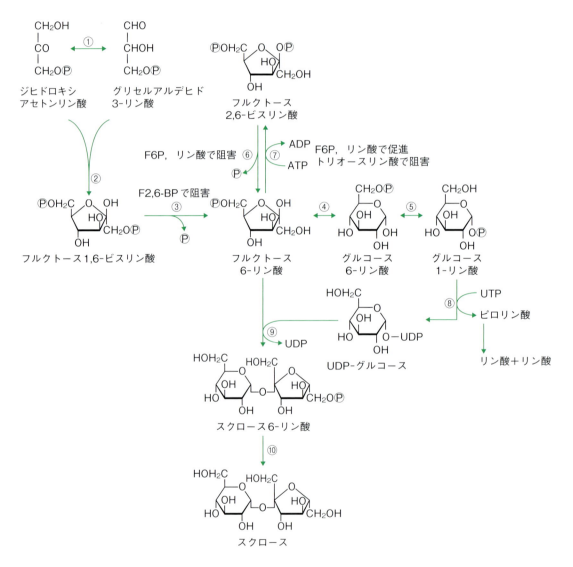

図 5・2 スクロースの合成経路
①トリオースリン酸イソメラーゼ,②アルドラーゼ,③フルクトース -1,6-ビスホスファターゼ,④グルコース -6-リン酸イソメラーゼ,⑤ホスホグルコムターゼ,⑥フルクトース -2,6-ビスホスファターゼ,⑦フルクトース -6-リン酸 -2-キナーゼ,⑧UDP-グルコースピロホスホリラーゼ,⑨スクロースリン酸シンターゼ,⑩スクロースリン酸ホスファターゼ

て合成される。そして，F2,6-BP は，フルクトース-2,6-ビスホスファターゼにより F6P に戻る。F2,6-BP は，フルクトース-1,6-ビスホスファターゼの活性を抑制することによりスクロース合成を抑制する。F2,6-BP の生成はトリオースリン酸の濃度が高いと抑制される。光合成がさかんで，トリオースリン酸の濃度が高い場合は，スクロースを合成する必要がある。そのため，F2,6-BP の濃度を低くして，スクロースを合成する方向に代謝が進行する。トリオースリン酸の濃度が低い場合は F2,6-BP の濃度が高くなり，フルクトース-1,6-ビスホスファターゼを阻害し，スクロースの合成も抑制される。

　SPS もスクロース合成を制御する酵素である。SPS は G6P が正の，リン酸が負のエフェクターとして働くアロステリック酵素である。また，SPS はリン酸化により，活性が調節されている。暗所では SPS はリン酸化され活性が低下し，明所では脱リン酸化されて活性が高くなる。このリン酸化には，**SnRK1**（sucrose non-fermenting-1 related protein kinase）†というキナーゼが関与する。G6P は SPS のエフェクターとして働くだけでなく，SnRK1 を阻害してリン酸化を防げる。

5・2・2　スクロースの分解

　スクロースを分解する酵素にはインベルターゼ†とスクロースシンターゼがある（図5・3）。この2つの酵素のスクロース分解への関与は，植物種や器官によって異なっている。インベルターゼはスクロースを加水分解して，グルコースとフルクトースにする。インベルターゼは，細胞壁，液胞，サイトゾルに存在する。サイトゾルのインベルターゼは中性から弱アルカリ性に至適 pH

† **SNF1**：SnRK1（sucrose non-fermenting-1 related protein kinase）の名前の一部である sucrose non-fermenting-1 は，SNF1 とよばれるタンパク質である。SNF1 は，酵母がグルコース欠乏時に，通常は利用しない他の炭素源を利用するために発現するキナーゼである。SnRK1 の構造は SNF1 の構造とよく似ている。また，SnRK1 は哺乳類の AMP-activated kinase（AMPK）とも相同性がある。

† **インベルターゼの違い**：細胞壁と液胞に存在するインベルターゼは，分子系統樹を書くと同じクレードに属するが，サイトゾルのインベルターゼは別のクレードに位置する（Wan *et al.*, 2017）。また，細胞壁と液胞のインベルターゼは基質特異性が広く，フルクトースを含むオリゴ糖であれば分解することができるが，サイトゾルのインベルターゼはスクロースのみを分解する。

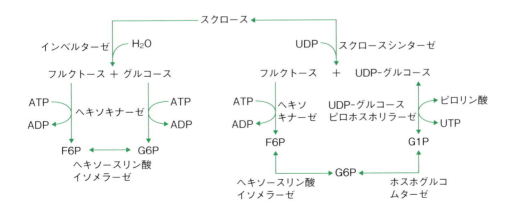

図5・3　スクロースの分解

がある。細胞壁と液胞のインベルターゼの至適 pH は酸性である。液胞のインベルターゼは液胞内に蓄積されたスクロースを分解し，遊離したヘキソースはサイトゾルに輸送される。転流してきたスクロースは，スクロースとして細胞に取り込まれるのではなく，細胞壁のインベルターゼによって分解されて生じたヘキソースとして取り込まれる。スクロースシンターゼは，UDP を用いてスクロースをフルクトースと UDP-グルコースに分解する。スクロースシンターゼは，サイトゾルのスクロースを迅速にセルロース，カロース，デンプンなどの合成に利用する際に働くと考えられている。スクロースシンターゼによって生じた UDP-グルコースは，セルロース合成の基質として用いられる。

5・3 デンプン

5・3・1 デンプンの構造と合成

デンプンは D-グルコースの重合体である**アミロース**（amylose）と**アミロペクチン**（amylopectin）から構成される（図 5・4）。植物の葉緑体は不溶性のデンプン粒を合成することにより，細胞内の浸透圧を高めることなく，貯蔵炭素を高濃度に蓄積することが可能となる。アミロースはグルコースが α-1,4-結合によって連結した長い直鎖構造をもつ。アミロースは 200〜10000 のグルコースが結合している。アミロペクチンは，アミロースのグルコース直鎖の途中に α-1,6-結合の分枝をもつ[†]。

図 5・5 のように，アミロペクチンはクラスター構造をとる。クラスターのグ

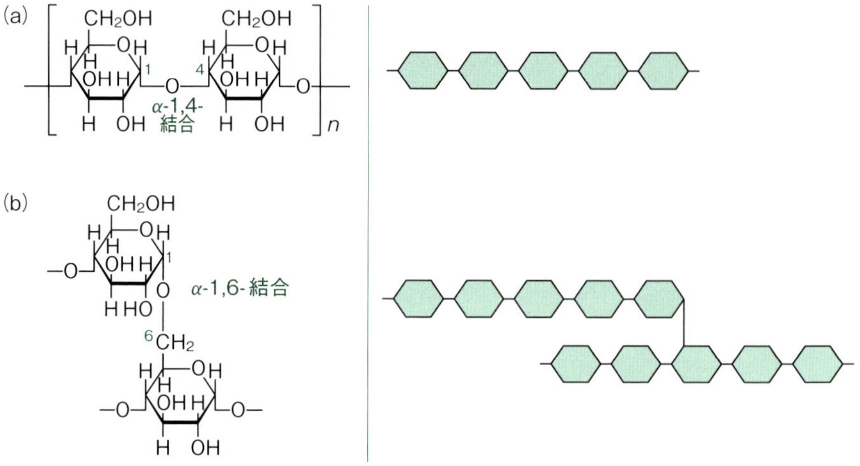

†**ウルチ米とモチ米**：日本人が常食とする米はウルチ米とよばれ，デンプン中のアミロースの割合はおよそ 2 割である。モチ米のデンプンにはアミロペクチンのみが含まれ，アミロースはほとんど存在しない。

図 5・4 アミロースの α-1,4-結合（a）とアミロペクチンの α-1,6-結合（b）

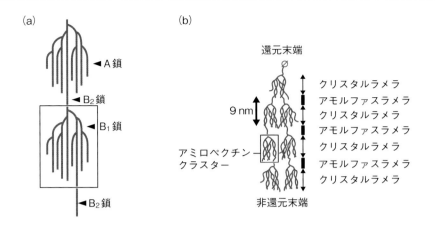

図 5・5 アミロペクチンのクラスター構造（a）とクラスターモデル全体の推定構造（b）
(Crofts *et al.*, 2017 を改変)

ルコース鎖は区別することができる。A 鎖は分枝をもたない短い鎖，B_1 鎖は分枝が同じクラスター内にある鎖，B_2 鎖は分枝が別のクラスターにまたがる鎖である。また，アミロペクチンの内部は，結晶性の高いクリスタルラメラと結晶性の低いアモルファスラメラに大別できる。そして，アミロペクチンは，二重らせん構造を形成する。

デンプンは色素体で合成される。最初に，グルコース 1-リン酸が ADP-グルコースピロホスホリラーゼにより ATP と反応して ADP-グルコースとピロリン酸となる。このときに生成するピロリン酸はホスファターゼによってすみやかに分解される（図 5・6(a)）。そのため，可逆反応であっても，実際には ADP-グルコースが生成する方向に反応が進行する。ADP-グルコースピロホスホリラーゼは，2 個のラージサブユニットと 2 個のスモールサブユニットからなる四量体である。それぞれのサブユニットをコードする複数の遺伝子が存在するため，その組み合わせにより，さまざまなアイソフォームが組織特異的に発現している。ADP-グルコースピロホスホリラーゼはチオレドキシンにより還元されて活性型となる。また，アロステリック酵素で，3-ホスホグリセリン酸が正のエフェクター，リン酸が負のエフェクターとして作用する。そのため，光合成が行われていると，ADP-グルコースピロホスホリラーゼが活性化されて，ADP-グルコースが生成される。

ADP-グルコースはデンプン合成酵素の基質となる（図 5・6(b)）。α-1,4-結合で重合しているグルカンの末端の C-4 位に ADP-グルコースのグルコースを 1 残基ずつ結合させていく。デンプン合成酵素には，デンプン粒に結合した酵素と，色素体の可溶性画分に存在する酵素の 2 種類がある。デンプン粒に結合

◆グリコーゲン；グリコーゲンもグルコースの重合体であり，アミロペクチンと同じような枝分かれがある。アミロペクチンの枝分かれが規則的でクラスター構造をとるのに対し，グリコーゲンはランダムな分枝鎖をもつ。

◆デンプンの α 化と β 化：災害時の保存食として，レトルトパックに入ったアルファ化米をよくみかける。このアルファ化とは，デンプンの α 化のことである。米に水を加えて加熱処理を行うと，アミロースとアミロペクチンの構造が壊れて水分子が入り込みやすい構造となる。これがデンプンの α 化であり，この状態で急速に乾燥させたアルファ化米は，再度，水を加えることにより食用にすることができる。これに対して，生の米は固く，アミロースとアミロペクチンの結合が強く水分子は入りこむことができない。この状態が，デンプンの β 化である。β 化はデンプンの老化ともよばれ，古いパンや焼いた餅が固くなるのはデンプンの β 化によるものである。

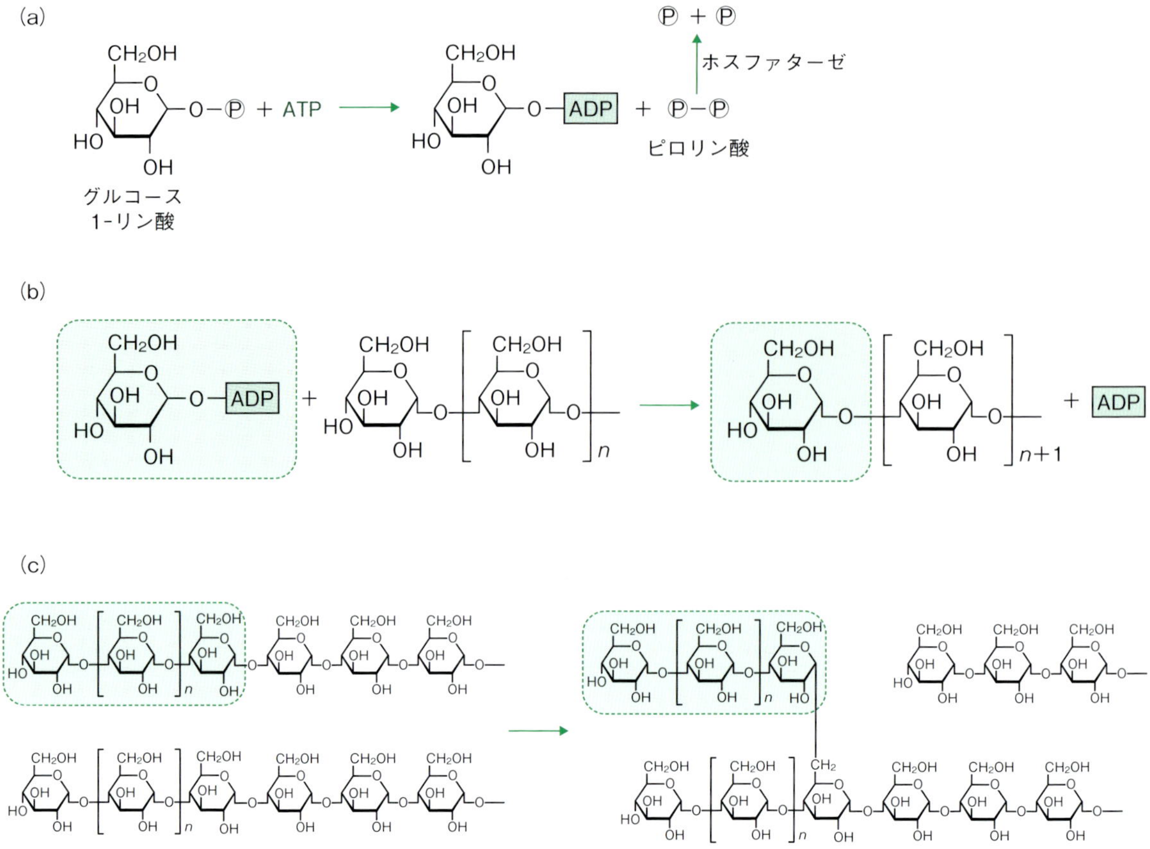

図 5・6 デンプン合成に関与する主な酵素反応の概略
(a) ADP-グルコースピロホスホリラーゼ，(b) デンプン合成酵素，
(c) 分枝酵素

したデンプン合成酵素はアミロースの合成に，可溶性のデンプン合成酵素はアミロペクチンの合成に関与している。

アミロペクチンの合成には**分枝酵素**†が関与する（図5・6(c)）。アミロペクチンのα-1,6-結合で連結したグルカン鎖は，グルコースが1分子ずつ伸長するのではなく，アミロース鎖の一部が切り取られ，連結される。切り取りと結合の両方を分枝酵素が行っている。多くの植物の分枝酵素には，I型とII型があり，I型酵素はII型酵素よりもより長いグルカン鎖を切り出して連結させることができる。

デンプン合成には，上述の3つの酵素の他に，イソアミラーゼ†とプルラナーゼが関与する。これらの酵素は，脱分枝酵素であり，ランダムに形成された分枝をトリミングするが，基質特異性が異なる。イソアミラーゼはアミロペ

†**メンデルの実験で使われたエンドウ**：メンデルはエンドウの交配実験によって遺伝の法則を導いた。このときに使われたしわのある種子は，分枝酵素の遺伝子の1つに変異があることが1990年に明らかになった。種子にはデンプンではなくスクロースが蓄積するため，種子の形成の過程で大量の水も蓄積される。種子が乾燥すると水を失うため，表面にしわができる。

クチンの間隔が離れた長い分枝に作用し，プルラナーゼは間隔が密集した短い分枝に作用する．分枝をトリミングすることで，アミロペクチンの結晶構造の形成が促進される．

5·3·2　デンプンの分解

デンプンの分解には，アミロペクチンのリン酸化が必要である[†]．**グルカン水ジキナーゼ**（glucan, water dikinase, **GWD**）と**ホスホグルカン水ジキナーゼ**（phosphoglucan, water dikinase, **PWD**）が，リン酸化に関与する（**図5·7**）．

通常のキナーゼとは異なりGWDは，アミロペクチンのグルコース残基のC-6位にATPのβ-位のリン酸を付加すると同時に，1分子のリン酸とAMPを放出する．次に，PWDがリン酸化されたグルカンに対し，グルコース残基

(a) アデノシン−Ⓟ−Ⓟ−Ⓟ ＋ 〔グルカン〕−OH ＋ H₂O
　　　　（ATP）　　　　　↓ GWD
　　　アデノシン−Ⓟ ＋ 〔グルカン〕−O−Ⓟ ＋ Pᵢ
　　　　（AMP）　（C-6位にⓅが結合）

(b) アデノシン−Ⓟ−Ⓟ−Ⓟ ＋ 〔C-6位がリン酸化されたグルカン〕−OH ＋ H₂O
　　　　（ATP）　　　　　↓ PWD
　　　アデノシン−Ⓟ ＋ 〔C-6位がリン酸化されたグルカン〕−O−Ⓟ ＋ Pᵢ
　　　　（AMP）　（C-3位にⓅが結合）

(c)
```
            リン酸化されたグルカン
                    │
        ┌───────────┼───────────┐
        ↓           ↓                     Pᵢ
       分枝        直鎖  ─────────────→ グルコース1-リン酸
    α-1,4-グルカン  α-1,4-グルカン  α-グルカンホスホリラーゼ
    イソアミラーゼ                              ↓
    プルラナーゼ                         グルコース6-リン酸
        β-アミラーゼ                              ↓
           ↓      ↓                    酸化的ペントースリン酸経路へ
        マルトース グルコース
```

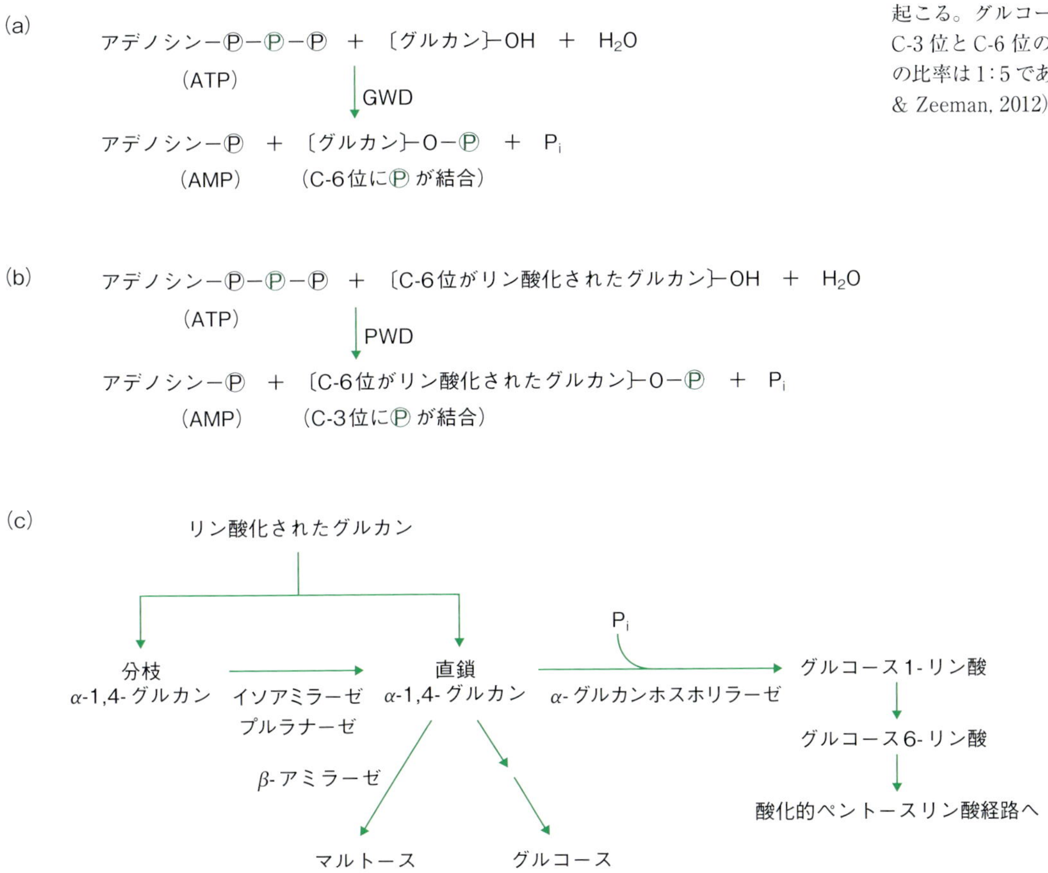

図5·7　シロイヌナズナの葉における夜間のデンプン分解反応の概略
　(a) グルカン水ジキナーゼ（GWD）の反応．(b) ホスホグルカン水ジキナーゼ（PWD）の反応．(c) リン酸化されたデンプンの分解経路．この図には示していないが，α-アミラーゼは直鎖α-1,4-グルカンの内部のα-1,4-結合を切断する．

[†] **イソアミラーゼの変異体**：イソアミラーゼが欠失したシロイヌナズナの変異体の解析が行われている．その結果，デンプンの90％が減少し，その代わりに短い分枝が多いファイトグリコーゲン（植物に含まれるグリコーゲン）が蓄積していた．この事実は，イソアミラーゼがアミロペクチンの合成に関与することを示している（Zeeman et al., 1998）．

[†] **アミロペクチンのリン酸化の頻度**：シロイヌナズナでは2000グルコース残基に対して1つのリン酸化が起こる．グルコース残基のC-3位とC-6位のリン酸化の比率は1：5である（Streb & Zeeman, 2012）．

のC-3位にATPのβ-位のリン酸を付加し,1分子のリン酸とAMPを放出する。

GWDが欠損した変異体や形質転換体では,デンプンの分解が抑制され,デンプンが過剰に蓄積することが知られている。C-6位のリン酸化によりアミロペクチンの二重らせん構造が歪むと考えられる。C-3位のリン酸化はグリコシド結合に影響を与え,二重らせん構造を不安定にする。このような高次構造の乱れにより,デンプン粒を構成するグルカンは,他の酵素によって分解を受けやすくなる。

リン酸化されたデンプンの分解にはさまざまな酵素が関与する。1つはβ-アミラーゼである。β-アミラーゼはエキソアミラーゼであり,グルカンの末端からマルトース(2分子のグルコースが結合した二糖)を遊離していく。α-アミラーゼはエンドアミラーゼであり,グルカンの内部でα-1,4-結合を分解する。また,α-グルカンホスホリラーゼにより,加リン酸分解が行われ,グルコース1-リン酸(G1P)が遊離する。以上の3つの酵素は,α-1,6-結合を分解することはできない。そのため,デンプンの合成にも関与する脱分枝酵素のイソアミラーゼとプルナーゼが,デンプン粒から直鎖グルカンへの変換には必要である。マルトース†とグルコースのトランスポーターは葉緑体の包膜に存在し,デンプンの分解によって生成されたこれらの糖をサイトゾルに排出する。α-グルカンホスホリラーゼによって生じたG1Pは,グルコース6-リン酸(G6P)を経て,葉緑体のペントースリン酸経路で代謝される。

†マルトースのトランスポーター:葉緑体包膜のマルトースのトランスポーターの欠損したシロイヌナズナの変異体(mex1変異体)では,野生型のおよそ40倍のマルトースを蓄積し,デンプン量も増加していた(Niittylä et al., 2004)。

第6章　脂質の代謝

　脂質とは疎水性の物質であり，構造的に多様な化合物の総称です。植物の主要な脂質をその機能で分類すると，生体膜を構成する脂質，エネルギーと炭素を貯蔵するための脂質，植物の身を守るための保護物質としての脂質の大きく3つに分けることができます。また，広義の脂質にはクロロフィルやカロテノイドなどの疎水性の色素も含まれます。植物脂質をその化学構造から考えると，その多くがグリセロールを骨格とするグリセロ脂質です。
　本章では，グリセロ脂質を中心に，その合成や機能について解説します。

6・1　脂肪酸の合成

　脂肪酸は長鎖炭化水素からなり，1つのカルボキシ基をもつ有機酸である。種子植物に含まれる脂肪酸は，炭化水素鎖が単結合のみでつながっている飽和脂肪酸よりも，二重結合を含む不飽和脂肪酸の割合が高く，脂肪酸の炭素数はC_{16}あるいはC_{18}が多い†。

　脂肪酸の合成は葉緑体のストロマで行われる。脂肪酸の合成には**アセチルCoA**が必要であり，このアセチルCoAは葉緑体の中でピルビン酸デヒドロゲナーゼ複合体によってピルビン酸から合成されるか，アセチルCoAシンテターゼによって酢酸から合成されると考えられている。

　アセチルCoAは，葉緑体のアセチルCoAカルボキシラーゼにより，**マロニルCoA**に変換される。アセチルCoAカルボキシラーゼは，ビオチンカルボキシラーゼ（BC），ビオチンカルボキシルキャリアタンパク質（BCCP），α-カルボキシルトランスフェラーゼ（α-CT），β-カルボキシルトランスフェラーゼ（β-CT）の4つのサブユニットからなるタンパク質（マルチサブユニット型）である。サイトゾルでの脂肪酸鎖伸長やフラボノイド合成に必要なマロニルCoAの供給を行うために，アセチルCoAカルボキシラーゼは，葉緑体の他にサイトゾルにも存在する。サイトゾルのアセチルCoAカルボキシラーゼは，BC，BCCP，CTの3つのタンパク質が1つのポリペプチドに存在し，ホモ二

†**植物の脂肪酸**：植物に含まれる脂肪酸の多くは，偶数の炭素原子をもつ。飽和脂肪酸は立体構造も直鎖であるが，不飽和脂肪酸は，cis形の二重結合をもつために折れ曲がった構造をとる。

◆**脂肪酸の表記**：例えば，18:0と書かれた脂肪酸の18は炭素原子の数，0は二重結合の数を示す。
　18:3 (9,12,15) あるいは18:3^{Δ9,12,15}は，両方ともにα-リノレン酸の表記であり，炭素原子が18個，二重結合がカルボキシ基から数えて9番目，12番目，15番目に存在することを示す。α-リノレン酸は，18:3(n-3)または18:3(ω3)とも表記される。この3という数字は，1つ目の二重結合が，脂肪酸のメチル基側から数えて3番目にあることを意味する。脂肪酸の二重結合は炭素原子3個おきに存在するのが一般的で，最初の二重結合の位置と二重結合の総数を示すだけで，脂肪酸の化学構造がわかる。

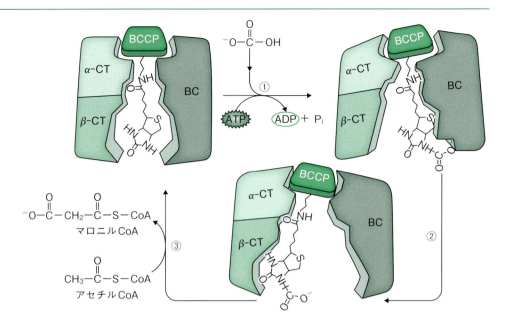

図 6・1 アセチル CoA カルボキシラーゼの反応
① ATP を用いて BC は BCCP に結合しているビオチンの窒素原子に HCO_3^- を付加する。② BCCP のビオチンの部分が BC から CT に近づく。③ CT はアセチル CoA に活性化された CO_2 を転移し, マロニル CoA を合成する。（Ohlrogge *et al.*, 2015 を改変）

◆**その他の脂肪酸**：トウゴマ（ヒマ）の種子には，1 個のヒドロキシ基をもつ C_{18} のリシノール酸（12-ヒドロキシオレイン酸）が存在する。ナタネには，エルカ酸（22:1,ω9）が含まれる。藻類には，C_{20} あるいは C_{22} の脂肪酸が多く存在する。エイコサペンタエン酸（20:5，EPA）やドコサヘキサエン酸（22:6，DHA）のような高度不飽和脂肪酸がよく知られている。

◆**イネ科植物のアセチル CoA カルボキシラーゼ**：イネ科植物の葉緑体に存在するアセチル CoA カルボキシラーゼは，他の植物とは異なり，マルチファンクショナル型である。この特性を利用して，イネ科植物のマルチファンクショナル型のアセチル CoA カルボキシラーゼの阻害剤が除草剤として使われている。

量体として機能する（マルチファンクショナル型）。アセチル CoA カルボキシラーゼの反応は 3 つのステップに分けられる（図 6・1）。この反応には，ATP のエネルギーが必要である。

　アセチル CoA とマロニル CoA を用いて，脂肪酸合成酵素が飽和脂肪酸を合成する。生物のもつ脂肪酸合成酵素は，1 つのポリペプチド上にすべての酵素が存在して多機能酵素として働く I 型と，それぞれの酵素が独立したタンパク質として働く II 型の 2 つのタイプに分けられる。植物や大腸菌の脂肪酸合成酵素は II 型であり，動物や酵母は I 型である。どちらのタイプも，脂肪酸合成は，**アシルキャリアプロテイン**（acyl carrier protein，ACP）とよばれる低分子の酸性タンパク質に脂肪酸がチオエステル結合した状態で進行する。ACP はセリン残基に 4′-ホスホパンテテインが結合し，脂肪酸が結合する部分は CoA の構造と同じである（図 6・2）。

　脂肪酸合成経路を図 6・3 に示す。C_2 のアセチル CoA に C_3 のマロニル ACP が 3-ケトアシル-ACP シンターゼ（**KAS**，縮合酵素）によって脱炭酸されて縮合し，C_4 の 3-ケトブチリル ACP となる。その後，還元，脱水，還元により，C_4 のブチリル ACP となる。ブチリル ACP は同じサイクルで，縮合，還元，脱水，還元により C_6 のヘキサノイル-ACP となる。このように，脂肪酸鎖は C_2 ずつ

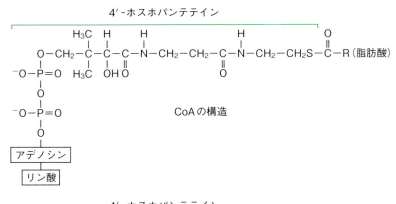

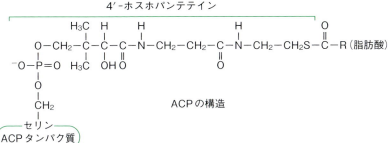

図6·2　アシルCoAとアシルACPの構造

伸長していく。還元に使用される物質は光合成によって作られたNADPHである。この脂肪酸合成サイクルで機能する酵素は，KAS以外はC_{18}まではすべて共通である。KASには3種類あり，KASIIIが最初のアセチルCoAとマロニル-ACPの縮合を行う。C_6からC_{16}までの縮合はKASIが，C_{16}からC_{18}への縮合はKASIIが主に関与すると考えられている。

脂肪酸合成酵素によって合成される脂肪酸の最終産物はステアロイルACP（18:0-ACP）である。この後の脂肪酸の不飽和化は**デサチュラーゼ**（desaturase）とよばれる多様な不飽和化酵素によって触媒される。ステアロイルACPΔ9デサチュラーゼにより，ステアロイルACPは酸素と還元型フェレドキシンを用いてオレオイルACP（18:1-ACP）に不飽和化される。この酵素はストロマに可溶性の酵素として存在する。ステアロイルACPΔ9デサチュラーゼの基質はACPに結合した脂肪酸であるが，その他のデサチュラーゼの多くは脂質に結合した脂肪酸を不飽和化する。葉緑体または小胞体に存在する膜結合型の酵素である。

合成された脂肪酸は，アシルACPチオエステラーゼによってACPから切断される。アシルACPチオエステラーゼには，18:1-ACPの結合を切るFatAと，C_8からC_{18}の飽和脂肪酸とACPとの結合を切るFatBの2種類が知られている。

◆**不飽和脂肪酸が飽和脂肪酸よりも多い理由**；単一の脂質二重層は，液晶相とゲル相のどちらかの状態である。飽和脂肪酸に二重結合が入り不飽和脂肪酸になることによって，脂肪酸が組み込まれている脂質の**相転移温度**（phase transition temperature）が下がり，低い温度でも液晶相を保ち，生体膜の機能を維持することができる。

相転移温度は脂肪酸の二重結合の位置にも影響を受ける。C_{18}のモノエン酸の場合，オレイン酸（18:1ω9）のように炭素鎖の中央付近に二重結合が存在すると，最も相転移温度が低くなる。

◆**中鎖脂肪酸を蓄積する植物**：ココナッツ（*Cocos nucifera*）やタバコソウの仲間（*Cuphea*属）には10:0, 12:0, 14:0のような中鎖脂肪酸が多く含まれている。この理由は，他の植物のアシルACPチオエステラーゼが16:0-ACPや18:1-ACPを基質にしやすいのに対し，これらの植物のアシルACPチオエステラーゼが10:0-ACP, 12:0-ACP, 14:0-ACPを基質としやすく，中鎖脂肪酸をACPから遊離させやすいためである。

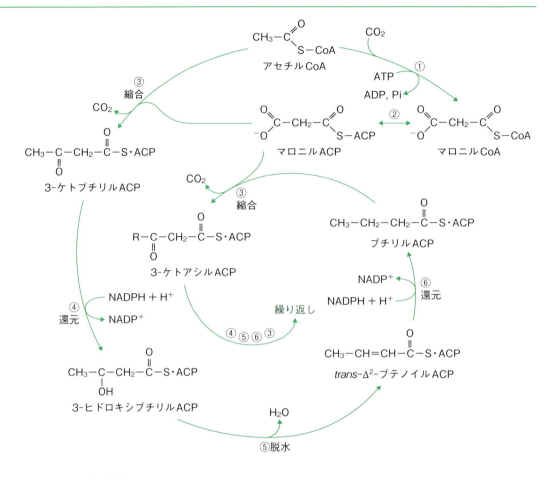

図 6・3 脂肪酸合成経路
R はアルキル基。①アセチル CoA カルボキシラーゼ，②マロニル CoA:ACP トランスアシラーゼ，③3-ケトアシル-ACP シンターゼ（KAS，縮合酵素），④3-ケトアシル-ACP-レダクターゼ，⑤3-ヒドロキシアシル-ACP デヒドロゲナーゼ，⑥2,3-*trans*-エノイル-ACP レダクターゼ（Ohlrogge & Browse, 1995 を改変）

脂肪酸は ACP から切断された後に，CoA と結合してから脂質に組み込まれることもある。

6・2 膜を構成する脂質

6・2・1 極性脂質の分類

前述の脂肪酸は**極性脂質**（polar lipid）の構成要素である。極性脂質とは，グリセロール骨格†の sn-1 位と sn-2 位に脂肪酸が結合し，sn-3 位に分子内の電荷の分布が不均一な極性基をもつグリセロ脂質であり，膜脂質を構成する。脂肪酸を結合したアシル基の部分は疎水性であり，極性基の部分は親水性のため，膜脂質の二重層を形成することができる。植物の極性脂質は，極性基の構

†**グリセロールの炭素の立体配置**：グリセロール分子内には 3 個の炭素原子が存在する。グリセロールの中央の炭素原子に結合したヒドロキシ基を左の手前に，残りの 2 個の炭素原子を上下の後ろ側に立体配置した場合の炭素を，sn-1，sn-2，sn-3 と表記する。sn とは，stereospecific numbering の略である。

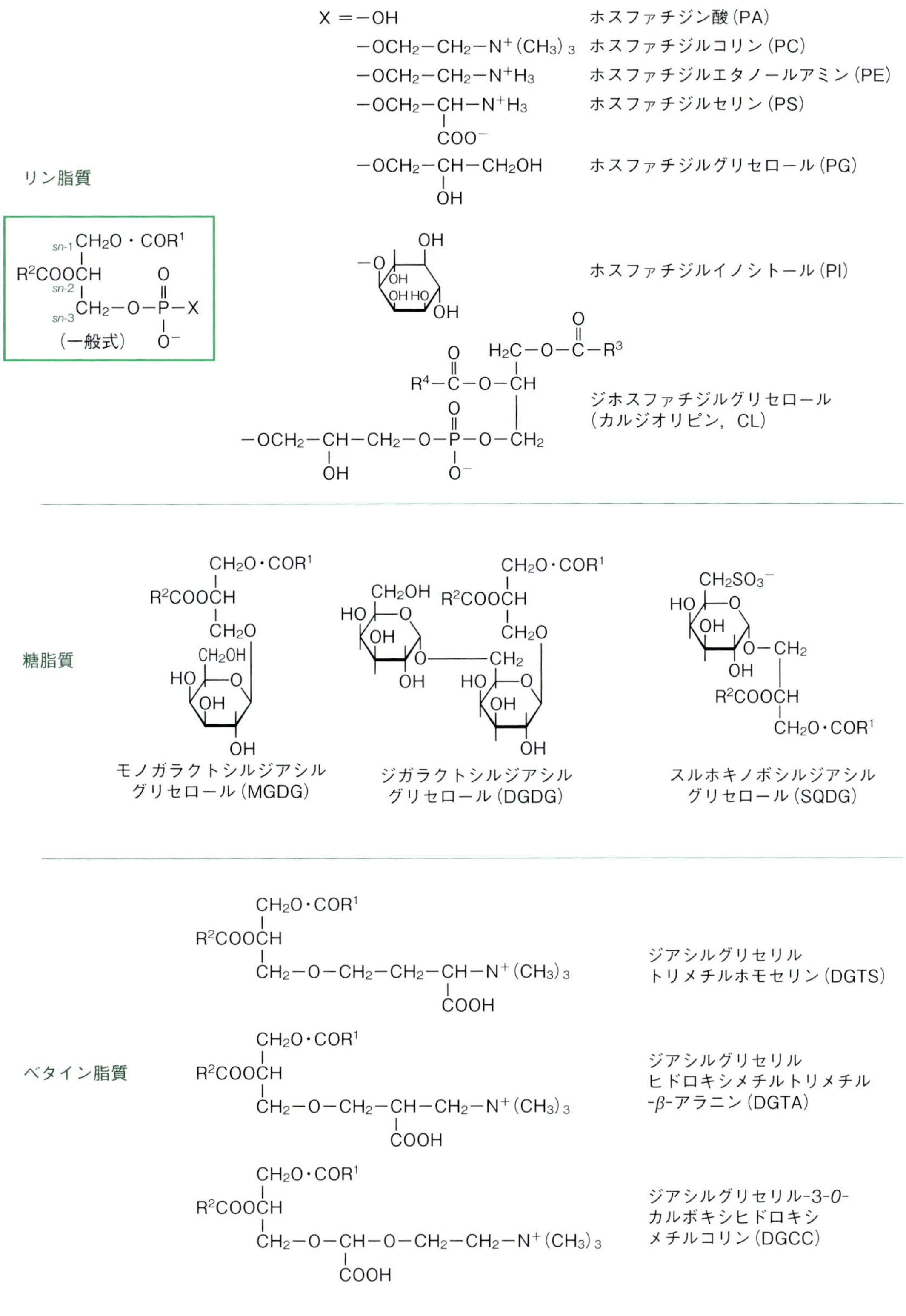

リン脂質

一般式:
$$\begin{array}{l} sn\text{-}1\ CH_2O\cdot COR^1 \\ R^2COOCH\quad sn\text{-}2 \\ sn\text{-}3\ CH_2-O-\overset{O}{\underset{O^-}{P}}-X \end{array}$$
（一般式）

- $X = -OH$ ホスファチジン酸 (PA)
- $-OCH_2-CH_2-N^+(CH_3)_3$ ホスファチジルコリン (PC)
- $-OCH_2-CH_2-N^+H_3$ ホスファチジルエタノールアミン (PE)
- $-OCH_2-CH-N^+H_3$
   $\quad\quad\ \ |$
   $\quad\ \ COO^-$ ホスファチジルセリン (PS)
- $-OCH_2-CH-CH_2OH$
   $\quad\quad\ \ |$
   $\quad\ \ OH$ ホスファチジルグリセロール (PG)
- ホスファチジルイノシトール (PI)（イノシトール環構造）

ジホスファチジルグリセロール（カルジオリピン, CL）:
$-OCH_2-CH(OH)-CH_2-O-\overset{O}{\underset{O^-}{P}}-O-CH_2-CH(O-COR^4)-CH_2-O-COR^3$

糖脂質

- モノガラクトシルジアシルグリセロール (MGDG)
- ジガラクトシルジアシルグリセロール (DGDG)
- スルホキノボシルジアシルグリセロール (SQDG)

ベタイン脂質

$$\begin{array}{l} CH_2O\cdot COR^1 \\ R^2COOCH \\ CH_2-O-CH_2-CH_2-CH-N^+(CH_3)_3 \\ \quad\quad\quad\quad\quad\quad\quad\quad\ \ | \\ \quad\quad\quad\quad\quad\quad\quad\quad COOH \end{array}$$
ジアシルグリセリルトリメチルホモセリン (DGTS)

$$\begin{array}{l} CH_2O\cdot COR^1 \\ R^2COOCH \\ CH_2-O-CH_2-CH-CH_2-N^+(CH_3)_3 \\ \quad\quad\quad\quad\quad\quad\ \ | \\ \quad\quad\quad\quad\quad\quad COOH \end{array}$$
ジアシルグリセリルヒドロキシメチルトリメチル-β-アラニン (DGTA)

$$\begin{array}{l} CH_2O\cdot COR^1 \\ R^2COOCH \\ CH_2-O-CH-O-CH_2-CH_2-N^+(CH_3)_3 \\ \quad\quad\quad\ \ | \\ \quad\quad\ COOH \end{array}$$
ジアシルグリセリル-3-O-カルボキシヒドロキシメチルコリン (DGCC)

図 6・4　植物の極性脂質の構造

造から，リン脂質，糖脂質，ベタイン脂質の3つに分類することができる（図6・4）。植物の主要なリン脂質として，ホスファチジルコリン（PC），ホスファチジルエタノールアミン（PE），ホスファチジルグリセロール（PG）などが知られている。リン脂質は微生物や動物の生体膜を構成する成分としても一般的であるが，植物の糖脂質は葉緑体の膜を構成する特有の脂質である。ガラクトースをもつモノガラクトシルジアシルグリセロール（MGDG）およびジガラクトシルジアシルグリセロール（DGDG），スルホキノボースをもつスルホキノボシルジアシルグリセロール（SQDG）の3種類がある。ベタイン脂質[†]は極性基として N-メチル化されたヒドロキシアミノ酸をもち，これまでに3種類が報告されている。ベタイン脂質は種子植物では検出されず，シダ植物，コケ植物，藻類に存在する。3種類のベタイン脂質の中ではジアシルグリセリルトリメチルホモセリン（DGTS）が緑色植物に分布し，その他のベタイン脂質は藻類での分布に限られることが知られている。極性脂質に結合している脂肪酸組成は脂質によって大きく異なっている（表6・1）。

[†]**ベタイン脂質**：リンを含まない脂質である。リン酸欠乏条件下で培養した藻類では，ベタイン脂質の含有量が増加することが多い。

表6・1　シロイヌナズナ葉の極性脂質の脂肪酸組成

脂肪酸	極性脂質						
	PC	PE	PI	PG	MGDG	DGDG	SQDG
16:0	20.6	31.2	43.5	20.7	1.5	13.6	43.2
16:1	0.6	−	−	33.5	1.5	0.3	−
16:2	−	−	−	−	1.3	0.6	−
16:3	−	−	−	−	30.6	2.1	−
18:0	2.7	3.4	5.2	1.8	0.2	1.1	3.7
18:1	4.4	3.3	4.3	6	1.5	1.3	5.3
18:2	38.8	43	27	12.5	3.4	5.0	10.4
18:3	32.1	18.7	20	25.6	60.0	75.9	37.4
極性脂質の割合(%)	17.2	10.3	3.5	10.1	42.3	14.2	2.5

数値は mol% で示す。15日目のロゼット葉を分析した。（−）は検出限界以下。
(Li-Beisson *et al.*, 2013 を改変)

6・2・2 極性脂質の合成

極性脂質の骨格となるグリセロール部分は，グリセロール3-リン酸に由来する。ジヒドロキシアセトンリン酸からグリセロール-3-リン酸デヒドロゲナーゼによってグリセロール3-リン酸が合成される。グリセロール3-リン酸にアシル基が転移することによってできるホスファチジン酸を経由して，さまざまな極性脂質が合成される（図6・5）。ホスファチジン酸の合成経路は，葉緑体と小胞体の2つのオルガネラに存在する。アシル基となる脂肪酸は葉緑体

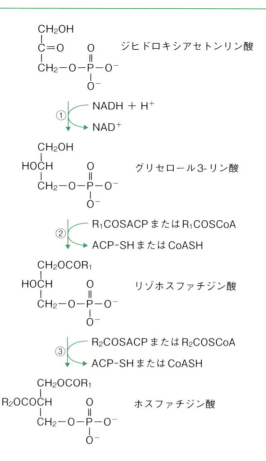

図6・5 ホスファチジン酸の合成
グリセロール3-リン酸の sn-1位と sn-2位へのアシル基転移によって，ホスファチジン酸が合成される。①グリセロール-3-リン酸デヒドロゲナーゼ，②グリセロール-3-リン酸アシルトランスフェラーゼ，③リゾホスファチジン酸アシルトランスフェラーゼ

の中で合成されるが，そのまま葉緑体の中だけで極性脂質が合成される経路を **原核経路**（prokaryotic pathway），葉緑体の外に出て小胞体でのアシル基の転移を含む経路を **真核経路**（eukaryotic pathway）とよぶ（**図6・6**）。原核経路で働くアシルトランスフェラーゼは sn-2位[†]に C_{16} の脂肪酸を選択的に導入するが，真核経路で働くアシルトランスフェラーゼは C_{18} の脂肪酸を選択的に導入するという特徴がある。葉緑体でのアシル基導入のための基質はアシルACPであるが，小胞体での基質はアシルCoAである。真核経路では，小胞体でPCに結合した 18:1 が 18:2 に不飽和化される。

葉緑体の脂質である MGDG の合成[†]は，葉緑体の包膜で行われる。ジアシルグリセロール（DAG）に UDP-ガラクトースのガラクトースが転移され，MGDG が合成される。MGDG 合成酵素（MGD）はシロイヌナズナでは3個の遺伝子が同定されている。このうち，内包膜に存在する MGD1 が広く光合成組織で発現し，光合成に深く関与すると考えられている。他の2つの MGDG 合成酵素である MGD2 と MGD3 は外包膜に存在する。DGDG は，MGDG の極性基に UDP-ガラクトースのガラクトースが転移することで合成される。シ

[†] **16:3 植物と 18:3 植物**：原核経路が機能する割合の高いシロイヌナズナやホウレンソウなどでは，MGDG の sn-2 位の脂肪酸は 16:3 (7,10,13) が多く，16:3 植物とよばれることがある。これに対して，真核経路の貢献度が高い植物の MGDG の sn-2 位は 18:3(9,12,15) が多く，このような植物を 18:3 植物とよぶ。

[†] **シアノバクテリアでの MGDG 合成**：シアノバクテリアの MGDG 合成は種子植物とは異なる。ジアシルグリセロールと UDP-グルコースを基質とし，モノグルコシルジアシルグリセロールが合成された後に，異性化酵素によってグルコースがガラクトースに変わり，MGDG となる。

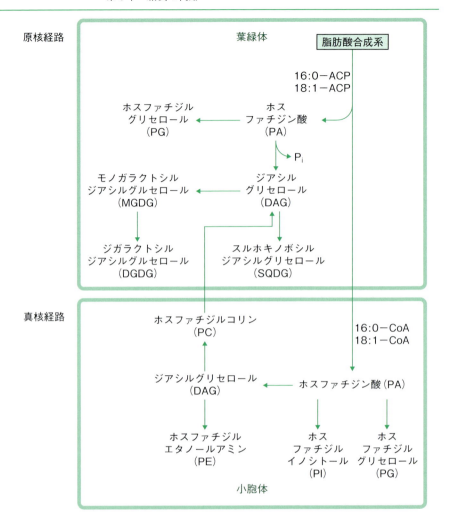

図6·6 原核経路と真核経路の模式図

ロイヌナズナではDGDG合成酵素（DGD）はDGD1とDGD2の2つが外包膜に存在する。チラコイド膜のDGDGのほとんどが，MGD1-DGD1経路によって合成されると考えられている。糖脂質のSQDGは，DAGにUDP-グルコースと亜硫酸イオンから合成されたUDP-スルホキノボースのスルホキノボースが転移することで合成される。

リン脂質の合成は，活性化されたCDP-ジアシルグリセロールから合成される経路と，極性基が活性化されてCDPと結合した極性基となった後にジアシルグリセロールと結合する経路の2つがある（図6·7）。CDP-ジアシルグリセロールから合成されるリン脂質には，PS, PI, PG, カルジオリピン（ジホスファチジルグリセロール，CL）[†]がある。PCとPEはそれぞれ，CDP-コリン，

[†] カルジオリピン（ジホスファチジルグリセロール，CL）: カルジオリピンはホスファチジルグリセロールが2分子結合した構造をしている。植物ではミトコンドリアに局在する脂質として知られている。

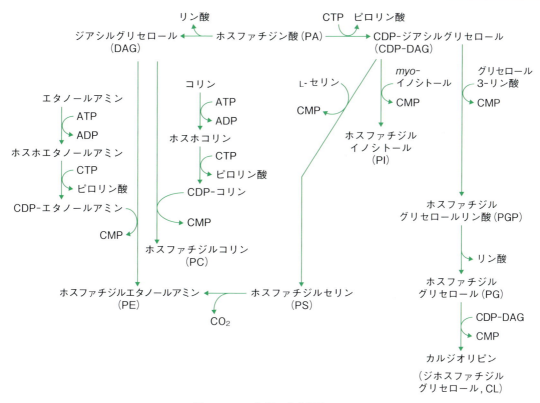

図 6・7　リン脂質の合成経路

CDP-エタノールアミンがジアシルグリセロールに結合することで合成される。PS の脱炭酸により，PE が合成されることもある。

6・2・3　その他の脂質

　細胞の膜には極性脂質の他にグリセロール骨格をもたない**スフィンゴ脂質**（sphingolipid）も含まれる。スフィンゴ脂質の含有量は極性脂質に比べて少なく，その構造も多彩であるため，現段階では，極性脂質ほど研究が進んでいない。スフィンゴ脂質は，長鎖塩基であるスフィンゴシンに脂肪酸がアミド結合をした**セラミド**（ceramide）を基本骨格とし，グルコースやイノシトールをさらに結合していることが多い（**図 6・8**）。スフィンゴシンはセリンにパルミトイル CoA（16:0-CoA）のパルミトイル基が転移することにより合成される。その他に，ステロールも膜を構成する成分として知られている。ステロールは遊離ステロールとして存在する他に，UDP-グルコースからグルコースが転移され，ステリルグルコシドとしても存在する。さらにグルコース残基に脂肪酸が結合し，アシルステリルグルコシドになる場合もある。

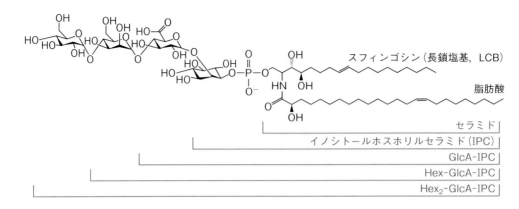

図 6・8　シロイヌナズナに存在するスフィンゴ脂質の構造の例
Glc: グルコース, hex: ヘキソースを示す。（Fang *et al.*, 2016 を改変）

6・3　貯蔵脂質

6・3・1　トリアシルグリセロールの合成と存在形態

貯蔵脂質として一般的な物質はトリアシルグリセロール（TAG）である（図6・9）。TAG はグリセロール骨格に 3 分子の脂肪酸をエステル結合している。グリセロール骨格の *sn*-1 位と *sn*-2 位に脂肪酸が結合した DAG は，6・2 で述べたように，極性脂質の前駆体であるが，TAG の前駆体もまた，DAG である。

図 6・9　中性脂質の構造

TAG の合成は小胞体で行われる。葉緑体の脂肪酸合成系で合成された脂肪酸は，アシル CoA となり，葉緑体外に出て小胞体に輸送される。小胞体で，グリセロール 3-リン酸にアシル CoA のアシル基が転移されて TAG が合成される（図 6・10）。また，ホスファチジルコリンのようなリン脂質のアシル基がDAG に転移される経路も存在する。油糧種子[†]ではトリアシルグリセロールは，オイルボディ（oil body）とよばれる 0.5〜2.0 μm の構造体に蓄積する。オイルボディは 1 層のリン脂質に囲まれ，リン脂質の親水性の部分は外側に位置し，

[†] 油糧種子：ダイズ，ナタネ，ゴマのように脂質を多く含む種子を油糧種子という。油糧種子に含まれる脂質の主成分は，TAG である。油糧種子に対して，イネやトウモロコシのようにデンプンを貯蔵する種子を，デンプン性種子とよぶ。

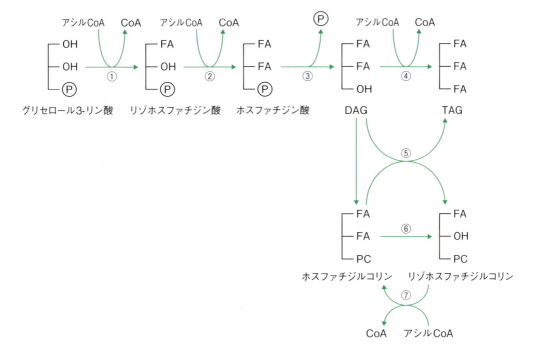

図 6·10　トリアシルグリセロール（TAG）の主要な合成経路
FA は脂肪酸（fatty acid），Ⓟはリン酸を示す．①グリセロール-3-リン酸アシルトランスフェラーゼ，②リゾホスファチジン酸アシルトランスフェラーゼ，③ホスファチジン酸ホスファターゼ，④ジアシルグリセロールアシルトランスフェラーゼ（DGAT），⑤リン脂質：ジアシルグリセロールアシルトランスフェラーゼ（PDAT），⑥ホスホリパーゼA_2，⑦リゾホスファチジルコリンアシルトランスフェラーゼ

疎水性の部分は内側で TAG と結合している．オイルボディの形成にはタンパク質も必要である．代表的なタンパク質として**オレオシン**（oleosin）†がある．オレオシンは分子量が 15～25 kDa の低分子量のタンパク質であり，その中央付近には異なる植物種でも保存されている 70～80 個の疎水性アミノ酸が連なった領域が存在する．オレオシンはオイルボディを安定化し，オイルボディのサイズを調節するために存在すると考えられている．

6·3·2　トリアシルグリセロールの分解

油糧種子の発芽時には，脂質から糖への変換が起こる．この経路を糖新生または**グリオキシル酸回路**（glyoxylate cycle）とよぶ（図 6·11）．オイルボディに蓄積されている TAG は，まず，リパーゼによってグリセロールと脂肪酸に加水分解される．グリセロールはサイトゾルでグリセロールキナーゼによってグリセロール 3-リン酸となり，解糖系を経由してスクロースとなる．脂肪酸は**グリオキシソーム**（glyoxysome）とよばれる特殊なペルオキシソームに輸

†オレオシン：アボカドの中果皮には非常に大きなオイルボディが存在する．アボカドのオイルボディにはオレオシンが存在しない．そのため，オイルボディのサイズを制御することができないために，巨大化するのではないかと考えられている．また，微細藻類でもオイルボディにトリアシルグリセロールを蓄積する種がバイオ燃料の分離源として注目されている．微細藻類のオイルボディにはオレオシンは存在せず，微細藻類特有の MLDP（major lipid droplet protein）というタンパク質がオイルボディの安定化に関与している．

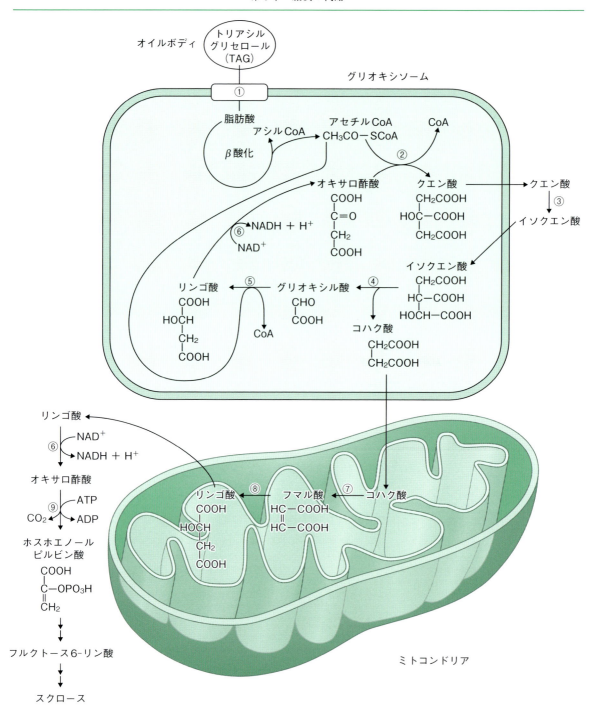

図 6・11 糖新生の概略
オイルボディの TAG はリパーゼにより脂肪酸とグリセロールに分解される。グリセロールはサイトゾルで代謝される。脂肪酸はグリオキシソームに入って代謝される。①ABC トランスポーター，②クエン酸シンターゼ，③アコニターゼ，④イソクエン酸リアーゼ，⑤リンゴ酸シンターゼ，⑥リンゴ酸デヒドロゲナーゼ，⑦コハク酸デヒドロゲナーゼ，⑧フマル酸ヒドラターゼ，⑨ホスホエノールピルビン酸カルボキシキナーゼ

送される。脂肪酸はアシル CoA の形になり，4つの酵素の働きによって，C_2 のアセチル CoA を遊離する。C_2 に相当する炭素鎖が短くなったアシル CoA は，さらに4つの酵素の働きによりアセチル CoA を遊離する。この繰り返しにより，アシル CoA は最終的には，すべてアセチル CoA に分解される。この分解経路は，アシル CoA の β 位で酸化が行われることから，β 酸化†とよばれている（図 6・12）。

β 酸化で生じたアセチル CoA はクエン酸シンターゼによりオキサロ酢酸と反応してクエン酸となる。クエン酸はサイトゾルに輸送され，イソクエン酸になった後に，グリオキシソームに戻る。イソクエン酸はコハク酸とグリオキシル酸になるが，このうちグリオキシル酸はリンゴ酸シンターゼによりアセチル CoA と反応して，リンゴ酸を合成する。このように，グリオキシソームでは

† β 酸化：本文中で説明した β 酸化は，飽和脂肪酸の分解の場合である。脂肪酸の二重結合は cis 形であるため，trans-Δ^2-エノイル CoA の二重結合を水和する酵素であるエノイル CoA ヒドラターゼの基質とはならない。そのため，例えば，cis-9 不飽和結合をもつ脂肪酸は二重結合の近くまで分解されると cis-3 二重結合は異性化され，trans-Δ^2-エノイル CoA となって β 酸化の反応が進む。

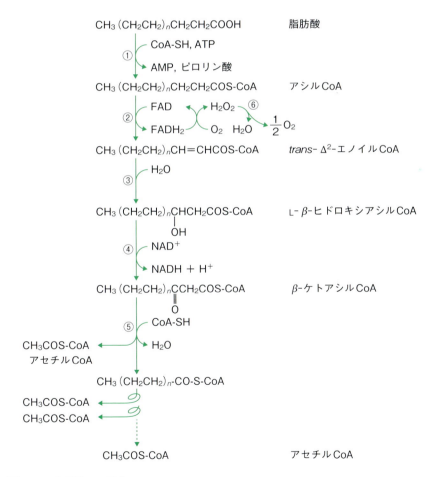

図 6・12 脂肪酸の β 酸化
① アシル CoA シンテターゼ，② アシル CoA オキシダーゼ，③ エノイル CoA ヒドラターゼ，④ β-ヒドロキシアシル CoA デヒドロゲナーゼ，⑤ アシル CoA アセチルトランスフェラーゼ，⑥ カタラーゼ

β 酸化によって生じたアセチル CoA を使う 2 つの反応が存在する。

グリオキシソームで合成されたコハク酸はミトコンドリアに輸送され，フマル酸を経てリンゴ酸となる。リンゴ酸はサイトゾルに輸送され，オキサロ酢酸，ホスホエノールピルビン酸，フルクトース 6-リン酸を経由して，スクロースに変換される。糖新生は，発芽種子が光合成を始めるまで，貯蔵脂質を糖に変換してエネルギー源として利用するための重要な役割を果たしている。

◆動物の β 酸化：動物でも β 酸化によって脂肪酸が分解される。動物では，β 酸化はミトコンドリアで行われる。

6·4 植物の身を守る脂質

植物の表皮細胞の上層は**クチクラ**†（cuticle）で覆われている。クチクラは植物を乾燥から防ぎ，病原菌の感染や昆虫による食害から守り，紫外線の照射による損傷を防ぐなどの役割を果たしている。クチクラは，**クチン**（cutin）という不溶性の脂質のポリマーと，クチンを覆う**ワックス**（epicuticular wax）から構成されている。クチンは，ヒドロキシル化された C_{16} あるいは C_{18} の脂肪酸とグリセロールがエステル結合したポリマーである。

ワックスは，炭素数が 20 以上の**超長鎖脂肪酸**（very long chain fatty acid，VLCFA）と長鎖アルコールのエステルを主成分とする。VLCFA の炭素鎖の伸長は，小胞体の**脂肪酸エロンガーゼ**（fatty acid elongase）により，マロニル CoA 由来の炭素原子が 2 個ずつ付与されることによって行われる。VLCFA の一部は還元されて，アルデヒドや長鎖アルコールとなる。また，VLCFA は脱炭酸されて炭素数が奇数のアルカンやケトン，第二級アルコールも合成される。このようにして VLCFA から合成されたさまざまな化合物は，複雑なワックスの構造に組み込まれていく。

†クチクラ蒸散：クチクラは植物の乾燥を防ぐ役割をもつが，完璧ではない。クチクラを通して植物内の水が水蒸気として放出されるクチクラ蒸散が起こっている。クチクラを構成するクチンの重合体には隙間があり，この隙間を通って水が蒸散すると考えられる。しかし，植物の蒸散の多くは気孔から行われていて，クチクラ蒸散の割合は低い。

第7章　無機栄養の代謝

　これまでの章では，炭素を中心とした植物の代謝について解説してきました。植物の生命活動には炭素以外の元素も深く関わっています。タンパク質や核酸の構成要素となる窒素の代謝は，炭素代謝とも連携して調節されています。さらに，植物には炭素や窒素などのような多量に含まれる元素の他に，微量元素として植物において特別な働きをする元素も必要です。植物は無機養分として土壌中に含まれる元素を水と共に吸収して利用しています。
　この章では植物に必要な元素を紹介し，その中でも多量元素としてさまざまな場面で必要とされる，窒素，硫黄，リンの同化や代謝について解説します。

7・1　植物と無機栄養

　植物の必須元素[†]には，含有量の多い**多量栄養元素**（macronutrient element）と少ない**微量栄養元素**（micronutrient element）がある。**表7・1**に必須元素に関する情報をまとめた。これらの元素が欠乏すると，植物体は特有の反応を示す。例えば，窒素や硫黄が欠乏すると葉は**クロロシス**（chlorosis）とよばれる黄変症状を呈する。植物内に取り込まれた元素には，植物内を移動しやすいものと移動しにくいものがある[†]。窒素は植物体を移動しやすく，若い葉に多く供給されるため，その欠乏症状であるクロロシスは老化葉で見られる。一方，硫黄は移動しにくいため，クロロシスは若い葉で見られる。**表7・1**にあげた元素以外に，植物種によってはナトリウムとケイ素が必須である。

[†]肥料の三要素：農業等で作物に与える肥料に含まれる三要素は，窒素，リン，カリウムである。特に，葉や茎を食用とする場合は窒素，果実を食用とする場合はリン，根を食用とする場合はカリウムを多く必要とする。

[†]植物内での元素の移動：窒素，リン，カリウム，マグネシウムは移動しやすく，硫黄，亜鉛，鉄，マンガン，銅は移動しにくい。

7・2　窒素代謝

7・2・1　硝酸還元

　植物は根から吸収した硝酸イオン（NO_3^-）を主な窒素源とする。土壌中にはアンモニウムイオン（NH_4^+）や亜硝酸イオン（NO_2^-）も存在するが，好気的環境では亜硝酸菌や硝酸菌により酸化されたNO_3^-となる。水田のような嫌気的環境ではNH_4^+が存在し，植物が窒素源として利用する。NO_3^-は根の細

表7・1 植物に含まれる必須元素とその働き

元素	元素記号	乾燥重量あたりの量（μg/g）	元素の働きの具体例
多量栄養元素			
窒素	N	15,000	アミノ酸や核酸の構成成分
カリウム	K	10,000	K^+として浸透ポテンシャルや気孔の開閉調節に関与
カルシウム	Ca	5,000	Ca^{2+}として細胞内シグナル伝達に関与
マグネシウム	Mg	2,000	クロロフィルの構成成分
リン	P	2,000	核酸やヌクレオチドの構成成分
硫黄	S	1,000	システイン，メチオニン，グルタチオンの構成成分
微量栄養元素			
塩素	Cl	100	光化学系IIの水の分解に関与
ホウ素	B	20	細胞壁の構成成分
鉄	Fe	100	シトクロムの構成成分
マンガン	Mn	50	光化学系IIのMn_4CaO_5クラスターの構成成分
亜鉛	Zn	20	転写因子タンパク質やいくつかの酵素の構成成分
銅	Cu	6	プラストシアニンやいくつかの酵素の構成成分
モリブデン	Mo	0.1	硝酸還元酵素の構成成分
ニッケル	Ni	0.005	ウレアーゼの構成成分

（Delhaize *et al.*, 2015 を改変）

† **硝酸トランスポーター** (nitrate transporter)：シロイヌナズナには，NRT1とNRT2という2つの硝酸トランスポーターファミリーが存在する。これらのトランスポーターはその性質により，3つに分けることができる。低いNO_3^-濃度で機能する高親和性のトランスポーター（NRT2に属する4つ），5 mM以上の高いNO_3^-濃度で機能する低親和性のトランスポーター（NRT1に属する1つ），どちらのNO_3^-濃度でも機能する両親和性のトランスポーター（NRT1に属する1つ）である。

胞膜にある硝酸トランスポーター†によって，H^+と共に能動的に細胞内に取り込まれる。

図7・1に植物における硝酸還元経路の概観を示す。硝酸還元系の酵素遺伝子の発現はNO_3^-の添加によって誘導される。硫酸やリン酸などの同化に関与する遺伝子は当該元素の欠乏によって誘導されるのとは対照的である。細胞内に取り込まれたNO_3^-は，**硝酸レダクターゼ**（nitrate reductase）によりNO_2^-に還元される。この反応式は次のように表すことができる。

$$NO_3^- + NAD(P)H + H^+ \rightarrow NO_2^- + NAD(P)^+ + H_2O$$

硝酸レダクターゼはサイトゾルに存在する。多くの植物はNO_3^-を根で還元するが，植物種によっては道管でNO_3^-をシュートに運んだ後に還元する。陸上植物の硝酸レダクターゼはホモ二量体であり，N末にモリブデンを含むドメイン，中央にb型シトクロムをもつヘムのドメイン，C末にフラビンアデニンジヌクレオチド（FAD）をもつドメインが存在する。硝酸レダクターゼ遺伝子の転写は糖，光，NO_3^-によって誘導される。また，硝酸レダクターゼは翻訳後の修飾を受けることが知られていて，特定のセリン残基がキナーゼによってリン酸化されると，14-3-3タンパク質が結合して酵素は不活性型になる（図7・2）。

硝酸レダクターゼによって生成したNO_2^-は反応性が高く毒性があるため，

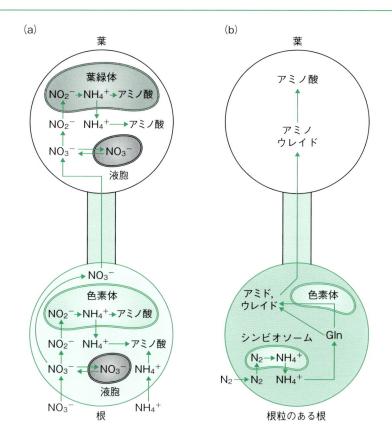

図 7·1　根と葉における窒素の同化経路の概観
（a）一般の植物。（b）**7·2·2** 項に述べる窒素固定を行う根粒をもつ植物での同化経路を示す。（Long *et al.*, 2015 を改変）

亜硝酸レダクターゼ（nitrite reductase）によりすみやかに分解される。亜硝酸レダクターゼは，NO_2^- を除去するために細胞内に十分に存在している。亜硝酸レダクターゼは，色素体に存在し，次の反応を触媒する。Fd_{red} と Fd_{ox} は，それぞれ，フェレドキシンの還元型と酸化型を示している。

$$NO_2^- + 6\,Fd_{red} + 8\,H^+ \rightarrow NH_4^+ + 6\,Fd_{ox} + 2\,H_2O$$

フェレドキシンの還元力は緑色組織では光合成の電子伝達系から，白色組織ではペントースリン酸経路から供給される。亜硝酸レダクターゼは単量体で，N 末にフェレドキシン結合ドメイン，C 末に [4Fe-4S] 型の鉄硫黄タンパク質とシロヘム†をもつ。

NH_4^+ には毒性があるため†，すみやかに代謝される。**グルタミン合成酵素**（glutamine synthetase, GS）により NH_4^+ はグルタミン酸と反応し，グルタミンのアミド基に取り込まれる。グルタミンは**グルタミン酸合成酵素**（glutamate

†**シロヘム**：亜硝酸レダクターゼの他に，亜硫酸レダクターゼの補欠分子族である。

†**アンモニアの毒性**：アンモニアは生体膜を通過することができ，膜を隔てた濃度勾配に従って拡散する。pH が高い場所では OH^- と反応して NH_3 を生成し，pH が低い場所では H^+ と反応して NH_4^+ となる。このような反応により，pH 勾配が低下することが毒性の原因である。

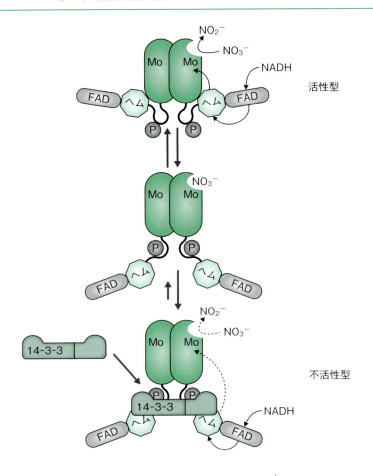

図7·2 硝酸レダクターゼのリン酸化と 14-3-3 タンパク質[†]による不活性化のモデル
14-3-3 タンパク質の結合によりヘムからモリブデンへの電子の輸送が阻害される。(Lambeck *et al.*, 2012 を改変)

† **14-3-3 タンパク質**: 14-3-3 タンパク質は1967年にウシの脳から機能がわからないタンパク質として発見された。そのため精製過程における分画番号を名称として用いた。その後, このタンパク質は真核生物に広く分布し, タンパク質のリン酸化/脱リン酸化反応に依存して, さまざまな酵素活性を調節することが明らかになった。

synthase, **GOGAT**) により 2-オキソグルタル酸と反応し, 2分子のグルタミン酸となる。この2つの酵素が関与するアンモニアの同化経路を GS-GOGAT 経路とよぶ (図7·3)。GS はサイトゾルに GS1 が, 色素体には GS2 が存在する。色素体の GS2 が, 硝酸還元や光呼吸で生じた NH_4^+ の同化に主要な役割を果たしている。サイトゾルの GS1 は根や維管束組織で働く。維管束組織の GS1 は植物内の窒素化合物の長距離輸送に用いられるグルタミンの合成に関与している。GOGAT には, 電子供与体としてフェレドキシンを使用するタイプと, NADH を使用するタイプがある。フェレドキシンを使用する GOGAT は, 光合成組織の葉緑体に存在し, GS2 と共に NH_4^+ の同化に働いている。NADH を使用する GOGAT は, 非光合成組織の色素体に存在し, 特に根では吸収した NH_4^+ の同化に関与している。

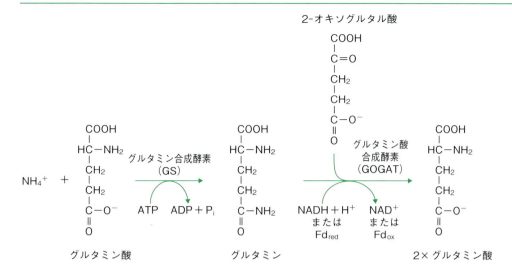

図7・3 NH_4^+ の GS-GOGAT 経路

NH_4^+ の同化経路として，**グルタミン酸脱水素酵素**（glutamate dehydrogenase, **GDH**）による GDH 経路もある（図7・4）。以前はこの GDH 経路が NH_4^+ の主要な同化経路だと考えられていたが，現在は，GS-GOGAT 経路が主要経路であることが証明されている。ミトコンドリアには NAD^+ 依存の，色素体には $NADP^+$ 依存の GDH が存在する。GDH 経路はグルタミン酸を脱アミノ化し，窒素の再配分を行う役割も果たしている。

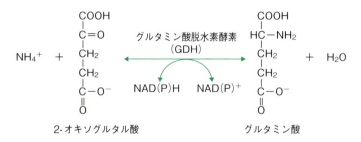

図7・4 NH_4^+ の GDH 経路

7・2・2 窒素固定

分子状窒素は安定な化合物であるが，この空中窒素を窒素源として固定できる生物がいる。これらの生物は，共生的窒素固定を行う生物と，自由生活を営む単生的窒素固定を行う生物の2つに大別される（表7・2）。共生的窒素固定を行う生物の代表例がマメ科植物の根に共生する**根粒菌**である。マメ科植物と根粒菌の関係は種特異的であり，宿主植物によって共生する根粒菌は決まっている。

◆ハーバー・ボッシュ法：工業的な窒素固定法として，ハーバー・ボッシュ法が20世紀の初めに開発されている。この方法は，高温高圧の反応条件下で，鉄系触媒を用いて窒素ガスと水素ガスからアンモニアを合成するもので，ニトロゲナーゼの反応と比べるとエネルギー多消費型プロセスである。

表7・2 窒素固定を行う生物

共生的窒素固定を行うもの
1. マメ科植物と共生するもの
    Rhizobium（根粒菌），*Bradyrhizobium*
2. ハンノキ，ヤマモモ，モクマオウ，マキと共生するもの
    Frankia（放線菌）
3. 熱帯産のイネ科植物と共生するもの
    Azospirillum（放線菌）
4. アカウキクサとソテツ科の植物と共生するもの
    Anabaena（シアノバクテリア）

単生的窒素固定を行うもの
1. シアノバクテリア：*Nostoc, Anabaena, Calothrix*
2. それ以外のもの
    a. 好気的：*Azotobacter, Beijerinckia*
    b. 条件的：*Bacillus, Klebsiella*
    c. 嫌気的：
        非光合成：*Clostridium, Methanococcus*
        光合成：*Rhodospirillum, Chromatium*

（清水，1993）

◆レグヘモグロビン (leghemoglobin)：根粒に含まれる酸素結合タンパク質で，根粒がピンク色に見える原因となる。レグヘモグロビンによって根粒中の遊離酸素濃度は低く保たれ，根粒菌の呼吸のために酸素が供給される。レグヘモグロビンをコードする遺伝子は根粒菌ではなく，植物が保持している。「レグ」はマメ科植物の意味である。

◆アセチレンテスト：アセチレン（C_2H_2）は分子状窒素と同じ三重結合をもつため，ニトロゲナーゼの活性を測定する際の基質として用いることがある。ニトロゲナーゼの還元作用により発生するエチレン（C_2H_4）をガスクロマトグラフィーで定量し，活性を評価する。

窒素固定の反応は**ニトロゲナーゼ**（nitrogenase）によって進行し，次の反応式で表すことができる。

$$N_2 + 8H^+ + 8e^- + 16\,ATP \rightarrow 2NH_3 + H_2 + 16\,ADP + 16\,P_i$$

ニトロゲナーゼは[4Fe-4S]型の鉄硫黄タンパク質を含む鉄（Fe）タンパク質（ジニトロゲナーゼレダクターゼ）とよばれる2つのタンパク質，モリブデンと鉄を含むモリブデン鉄（MoFe）タンパク質（ジニトロゲナーゼ）の2つのタンパク質の計4つから構成される（図7・5）。MoFeタンパク質は2つのαサブユニットおよび2つのβサブユニットからなるヘテロテトラマーである。

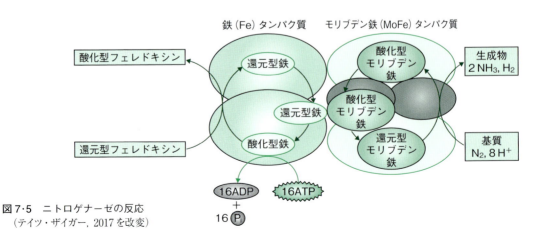

図7・5 ニトロゲナーゼの反応
（テイツ・ザイガー，2017を改変）

Feタンパク質は電子供与体であるフェレドキシンから電子を受け取り，ATPを加水分解し，MoFeタンパク質を還元する。MoFeタンパク質の活性中心にN_2が結合して還元され，NH_3とH_2が生成する。一部の根粒菌はこの反応で生じた副産物であるH_2をヒドロゲナーゼによって分解し，N_2を還元するための電子を得ている。

酸素は強い電子受容体であるため，ニトロゲナーゼは酸素との接触を避け，嫌気状態で機能する必要がある。例えば，シアノバクテリアのアナベナ *Anabaena* は，窒素欠乏状態になるとヘテロシスト（heterocyst）とよばれる窒素固定に特化した細胞を作る。ヘテロシストは光化学系IIが欠失しているため，細胞内で酸素が発生しない。また，細胞壁が厚いため外界からの酸素の侵入も妨げている。このように，ヘテロシストに局在するニトロゲナーゼが機能しやすい環境を維持している。マメ科植物に共生する根粒菌は，**根粒**[†]（nodule）の中で，シンビオソーム膜に囲まれて増殖を停止して肥大化し，バクテロイド（bacteroid）とよばれる状態となって生息する。

マメ科植物への根粒菌の共生は必須ではない。しかし，窒素が欠乏すると，植物の根はフラボノイド化合物を分泌して土壌中の根粒菌を誘引し，根粒菌のもつNodDタンパク質を活性化する。*nod*遺伝子群のプロモーター領域には高

[†] **根粒の形成**：根粒菌はNod因子を放出して根毛に感染し，感染した根毛はカールしながら伸長する。次に根毛の細胞壁の一部が分解されて，細胞膜が変形してできる**感染糸**（infection thread）が形成され，細胞の末端で感染糸の膜と根毛の細胞膜が融合する。これによって根粒菌は植物の細胞内に放出される。並行して，皮層内部で**根粒原基**（nodule primordium）が発達する。感染糸が根粒原基に達すると，先端部分が植物細胞の細胞膜と融合する。根粒菌は植物の細胞膜に囲まれシンビオソームとよばれる小器官となる。

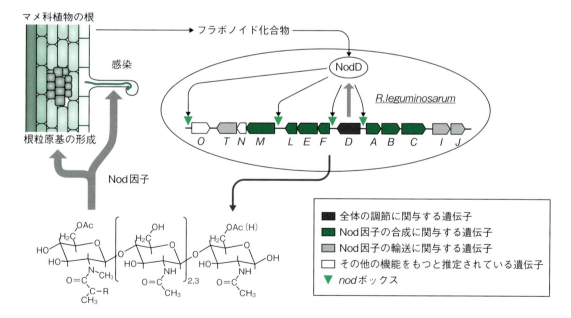

図7·6 根粒菌（*Rhizobium leguminosarum* bv. viciae）のマメ科植物への感染の模式図
植物が分泌したフラボノイドにより，根粒菌のNodDが活性化され，*nod*遺伝子群の転写が誘導される。合成したNod因子が植物に働きかけ，根粒の形成が始まる。Nod因子の植物側の受容体はキチン結合領域であるリシンモチーフ（LysM）ドメインをもつキナーゼである。Nod因子の構造中のRは長鎖のアシル基を示す。（Kouchi, 2011を改変）

度に保存されたnodボックスとよばれる配列が存在し，NodDタンパク質がこの領域に結合する。その結果，NodDタンパク質は根粒菌のnod遺伝子群の転写を誘導する（図7・6）。nod遺伝子群がコードするnodタンパク質は根粒形成に必要なタンパク質である。そして，その多くは，シグナル伝達物質として働くリポキチンオリゴ糖であるNod因子（Nod factor）の生成に関与する。Nod因子の化学構造には多様性があり，特有の構造を認識することで宿主特異性が生まれる。

7・2・3 アミノ酸合成

7・2・1で窒素が2-オキソグルタル酸からグルタミンやグルタミン酸に同化されることを述べた。2-オキソグルタル酸と同じくTCA回路の中間体であるオキサロ酢酸にグルタミン酸のアミノ基が転移すると，アスパラギン酸が生成する（図7・7）。その後，窒素はアミノ基転移反応によってさまざまなアミノ酸に取り込まれる。図7・8にアミノ酸の合成経路をまとめた。グルタミン酸からは，グルタミン，アルギニン，プロリンが合成される。アスパラギン酸からはアスパラギン，リシン，トレオニン，メチオニンが合成される。メチオニン

◆非タンパク質構成アミノ酸：タンパク質の構成成分とならないアミノ酸も植物に存在する。例えば，クロロフィルの前駆体である5-アミノレブリン酸，ハッショウマメなどのマメ科植物に蓄積される3,4-ジオキシフェニルアラニン（DOPA），スイカなどのウリ科植物に多いシトルリンなどがある。

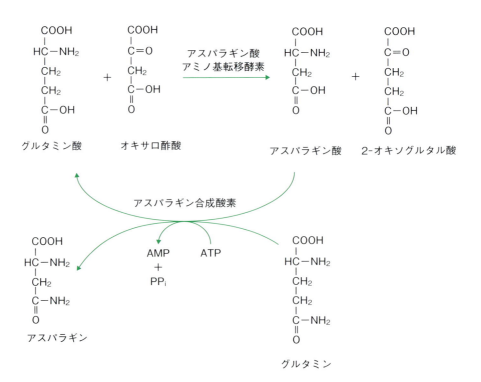

図7・7　アスパラギン酸とアスパラギンの生成

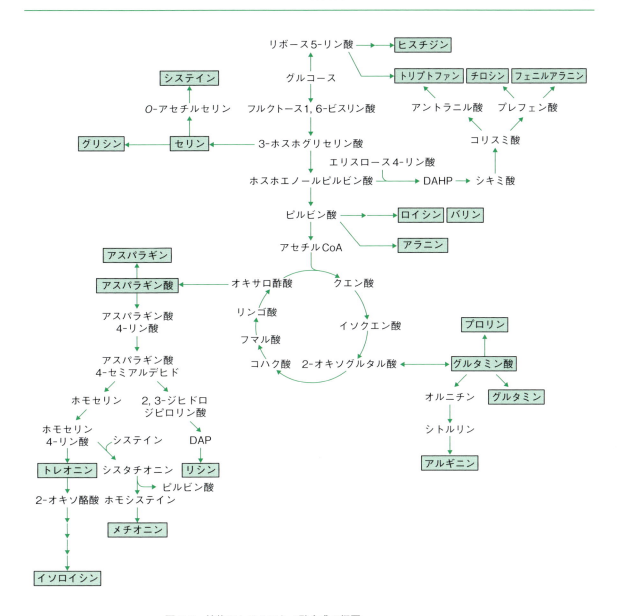

図7・8 植物におけるアミノ酸合成の概要
DAHP：3-デオキシ D-アラビノヘプツロン酸 7-リン酸，DAP：2,6-ジアミノピメリン酸（Coruzzi et al., 2015 を改変）

の合成に関しては，7・3で解説する．トレオニンからは，分岐鎖アミノ酸であるイソロイシンが合成される．他の分岐鎖アミノ酸であるロイシンとバリンはピルビン酸から合成される．ピルビン酸からはアラニンも合成される．3-ホスホグリセリン酸からはセリンが合成される．セリンから，グリシンとシステインが合成される．芳香族アミノ酸であるフェニルアラニン，チロシン，トリプ

†**プリンヌクレオチドの合成**：プリンヌクレオチドの合成経路には，PRPPから複雑な多くの反応を経る *de novo* 経路と，ヌクレオチドの分解によって生じるヌクレオシドや塩基を再利用するサルベージ経路がある。

トファンはシキミ酸経路を経て合成される。この詳細については，第8章で述べる。ヒスチジンの合成経路は他のアミノ酸とは異なり，リボース5-リン酸から5-ホスホリボシル1-ピロリン酸（PRPP）を経て合成される。PRPPにグルタミンのアミノ基が転移されるとプリンヌクレオチドの合成経路†に入り，PRPPとATPが縮合するとヒスチジンの合成に進んでいく。

7·3　硫黄同化

硫黄は土壌中から硫酸イオン（SO_4^{2-}）として植物に取り込まれる。気孔から取り込んだ二酸化硫黄（SO_2）も代謝することが可能である。植物体に取り込まれたSO_4^{2-}は葉緑体の包膜にある硫酸イオントランスポーターによって葉緑体に入って還元され，システインが合成される。システインを中心とした硫黄代謝の概要を**図7·9**に示す。

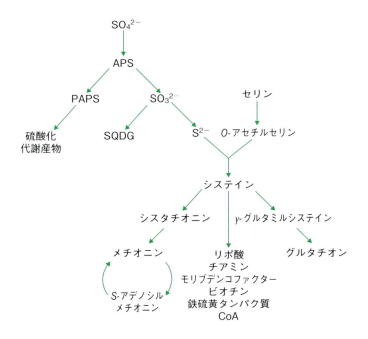

図7·9　シロイヌナズナにおける硫黄代謝の概要
APS：アデノシン5′-ホスホ硫酸，PAPS：3′-ホスホアデノシン5′-ホスホ硫酸，SQDG：スルホキノボシルジアシルグリセロール。（Hell & Wirtz, 2011 を改変）

葉緑体でSO_4^{2-}からシステインが合成されるまでの詳細を図7・10に示す。SO_4^{2-}は安定であるため，ATPスルフリラーゼによって活性化され，アデノシン5'-ホスホ硫酸（APS）とピロリン酸となる。ピロリン酸がホスファターゼによって加水分解されることで，この反応はAPSを合成する方向に進む。ATPスルフリラーゼは，葉緑体とサイトゾルに存在する。葉緑体で合成されたAPSは，還元型グルタチオン（GSH）により還元されて亜硫酸イオン（SO_3^{2-}）となり，さらに還元型フェレドキシン（Fd_{red}）により還元され，硫化物イオン（S^{2-}）となる。S^{2-}が，O-アセチルセリン（チオール）リアーゼ†（OAS-TL）によりO-アセチルセリン（OAS）と反応してシステインが生成する。OASはセリンアセチルトランスフェラーゼ（SAT）によって，セリンから合成される。OAS-TLとSATは結合し，**システインシンターゼ複合体**（CS complex）と

† **O-アセチルセリン（チオール）リアーゼ(OAS-TL)ファミリー**：シロイヌナズナには9個のOAS-TLファミリーの遺伝子が存在する。そのうちの1つの遺伝子産物は，ミトコンドリアに存在し，システインとシアン（HCN）を反応させ，β-シアノアラニンとS^{2-}を生成するβ-シアノアラニンシンターゼ活性をもつ。この酵素は，細胞内で発生するシアンを除去し，同時に生成されるS^{2-}は再びOAS-TLの基質となる。

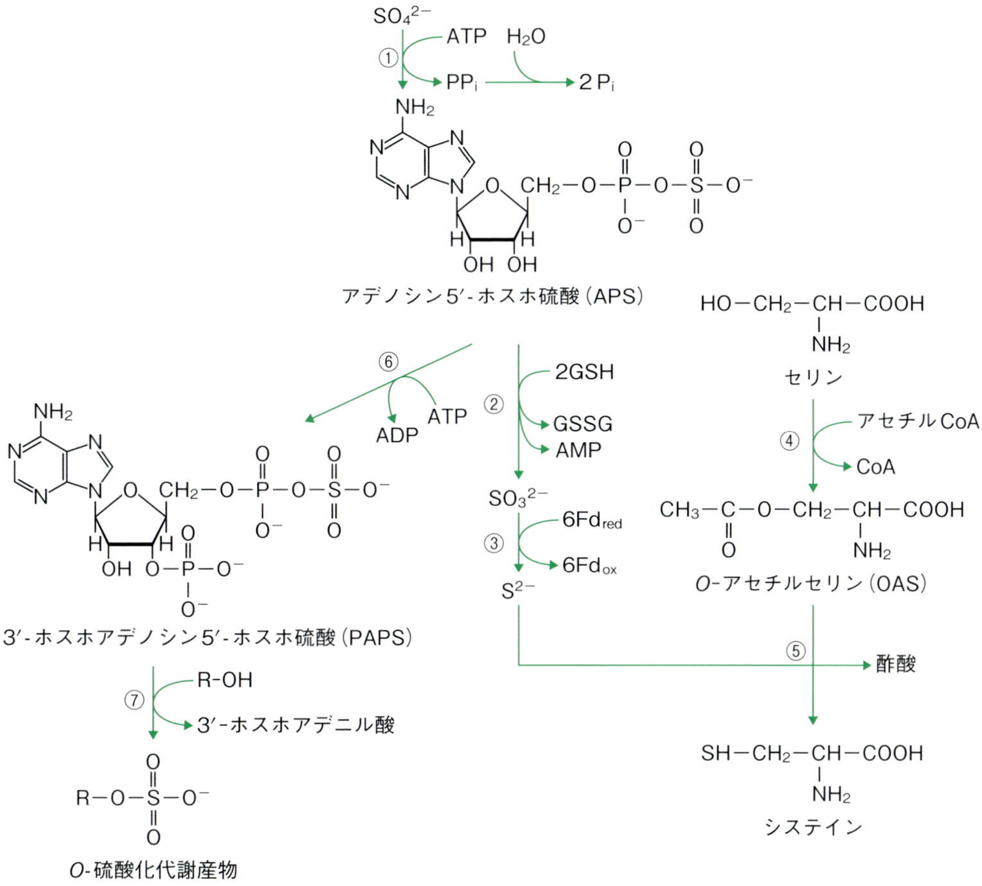

図7・10 硫酸イオンからシステインへの代謝経路
① ATPスルフリラーゼ，② APSレダクターゼ，③ 亜硫酸レダクターゼ，④ セリンアセチルトランスフェラーゼ，⑤ O-アセチルセリン（チオール）リアーゼ，⑥ APSキナーゼ，⑦ スルホトランスフェラーゼ

◆**地球における硫黄の循環**：硫黄は地球を循環する元素の1つである。海洋に生息する微細藻類は，適合溶質として硫黄原子を含むジメチルスルホニオプロピオネート（DMSP）を大量に蓄積する種がある。DMSPはバクテリアにより分解されて，ジメチルスルフィド（DMS）という揮発性の物質に変換される。DMSは大気中でSO_4^{2-}にまで酸化され，核となって水滴ができ，この水滴が集まることで雲ができる。SO_4^{2-}は雨の中に溶け込み，地上や海洋に戻っていく。

†**グルタチオン S- トランスフェラーゼ**：近年は，細胞内での本来の機能よりも，遺伝子工学の手法を用いて大腸菌などで発現させる目的のタンパク質に付加するタグとしての用途で有名である。グルタチオン S- トランスフェラーゼのタグを付けて発現させたタンパク質は，グルタチオンを固定化したアフィニティークロマトグラフィーによって精製することができる。

なることが知られている。OAS-TL と SAT の量を比べると OAS-TL が多い。複合体は S^{2-} で安定化し，OAS によって解離する。OAS-TL 活性は複合体では見られず，解離することによって機能する。S^{2-} が十分な条件下では，複合体により OAS が生成され，さらに単体の OAS-TL によってシステインが合成される。S^{2-} が欠乏すると OAS が蓄積し，複合体は解離すると共に，硫酸イオンの輸送や硫酸の還元に関与する遺伝子の発現を誘導する。このように OAS は単に SAT の基質であるだけでなく，シグナル伝達物質としても機能する。また，OAS-TL と SAT は，シロイヌナズナでは，サイトソル，プラスチド，ミトコンドリアに存在し，それぞれの場所でシステインを合成することが可能である。

システインから合成される重要な化合物の1つに**グルタチオン**（glutathione）がある（図 7・11）。システインがグルタミン酸と結合して，γ-グルタミルシステインとなる。γ-グルタミルシステインに，さらにグリシンが結合して還元型グルタチオン（GSH）となる。グルタチオンは酸化されるとシステイン部分の SH 基がジスルフィド結合をして，2分子の GSH が結合して酸化型グルタチオン（GSSG）となる。GSH は生体内でさまざまな物質を還元するために使われている。また，外界から異物である化合物を取り込んだ場合，サイトゾルにあるグルタチオン S- トランスフェラーゼ†が，GSH のシステイン部分の SH 基と当該化合物を結合させた抱合体を作り，この抱合体を液胞の中に輸送して隔離する。2～11 個の γ-グルタミルシステインがグリシンと結合した（γ-Glu-Cys）$_n$-Gly は，ファイトケラチン（phytochelatin）とよばれる。ファイトケラチンは細胞内に取り込まれた重金属イオンと結合することができ，植物の重金属耐性に寄与している。

アデノシン 5′-ホスホ硫酸（APS）はリン酸化される場合もある。プラスチドとサイトゾルで合成された APS は APS キナーゼにより，3′-ホスホアデノシン 5′-ホスホ硫酸（PAPS）となる（図 7・10）。スルホトランスフェラーゼにより PAPS から SO_4^{2-} が転移することで，さまざまな硫酸化代謝産物が合成される。

システインからは，もう1つの含硫アミノ酸であるメチオニンが合成される（図 7・12）。システインはシスタチオニンを経て，ホモシステ

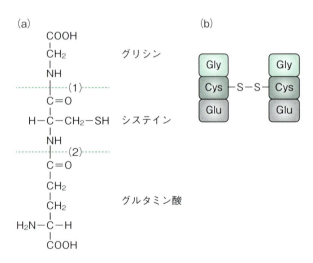

図 7・11　グルタチオンの構造
　(a) 還元型グルタチオン。(1) α-ペプチド結合，(2) γ-ペプチド結合。(b) 酸化型グルタチオンの模式図

インとなる。ホモシステインにメチオニンシンターゼによってメチル基が転移してメチオニンが合成されるが，このときのメチル基供与体は5-メチルテトラヒドロ葉酸（N^5-メチル-THF）である。メチオニンにATPのアデノシン部分が結合して，S-アデノシルメチオニン（SAM）となる。SAMは細胞内のメチル化反応のメチル基供与体として，多くのメチル化反応に用いられる。メチル基を転移したSAMはS-アデノシルホモシステイン（SAH），ホモシステインを経てメチオニンに再生される。

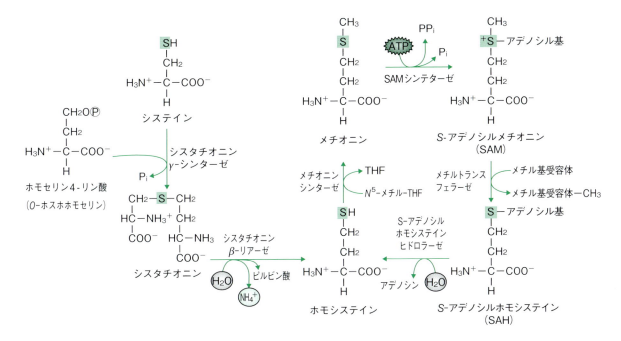

図7・12　メチオニンの合成経路
THF：テトラヒドロ葉酸

7・4　リンの吸収

リンは核酸やリン脂質，ATPなどの生体物質を構成する重要な元素である[†]。土壌中の無機リン酸はリン酸トランスポーターにより根から吸収される。リン酸は，窒素や硫黄とは異なり，植物の中に取り込まれても還元されることはなく，リン酸イオンの状態で，さまざまな物質に組み込まれて有機リン酸化合物が合成される。リン酸は，サイトゾルのpHでは$H_2PO_4^-$とHPO_4^{2-}の両方の形で存在するが，酸性の液胞では$H_2PO_4^-$として存在することが多い。リン酸のトランスポーターは，細胞膜，葉緑体，液胞，ミトコンドリア，ゴルジ体に存在する。細胞の中でのリン酸は液胞に貯蔵され，液胞とサイトゾルとでリン酸

†**リン資源**：リンはリン鉱石を主な分離源としている。採掘されたリン鉱石の約80％が化学肥料に使われている。一般的な土壌中のリン酸の濃度は2μMという非常に低い濃度のためである（Wang *et al.*, 2017）。リン酸肥料の使用は農作物の生産に必要である。しかし，近年，リン鉱石の枯渇が問題になっている。有限なリン資源の管理が，これからの時代に求められている。

†サイトゾルのリン酸濃度：植物細胞サイトゾルのリン酸濃度は 1〜10 mM だと考えられている。葉緑体ストロマのリン酸濃度は，リン酸が豊富な環境に置かれている場合は 7 mM にまで達することもあるが，そうでない場合は 1 mM 以下である（Versaw & Garcia, 2017）。

を交換して，リン酸濃度を調節している。細胞中の 70〜95％のリン酸が液胞に存在する†。酵母や藻類では，リン酸は液胞中でポリマーとなり，ポリリン酸（図 7·13）として貯蔵されることもある。植物の種子では，リン酸は *myo*-イノシトールに結合したフィチン酸（イノシトール 6-リン酸）（図 7·14）となり，タンパク質を貯蔵している液胞（protein storage vacuole）に存在する。フィチン酸は発芽時に，イノシトールとリン酸に加水分解されて利用される。

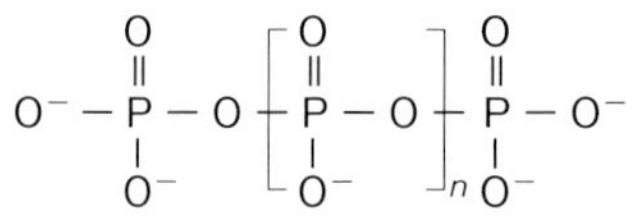

図 7·13　ポリリン酸
数十から数百のリン酸が重合している。

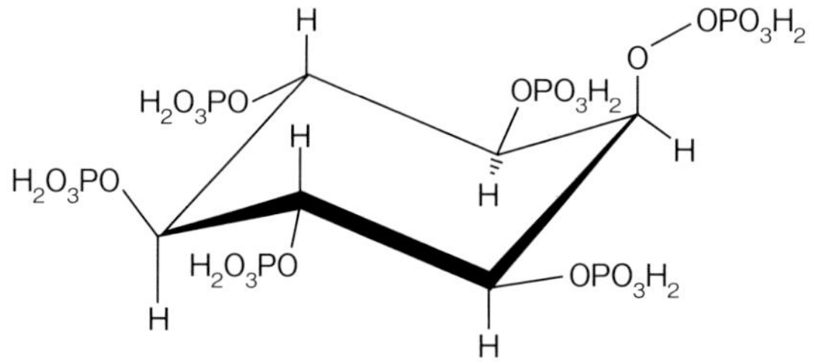

図 7·14　フィチン酸

第8章　二次代謝

　光合成や呼吸などの，生存に必要な基幹の代謝を一次代謝（primary metabolism）とよびますが，その他に二次代謝（secondary metabolism）が存在します。二次代謝で作られたさまざまな二次代謝産物は，食品，香料，染料，医薬品などとして人間の生活に利用されて来た歴史があります。

　二次代謝は植物にとって必ずしも生存に必須ではないことが多いため，不用な代謝経路だと考えられた時代もありました。しかし，現在では，二次代謝産物の植物に対する積極的な役割が見直されています。動くことのできない植物がその場所で生き延びていき，植物の quality of life を上げるための重要な代謝です。また，二次代謝はそれぞれの植物種で固有の代謝系を進化させ，植物の特定の組織でのみ合成される場合が多く，一次代謝とはかなり異なっています。

　この章では，こうした二次代謝ワールドの基本になる代謝系と，多様性について解説します。

8·1　二次代謝の基本経路

　二次代謝で合成される化合物は多彩である。Wink（2010）によれば，アルカロイドは21,000種，テルペノイドは15,500種，フラボノイドとタンニンは5,000種が存在するとされる。二次代謝産物は多彩であるが，その合成の素材となる物質は一次代謝によって作られる。主な二次代謝経路を図8·1にまとめた。

　二次代謝は限られた植物の特定の組織で行われることが多いが，芳香族アミノ酸はすべての植物に必須の物質であり，これらを合成するシキミ酸経路は植物に普遍的に存在する。この経路を経由して，フェニルプロパノイドやフラボノイドが合成される。二次代謝産物で最も多いとされるアルカロイドは，その骨格も合成経路も多様性に富んでいる。

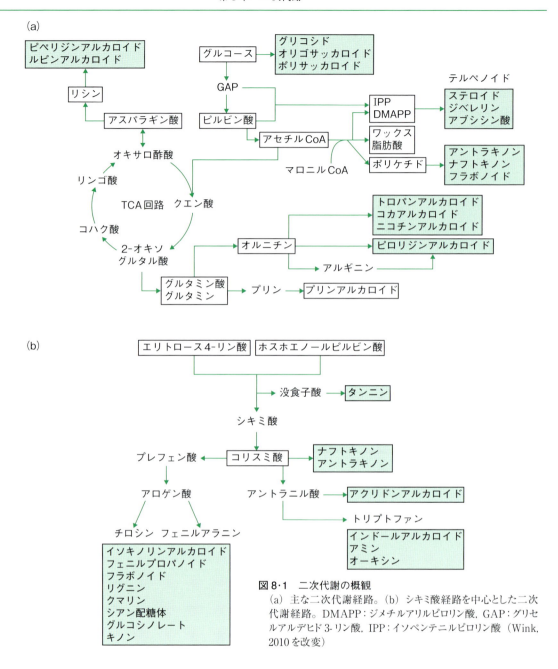

図 8・1　二次代謝の概観
(a) 主な二次代謝経路。(b) シキミ酸経路を中心とした二次代謝経路。DMAPP：ジメチルアリルピロリン酸，GAP：グリセルアルデヒド 3-リン酸，IPP：イソペンテニルピロリン酸（Wink, 2010 を改変）

†テルペノイドの語源：テルペノイドはマツなどの樹木から分泌された樹脂を意味する"turpentine"に由来する名称である。"turpentine"は絵の具の溶剤や有機合成の原材料として石油が使用されていなかった時代に用いられていた。

8・2　テルペノイド

植物が合成するイソプレノイドをテルペノイド（terpenoid）とよぶ。テルペノイド†はイソペンテニルピロリン酸（IPP）に由来する C_5 のユニットから構成されるため，基本骨格の炭素数は 5 の倍数となる。IPP はサイトゾルのメバロン酸経路かプラスチドの MEP 経路で合成される（図 8・2）。

メバロン酸経路では，アセチル CoA からメバロン酸を経由し，6 段階の反応で IPP が合成される．MEP 経路では，グリセルアルデヒド 3-リン酸とピルビン酸から 2-C-メチル-エリスリトール 4-リン酸（MEP）を経て，7 段階の反応で IPP が合成される．MEP 経路では，反応中間体は CTP と反応してシチジル化され，後に CMP が遊離する．IPP は IPP イソメラーゼにより，ジメチルアリルピロリン酸（DMAPP）に異性化される．

† **HMG-CoA 還元酵素の阻害剤**：動物にもメバロン酸経路はあり，ステロール化合物を合成する重要な働きをしている．メバロン酸経路で働く HMG-CoA レダクターゼの阻害剤は，血液中のコレステロール濃度を低下させる薬品として使用されている．

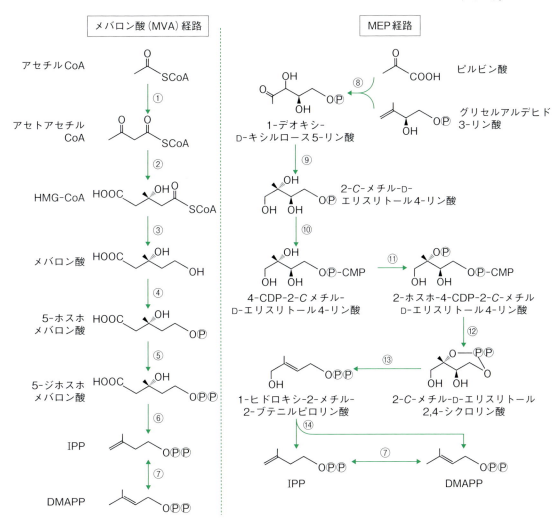

図 8・2　メバロン酸経路と MEP 経路による IPP の合成の概略
① アセトアセチル CoA チオラーゼ，② 3-ヒドロキシ-3-メチルグルタリル CoA（HMG-CoA†）シンターゼ，③ HMG-CoA レダクターゼ，④ メバロン酸キナーゼ，⑤ 5-ホスホメバロン酸キナーゼ，⑥ 5-ジホスホメバロン酸デカルボキシラーゼ，⑦ IPP イソメラーゼ，⑧ 1-デオキシ-D-キシルロース 5-リン酸シンターゼ（DXS），⑨ 1-デオキシ-D-キシルロース 5-リン酸レダクトイソメラーゼ（DXR），⑩ MEP シチジルトランスフェラーゼ（MCT），⑪ シチジル MEP キナーゼ（CMK），⑫ MEP-2,4-シクロ二リン酸シンターゼ（MCS），⑬ 1-ヒドロキシ-2-メチル-2-ブテニルピロリン酸シンターゼ（HDS），⑭ 1-ヒドロキシ-2-メチル-2-ブテニルピロリン酸レダクターゼ（HDR）

◆**イソプレンの放出**：植物は，生物起源揮発性有機化合物 (biogenic volatile compounds, BVOCs) として，イソプレンやモノテルペンなどのテルペノイドを大気中に放出する。例えば，イソプレンの放出量は地球上で年間 500 Tg ($T = 10^{12}$) と推定されている(Guenther et al., 2012)。これらのテルペノイドは大気中で酸素ラジカルや酸化窒素化合物などと反応性が高く，オゾンや有機エアロゾルの生成に関与している。この放出量は，光合成で固定された炭素のロスとして，無視のできない規模である。コナラ属の樹木にイソプレン放出種が多いことが知られている。イソプレンの放出量は温度や光強度に影響される。

◆**精油 (essential oil)**：植物に含まれる揮発性の油を精油という。その多くは，水蒸気蒸留によって製品化され，その主成分はモノテルペン，ジテルペン，セスキテルペンである。水蒸気蒸留によって，その化合物の固有の沸点よりも低い温度で蒸留することが可能となる。

IPP と DMAPP が縮合して C_{10} のゲラニルピロリン酸（GPP）となる。GPP から合成される C_{10} の化合物をモノテルペンとよぶ。GPP に IPP が縮合して C_{15} のファルネシルピロリン酸（FPP）となり，FPP から合成される C_{15} の化合物をセスキテルペンとよぶ。2 分子の GPP が縮合すると C_{20} のゲラニルゲラニルピロリン酸（GGPP）となり，GGPP から合成される C_{20} の化合物をジテルペンとよぶ。2 分子の FPP が縮合すると C_{30} のトリテルペンとなる。また，2 分子の GGPP が結合すると C_{40} のテトラテルペンとなる。テルペノイド化合物には，さらに多くの C_5 ユニットが結合した天然ゴムに代表されるポリテルペンも存在する。これらの直鎖のテルペノイド合成に関与する酵素をプレニルトランスフェラーゼと総称する。テルペノイド合成をまとめた模式図を図 8・3 に，テルペノイド化合物の例を図 8・4 に示す。

植物ホルモンにはテルペノイド合成経路を経由して合成されるものが多く，アブシシン酸はセスキテルペン，ジベレリンはジテルペンである。ブラシノステロイドはトリテルペンであるステロールを経て合成される。サイトカイニンは，ADP または ATP がイソペンテニル化を受けることで合成される（122 ページ参照）。クロロフィルを構成する側鎖のフィトール（19 ページ参照）はジテルペンであり，光合成色素であるカロテノイド（19 ページ参照）はテトラテルペンである。近年発見された植物ホルモンであるストリゴラクトン（142 ページ参照）はカロテノイドの開裂産物から合成される。

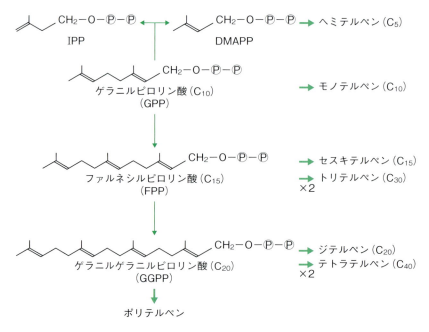

図 8・3 テルペノイド合成の模式図

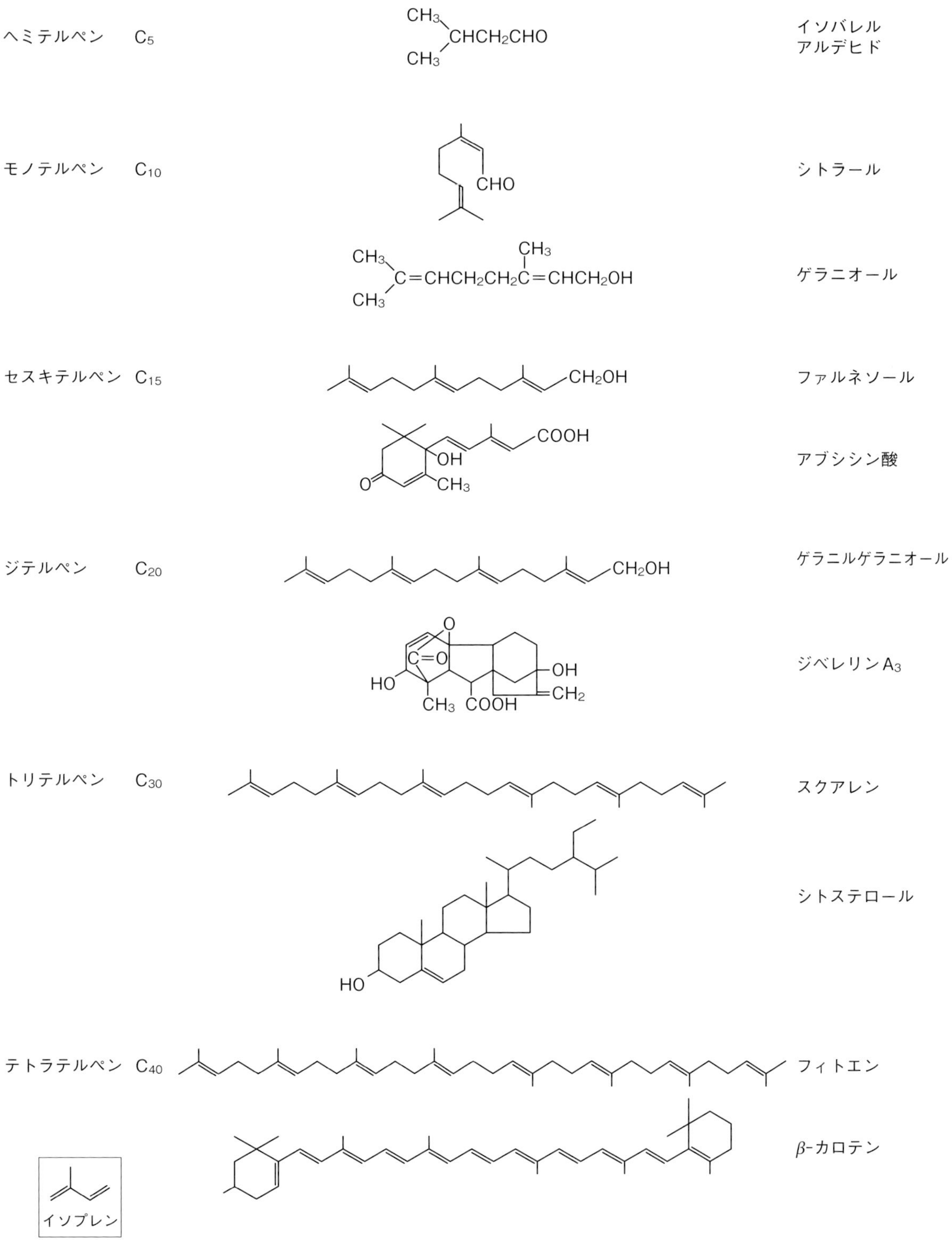

ヘミテルペン	C$_5$	(CH$_3$)$_2$CHCH$_2$CHO	イソバレルアルデヒド
モノテルペン	C$_{10}$		シトラール
			ゲラニオール
セスキテルペン	C$_{15}$		ファルネソール
			アブシシン酸
ジテルペン	C$_{20}$		ゲラニルゲラニオール
			ジベレリン A$_3$
トリテルペン	C$_{30}$		スクアレン
			シトステロール
テトラテルペン	C$_{40}$		フィトエン
			β-カロテン

イソプレン

図 8・4　テルペノイド化合物の例
イソプレン単位（左下）が重合した後に化学修飾されるため，化合物の炭素原子の数は 5 の倍数ではないこともある。

8・3 フェニルプロパノイド

フェニルプロパノイド（phenylpropanoid）は芳香族アミノ酸であるフェニルアラニンからアミノ基が脱離して合成される。芳香族アミノ酸は，ホスホエノールピルビン酸とエリスロース4-リン酸がDAHPシンターゼによってC_7の3-デオキシ-D-アラビノヘプツロン酸7-リン酸（DAHP）となる反応から始まるシキミ酸経路によって合成される（図8・5）。

エリスロース4-リン酸はペントースリン酸経路から供給される。シキミ酸経路では，コリスミ酸から，プレフェン酸，アロゲン酸を経てフェニルアラニンとチロシンが合成される経路と，アントラニル酸を経てトリプトファンが合成される経路に分岐する。

シキミ酸経路で合成されたフェニルアラニンを出発物質として，フェニルプロパノイドが合成される。フェニルプロパノイドの合成系からリグニンの合成系や8・4で述べるフラボノイドの合成系が派生する。フェニルアラニンアンモニアリアーゼ（phenylalanine ammonia-lyase, PAL）によってフェニルアラニンは脱アミノ化されて，*trans*-ケイ皮酸を生じる。遊離したアンモニアは，第7章で述べたGS/GOGATにより代謝される。PALは多重遺伝子族（multigene family）を形成している。例えば，シロイヌナズナには*PAL1-PAL4*の4個の遺伝子が存在し，サイトゾルとERに局在している。ERに局在するPALは，次の反応を行うケイ皮酸4-ヒドロキシラーゼ（C4H）と結合していて，基質の効率的な受け渡しを行うと推定されている。PALの遺伝子発現は病原菌の感染や紫外線によって誘導され，ストレスに抵抗するために必要な化合物がすみやかに合成されるように対応する。

PALによって合成されたケイ皮酸にはC4Hによってヒドロキシ基が導入され，4-クマル酸（*p*-クマル酸）となる。C4HはシトクロムP450系†のモノオキシゲナーゼである。4-クマル酸は，4-クマル酸：CoAリガーゼ（4CL）によってCoAが結合した高エネルギー状態の4-クマロイルCoAとなる。4-クマロイルCoAは8・4で述べるフラボノイド合成の基質となる。シロイヌナズナでは，4-クマロイルCoAにシキミ酸が結合して4-クマロイルシキミ酸となり，4-クマル酸にヒドロキシ基が導入されて，カフェオイルシキミ酸となる（図8・6）。カフェオイルシキミ酸エステラーゼ（CSE）によって，カフェオイルシキミ酸からシキミ酸が外されカフェ酸となる。

4-クマロイルCoAは4-クマロイルアルデヒド，さらに4-クマロイルアルコールとなる。4-クマロイルアルコールは，リグニンの4-ヒドロキシフェニ

◆チロシンアンモニアリアーゼ（TAL）：フェニルアラニンではなくチロシンを脱アミノ化して4-クマル酸を合成することでフェニルプロパノイドの合成が始まる経路もある。しかし，多くの植物ではフェニルアラニンを基質としてPALが作用する反応が主経路である。

†シトクロムP450：多くの生物に存在するヘムを含む酸化酵素のファミリーである。Fe(II)の状態で一酸化炭素と反応したときに450 nmに吸収極大があることから名付けられた。Cytochrome P450の頭文字を用いて，CYPファミリーとも称される。CYPの後にファミリーを示す番号，その後にサブファミリーを示すアルファベット，分子種番号を示す数字を付けて表される。シロイヌナズナのC4HはCYP73A5である。

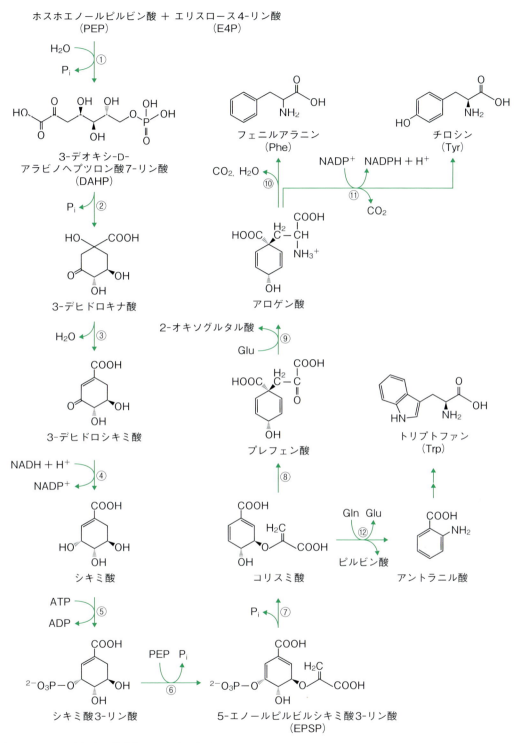

図 8·5　シキミ酸経路と芳香族アミノ酸の合成
① DAHP シンターゼ，② 3-デヒドロキナ酸シンターゼ，③ 3-デヒドロキナ酸デヒドラターゼ，④ シキミ酸デヒドロゲナーゼ，⑤ シキミ酸キナーゼ，⑥ EPSP シンターゼ，⑦ コリスミ酸シンターゼ，⑧ コリスミ酸ムターゼ，⑨ プレフェン酸アミノトランスフェラーゼ，⑩ アロゲン酸デヒドラターゼ，⑪ アロゲン酸デヒドロゲナーゼ，⑫ アントラニル酸シンターゼ

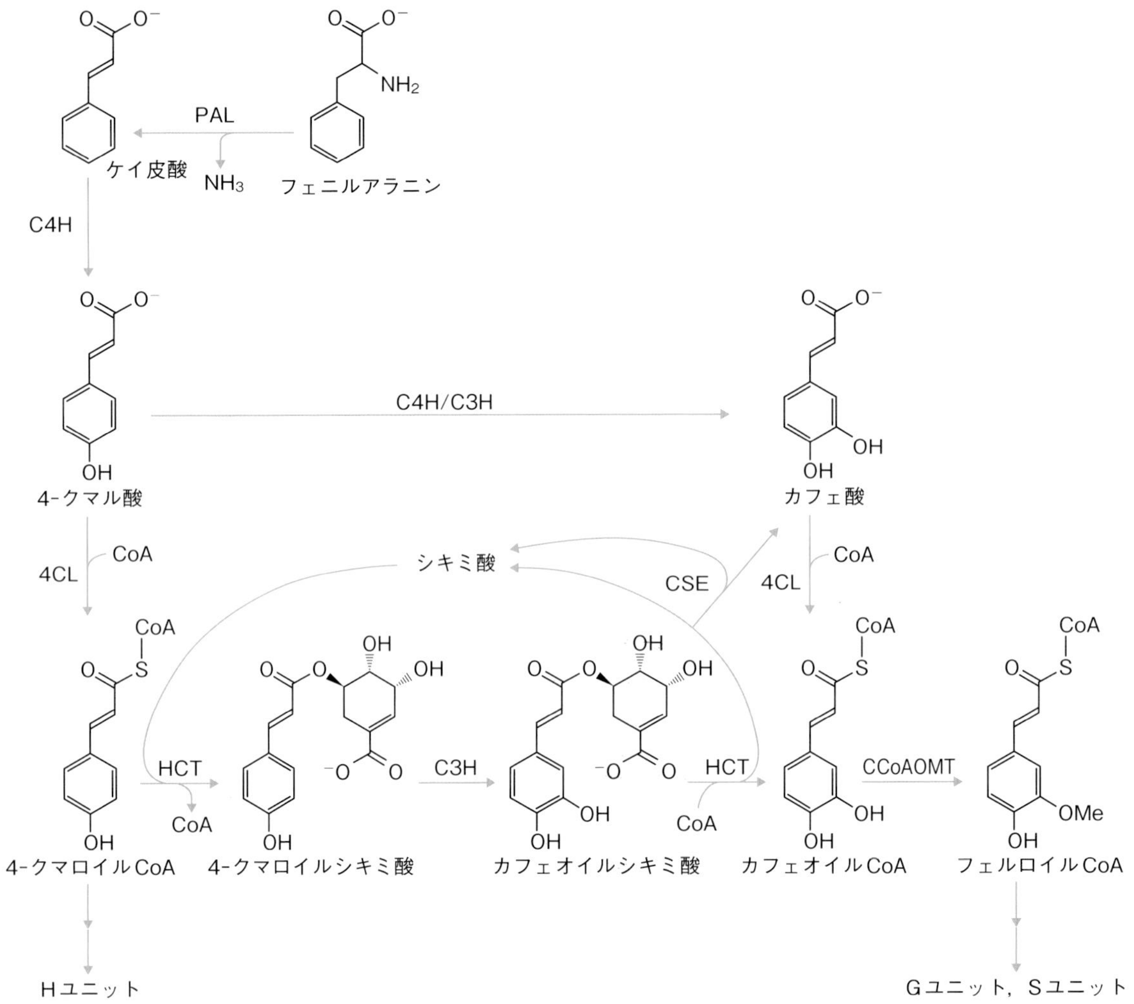

図8・6 シロイヌナズナにおけるフェニルプロパノイドとリグニンの合成
PAL：フェニルアラニンアンモニアリアーゼ，C4H：ケイ皮酸4-ヒドロキシラーゼ，4CL：4-クマル酸：CoAリガーゼ，HCT：ヒドロキシシナモイルCoA；シキミ酸／キナ酸ヒドロキシシナモイルトランスフェラーゼ，C3H：4-クマル酸3-ヒドロキシラーゼ，CCoAOMT：カフェオイルCoA-3-O-メチルトランスフェラーゼ，CSE：カフェオイルシキミ酸エステラーゼ
（Vanholme *et al.*, 2013を改変）

ルユニット（Hユニット）となる．フェルロイルCoAからはコニフェリルアルコールが生成して，グアイアシルユニット（Gユニット）となる．また，フェルロイルCoAはシナピルCoAに変換された後に，シナピルアルコールとなり，シリンギルユニット（Sユニット）となる．4-クマロイルアルコール，コニフェリルアルコール，シナピルアルコールは細胞壁に輸送され，ラジカルを介したカップリング反応が行われる．ユニットの重合にはペルオキシダーゼとラッカーゼが関与する．リグニンは，この3種のユニットが重合した混合物

であり，その構成比率は植物種や発生段階によって異なる。被子植物のリグニンはGユニットとSユニットが多いことが知られている。

8・4 フラボノイド

C_6-C_3-C_6のフラバン構造をもつ化合物をフラボノイドとよぶ。中央の環状構造の違いにより，図8・7のように分類される。フラボノイドはA環とB環の2つのベンゼン環を有するが，A環は3分子のマロニルCoAが縮合することにより合成され，B環はフェニルプロパノイド合成経路で作られた4-クマロイルCoAに由来する。フラボノイド合成の最初の反応はカルコンシンターゼ（CHS）[†]が行う。フラボノイド合成はCHSの遺伝子発現により調節される。植物が傷害を受けたり紫外線を浴びたりするなどのストレスを受けると，CHS遺伝子の転写が誘導され，CHS活性が上昇する。

図8・8では，フラボノイド合成経路の例としてアントシアニン合成経路を示す。アントシアニンの前駆体であるナリンゲニンカルコンは，カルコンイソメラーゼ（CHI）により閉環して，フラバノンであるナリンゲニンとなる。フラバノン-3-ヒドロキシラーゼ（F3H）により，ナリンゲニンはジヒドロケンフェノールなどのジヒドロフラボノールとなる。その後，ジヒドロフラボノール-4-レダクターゼ（DFR）によりロイコアントシアニジンに，アントシアニ

[†] カルコンシンターゼ：カルコンシンターゼは，アセチルCoAにマロニルCoAを縮合させる反応を触媒するポリケチド合成酵素の1つである。脂肪酸とポリケチドの合成の過程は類似している（58ページ参照）。脂肪酸の合成はカルボニル基を還元して炭化水素鎖を伸長させるが，カルコンシンターゼの反応にはカルボニル基の還元を伴わない点が異なる。

◆ ベタレイン (betalain)：ナデシコ科とザクロソウ科以外のナデシコ目植物にはアントシアニンは存在せず，ベタレインが存在する。ベタレインはチロシンから合成される窒素を含む色素で，赤紫色のベタシアニンと黄色のベタキサンチンがある。ベタレインを含む植物としてビート (*Beta vulgaris*) が有名である。ベタレインもアントシアニンと同様に細胞内の液胞に存在するが，アントシアニンが表皮細胞に局在するのに対し，ベタレインは組織全体の細胞に存在する。

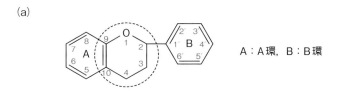

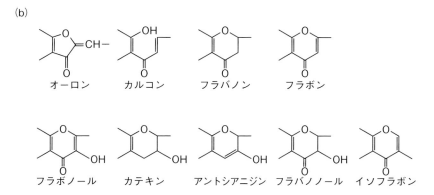

図8・7　フラボノイドの基本構造
（a）フラバン構造の基本骨格，（b）中央の環状構造の違いによる分類（桜井ら，2017を改変）

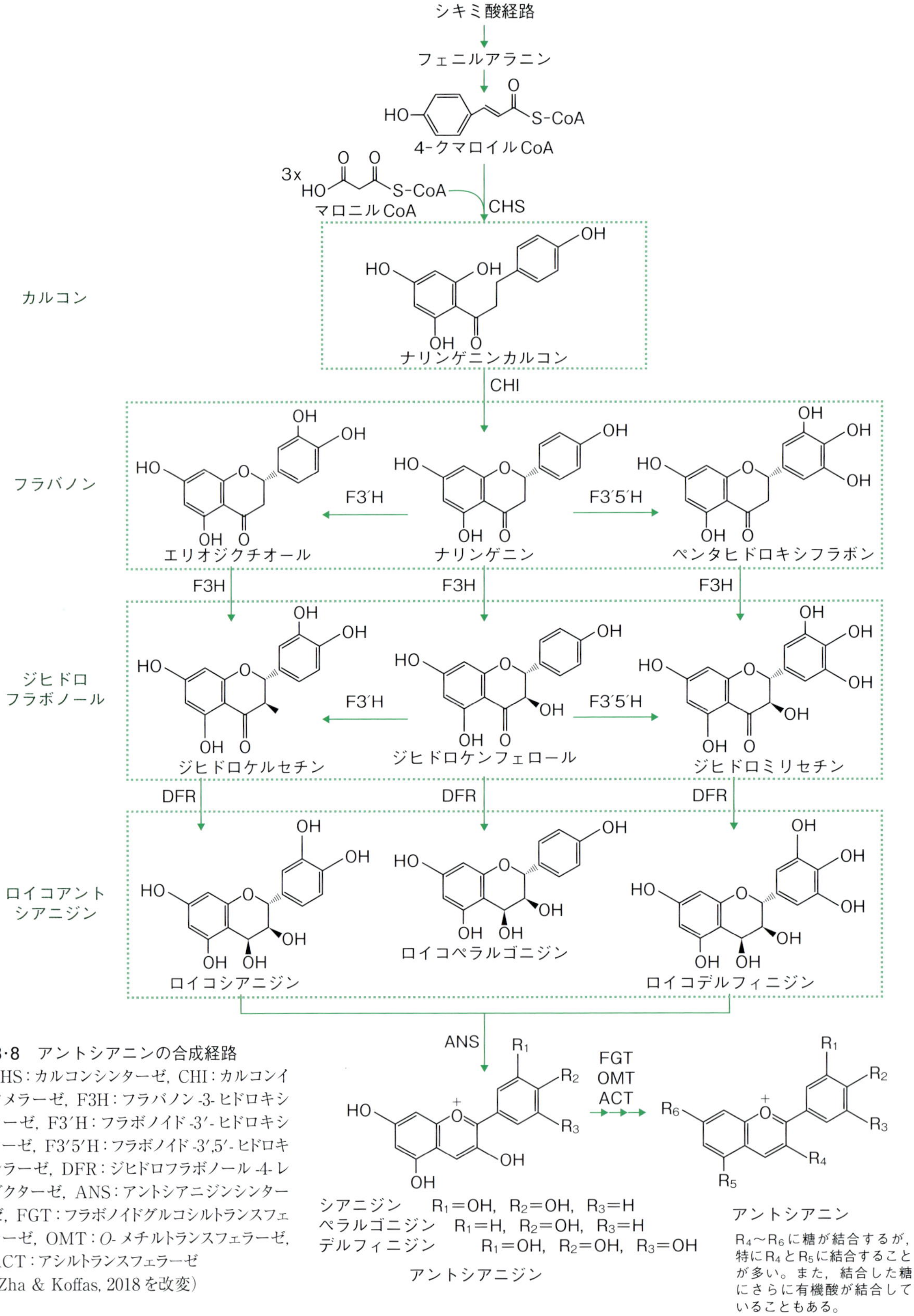

図 8・8 アントシアニンの合成経路
CHS：カルコンシンターゼ，CHI：カルコンイソメラーゼ，F3H：フラバノン-3-ヒドロキシラーゼ，F3′H：フラボノイド-3′-ヒドロキシラーゼ，F3′5′H：フラボノイド-3′,5′-ヒドロキシラーゼ，DFR：ジヒドロフラボノール-4-レダクターゼ，ANS：アントシアニジンシンターゼ，FGT：フラボノイドグルコシルトランスフェラーゼ，OMT：O-メチルトランスフェラーゼ，ACT：アシルトランスフェラーゼ
（Zha & Koffas, 2018 を改変）

シアニジン　　R$_1$＝OH, R$_2$＝OH, R$_3$＝H
ペラルゴニジン　R$_1$＝H, R$_2$＝OH, R$_3$＝H
デルフィニジン　R$_1$＝OH, R$_2$＝OH, R$_3$＝OH

アントシアニジン

アントシアニン
R$_4$〜R$_6$に糖が結合するが，特にR$_4$とR$_5$に結合することが多い。また，結合した糖にさらに有機酸が結合していることもある。

ジンシンターゼ（ANS）によって赤色系のシアニジン，橙赤色系のペラルゴニジン，青色系のデルフィニジンの3種のアントシアニジンとなる。さらに，O-メチルトランスフェラーゼ（OMT）により，B環のヒドロキシ基がメトキシ化（-OCH$_3$）され，シアニジンからはペオニジン，デルフィニジンからはマルビジンとペチュニジンが合成される。この6種が主要なアントシアニジンである。花弁に含まれるアントシアニジンには，糖や有機酸が結合し，アントシアニンとよばれる安定な化合物となる。アントシアニンは細胞内の液胞に存在し，pHや金属イオンの影響を受けることによって，多様な色調を生み出している。

アントシアニジン以外のフラボノイドとしては，カルコンから黄色の色素であるオーロンが合成される。フラバノンからはフラボンが，ジヒドロフラボノールからはフラボノールが合成される。フラボンやフラボノールは植物全体に含まれ，アントシアニンと共存すると相互作用が起こり，色調を変化させる。マメ科植物に分布するイソフラボンはフラバノンから合成される。

8·5　アルカロイド

アルカロイド（alkaloid）は窒素原子を含む天然物の総称である。その多くはアミノ酸から合成され，環状構造をもつが，例外もある。アルカロイドの中には動物に対し生理活性をもつ化合物もあり，物質が同定される以前から，薬[†]や毒物として用いられてきた長い歴史がある。アルカロイドは化学構造を基本とすれば，ピリジンアルカロイド（ニコチンなど），キノリジンアルカロイド（ルピニンなど），トロパンアルカロイド（アトロピン，コカインなど），インドールアルカロイド（ストリキニーネなど），イソキノリンアルカロイド（モルヒネなど），プリンアルカロイド（カフェインなど）などに分類される。その一方で，ケシアルカロイドやルピンアルカロイドのように，アルカロイドを含む植物種の名前でよぶこともある。アルカロイドの前駆体となるアミノ酸は，リシン，グルタミン酸，オルニチン，アルギニン，トリプトファン，チロシンなどである（図8·9）。このように多様なアルカロイドの合成経路の中から，本書では合成経路の研究が進んでいるピリジンアルカロイドであるニコチンと，プリンアルカロイドであるカフェインの合成経路を解説する。

ピリジンアルカロイドであるニコチン（nicotine）とノルニコチン（nornicotine）はナス科タバコ属植物にのみ存在する。ニコチンはピロリジン環とピリジン環から構成される。図8·10にニコチン合成経路を示す[†]。

†薬として使われるアルカロイドの例：キョウチクトウ科のニチニチソウから単離されたビンブラスチンやビンクリスチンは，抗腫瘍作用があり白血病の薬として用いられる。キナ属植物の樹皮に含まれるキニーネはマラリアの薬として用いられる。ナス科の植物に含まれるアトロピンは抗コリン作用を有するため，胃腸薬などに用いられる。イチイの樹皮に含まれるタキソールは悪性腫瘍の治療に用いられている。ここで示した例以外にも薬剤として使用されるアルカロイドは多く，医療に大きく貢献している。

◆アヘン：19世紀にイギリスと清の間で起こったアヘン戦争で歴史的にも有名なアヘンであるが，このアヘンという名称は化合物の固有名詞ではない。ケシの若い実に傷を付けて出てきた乳白色の液体（ラテックス）を乾燥させたものをアヘンとよぶ。アヘンにはモルヒネなどの複数のアルカロイドが含まれている。

†ニコチン合成の最終反応：ニコチン合成においてピロリジン環とピリジン環の縮合に関与する候補タンパク質として，レダクターゼであるA622と液胞に含まれるberberine bridge enzyme-like(BBL)proteinsが報告されている（Kajikawa et al., 2009, 2011）。

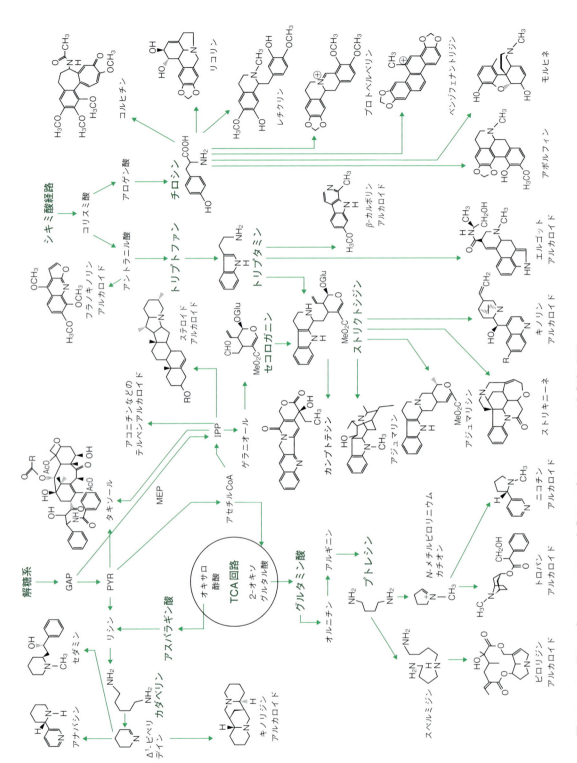

図8·9 アミノ酸およびテルペノイドから合成される主なアルカロイド合成系の概観
GAP：グリセルアルデヒド3-リン酸，PYR：ピルビン酸，MEP：2-C-メチル-エリスリトール4-リン酸，IPP：イソペンテニルピロリン酸（Roberts et al., 2010を改変）

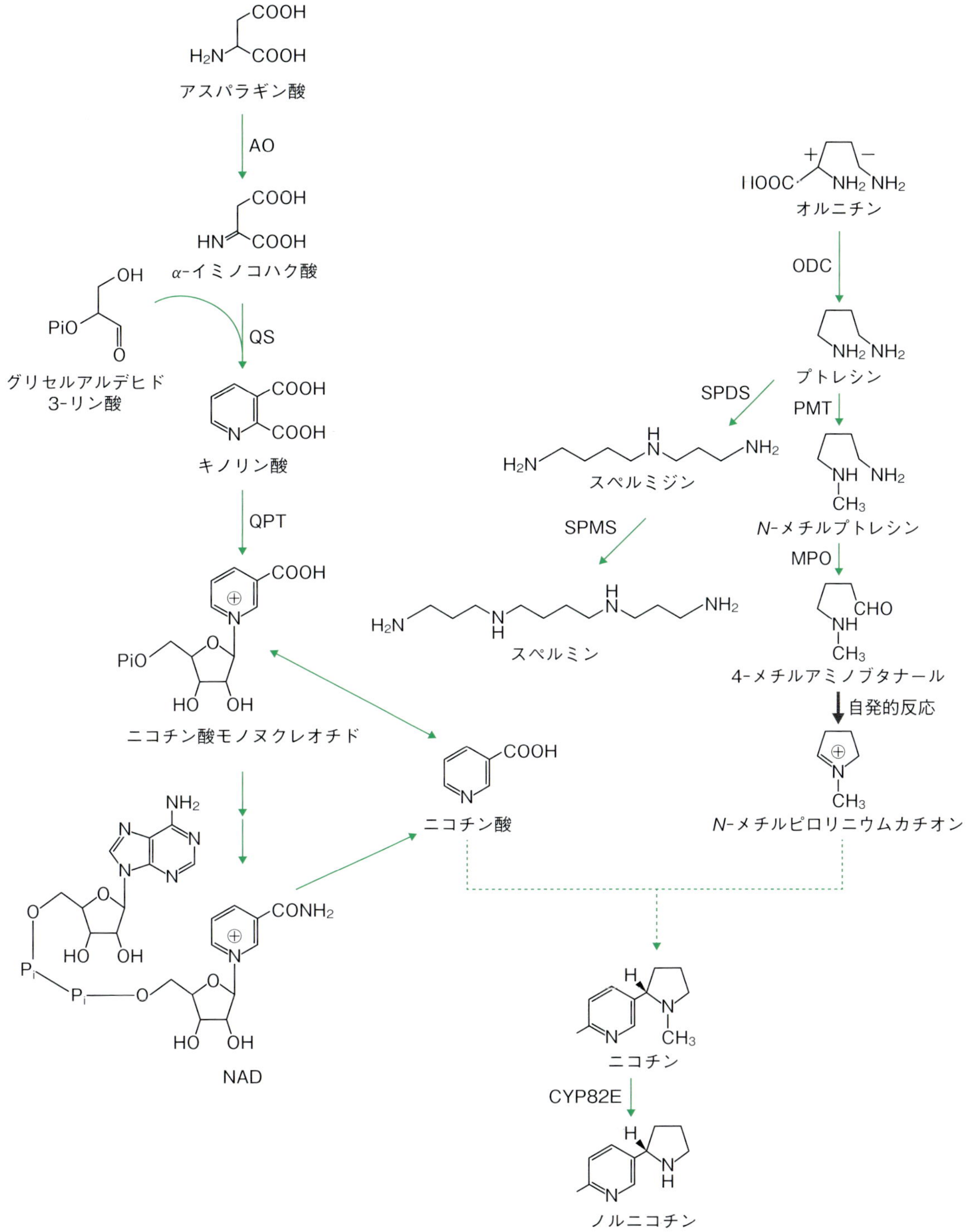

図 8・10　ニコチンおよび関連化合物の合成経路
　AO：アスパラギン酸酸化酵素，QS：キノリン酸合成酵素，QPT：キノリン酸ホスホリボシル基転移酵素，ODC：オルニチン脱炭酸酵素，PMT：プトレシン N- メチルトランスフェラーゼ，MPO：N- メチルプトレシン酸化酵素，CYP82E：シトクロム P450 モノオキシゲナーゼであるニコチンデメチラーゼ，SPDS：スペルミジン合成酵素，SPMS：スペルミン合成酵素。点線は反応の詳細が未解明な経路を示す。

ピロリジン環の出発物質はオルニチンであり，オルニチン脱炭酸酵素（ODC）により脱炭酸されて対称ジアミンであるプトレシンが生成する。プトレシンはニコチン合成の素材となるだけではなく，多くの植物ではスペルミジンやスペルミンのようなポリアミンに代謝される。プトレシンは2段階の酵素反応と自発的な化学反応を経て，N-メチルピロリニウムカチオンとなる。ピリジン環の由来はアスパラギン酸である。さまざまな反応で補酵素として機能するNADと共通の経路によってニコチン酸が合成される。N-メチルピロリニウムカチオンとニコチン酸あるいは関連の中間産物が結合してニコチンが合成されると推定されているが，このようなピロリジン環とピリジン環の縮合反応の詳細は明らかになっていない。タバコの葉は食害を受けるとその情報が葉から根に伝達され，ジャスモン酸によって根に存在するニコチン合成遺伝子群が活性化される。根で合成されたニコチンは，道管を通って地上部に輸送される。

プリンアルカロイドであるカフェイン[†]（caffeine）は，チャノキ，コーヒーノキ，マテなどに含まれる。カカオノキでは，カフェインよりもテオブロミン[†]（theobromine）の含有量が多い。ニコチンがタバコ属植物のみに含まれるのに対し，プリンアルカロイドを含む植物は，系統学的に離れた位置[†]に散在している。プリンアルカロイドの合成能はそれぞれの植物で独立に獲得されたと考えられる。また，ニコチン合成は主に根で行われるが，プリンアルカロイド合成は，植物のほぼすべての組織で行われている。プリンアルカロイドのプリン環はキサントシンに由来する。キサントシンはXMPあるいはGMPから合成される（図8・11）。

キサントシンがメチル化されて7-メチルキサントシンになり，リボースが外れて7-メチルキサンチンとなる。その後，2回目のメチル化によりテオブロミン，3回目のメチル化でカフェインが生成する。メチル化反応のメチル基供与体は，S-アデノシルメチオニンである。1回目のメチル化を行うメチルトランスフェラーゼは7-メチルキサントシンシンターゼとよばれるが，コーヒーノキにおいてはこの酵素は，続くリボースの離脱反応を行うヌクレオシダーゼの活性も有することが報告されている。2回目と3回目のメチル化はカフェインシンターゼが行う。コーヒーノキでは，2回目のメチル化のみを行うテオブロミンシンターゼも存在する。

[†] カフェインとテオブロミン：チャノキの仲間には，カフェインではなく主にテオブロミンを蓄積する種もある。カカオノキもテオブロミンを多く蓄積する。蓄積するプリンアルカロイドの違いは，植物に存在するN-メチルトランスフェラーゼの基質特異性によるものである。テオブロミンを蓄積する種では，カフェインシンターゼではなくテオブロミンシンターゼが存在する。

[†] プリンアルカロイドを含む植物の系統学的位置：チャノキはツバキ科ツバキ属，コーヒーノキはアカネ科コーヒーノキ属，カカオノキはアオイ科カカオノキ属，マテはモチノキ科モチノキ属である（邑田・米倉，2009）。

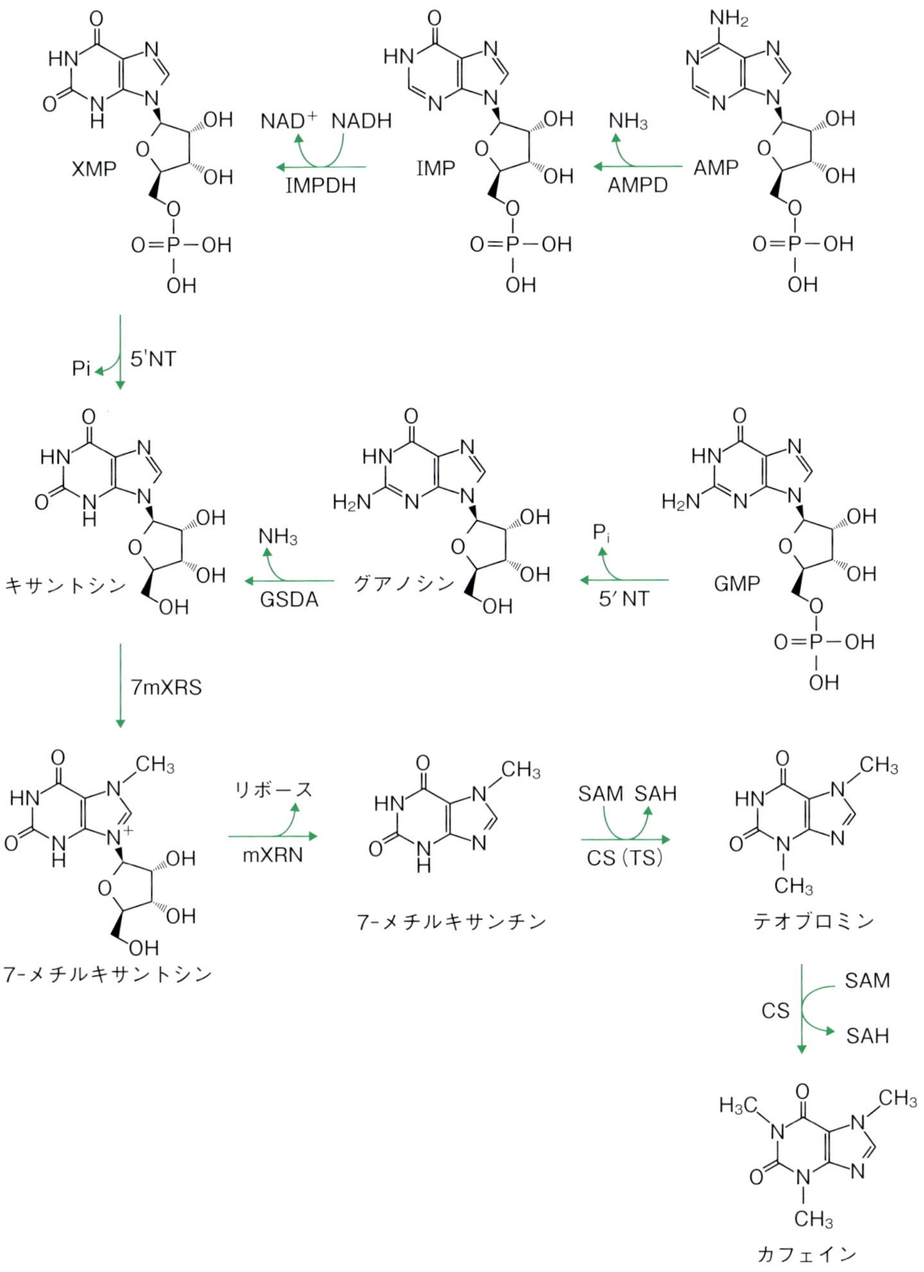

図 8·11　チャノキとコーヒーノキにおけるカフェイン合成経路
AMPD：AMP デアミナーゼ，IMPDH：IMP デヒドロゲナーゼ，5′NT：5′ヌクレオチダーゼ，GSDA：グアノシンデアミナーゼ，7mXRS：7-メチルキサントシンシンターゼ，mXRN：メチルキサントシンヌクレオシダーゼ，CS：カフェインシンターゼ，TS：テオブロミンシンターゼ，SAM：*S*-アデノシルメチオニン，SAH：*S*-アデノシルホモシステイン

8・6　二次代謝産物の機能

　二次代謝産物の役割の1つは，化学防御物質として機能して，動くことのできない植物の身を守ることである。では，何から身を守るのかというと，大きく分けて，環境ストレスと，捕食者や病原菌などの生物に由来するストレスの2つである。太陽から降り注ぐ紫外線は，植物の表皮細胞に存在するフラボノイドによって吸収され，下層の細胞が守られている。また，フェニルプロパノイドやフラボノイドは，細胞内で発生した活性酸素[†]と反応する抗酸化作用をもつ。活性酸素は乾燥ストレスの際に多く発生するため，フェニルプロパノイドやフラボノイドを多く含む植物は乾燥に強くなる。

　捕食者から身を守る役割は，その植物が捕食されたときに，食害を与えた昆虫などにダメージを与える効果がある。植物の二次代謝産物の中には薬効のある化合物も多いが，それは，捕食者を忌避させる効果がある。また，二次代謝産物の多くは細胞の液胞中に存在する。傷害を受けることで，植物が活性のある防御物質を作るケースもある。例えば，図8・12に一般式で示すグルコシノレート (glucosinolate) という物質は，アブラナ目の植物の液胞に蓄積している。

　食害によって細胞が壊されると，サイトゾルに存在するミロシナーゼ（チオグルコシダーゼの1つ）がグルコシノレートに接触して酵素反応が起こり，グルコースが外れてアグリコン[†]となる。アグリコンは不安定なため，非酵素的な反応で主要生成物であるイソチオシアネートが生成する。イソチオシアネートは辛味成分としてよく知られていて，捕食者に対し有効に機能する。同じ

[†] 活性酸素：酸素が反応性の高い状態に変化すると活性酸素となる。ヒドロキシルラジカル（・OH），スーパーオキシドアニオン（O_2^-），過酸化水素（H_2O_2），一重項酸素（$^1O_2$）が主要な活性酸素である。テトラテルペンであるカロテノイドも抗酸化作用をもつ。過酸化水素はカタラーゼやペルオキシダーゼなどの細胞内の酵素によって除去されることが多い。

[†] アグリコン：配糖体から糖が外れた物質の総称である。

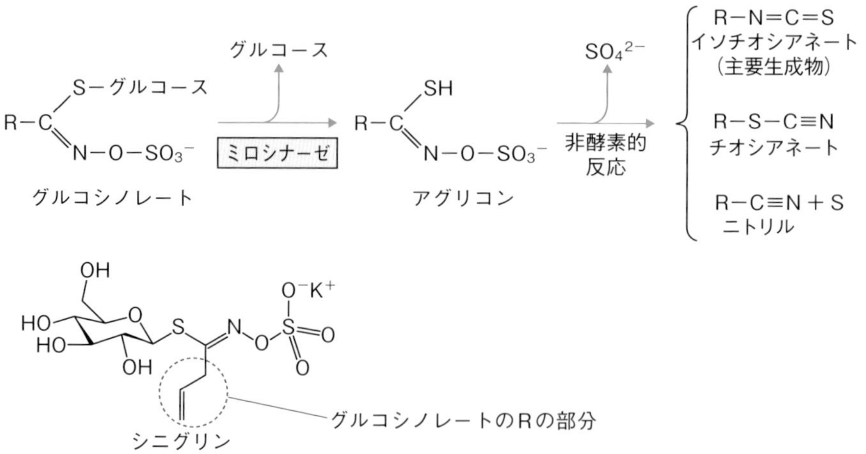

図8・12　グルコシノレートの生成
シニグリンはワサビに含まれる主要なグルコシノレートである。

ようにシアン配糖体（cyanogenic glycoside）も液胞に蓄積され，加水分解酵素がサイトゾルに存在することで空間的隔離がされている例である．例えば，アーモンドやアンズの種子にはアミグダリン（amygdalin）というシアン配糖体が含まれる．植物が傷害を受けるとアミグダリンは加水分解されて糖とアグリコンとなり，不安定なアグリコンからシアン化水素（HCN）が放出される．シアン化水素はミトコンドリアの電子伝達系に関与するシトクロム c 酸化酵素を阻害するため，捕食者が摂取すると死に至る場合がある．

二次代謝産物を用いて捕食者の天敵をよび寄せることで，植物が身を守る現象が知られている．植食性昆虫による食害によって植物から放出される植食者誘導性植物揮発性物質（herbivore-induced plant volatiles, HIPV）は，植食性昆虫の天敵を誘引する効果がある．植食性昆虫の唾液に含まれる成分が，HIPV となる物質の合成を誘導する．HIPV は 1 種類の物質ではなく多彩な化合物群であり，植食性昆虫の種類によってその組成は異なる．HIPV となる化合物としては，揮発性のテルペノイド，シキミ酸経路から合成されるサリチル酸メチルやジャスモン酸メチルなど，ヘキセナールやヘキサノールなどのアル

◆みどりの香り：緑葉をすりつぶしたときに放出される青臭い香りは，「みどりの香り」と呼ばれる．みどりの香りは (Z)-3-ヘキセナールなどの C_6 の揮発性化合物の総称である．みどりの香りは，葉緑体の脂質から遊離脂肪酸である α-リノレン酸（18:3）がリパーゼによって切り出され，酸化されることで合成される．植物がみどりの香りに晒されると，ジャスモン酸およびジャスモン酸関連遺伝子の発現を誘導し，防御応答を強化することが示されている．

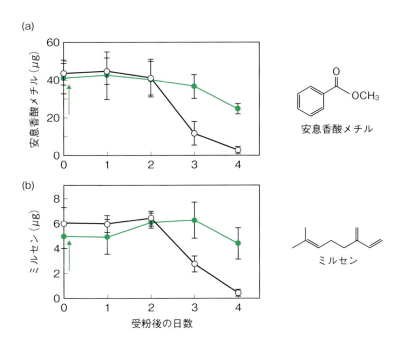

図 8・13 キンギョソウの香気成分の放出に対する受粉の影響
開花後 5 日目のキンギョソウを受粉させた花と受粉させない花に分け，香気成分である安息香酸メチル（a）とミルセン（b）の放出量を調べた．矢印のときに受粉させ，受粉させた花の放出量は○で，受粉していない花の放出量は●で示した．グラフの縦軸の単位は，24 時間に 1 つの花から放出した量（μg）である．受粉によって香気成分の放出は減少することがわかる．安息香酸メチルはフェニルプロパノイドであり，ミルセンはテルペノイドである．（Negre et al., 2003）

†アレロパシー：日本において，外来植物であるキク科植物のセイタカアワダチソウが1960年代から1970年代にかけて，在来種を駆逐して大繁殖したことがある。これは，セイタカアワダチソウがアレロケミカルとして作用する 2-*cis*-デヒドロマトリカリアエステルというポリアセチレン化合物を根から分泌し，周辺の植物の生育を阻害したことによる。また，田畑を区切る畦畔にヒガンバナが植えられていることがある。ヒガンバナが分泌するアレロケミカルであるリコリンというアルカロイドは，キク科植物の生育を阻害するが，イネ科植物への影響は小さく，雑草の防除のためにアレロケミカルを利用している。

コールが知られている。また，HIPVは傷害を受けていない葉や他の個体にシグナルを伝え，化学防御物質の合成を促進させ，防御戦略の強化に貢献する。

植物は繁殖戦略としても二次代謝産物を利用する。アントシアニンのような花色の色素や，花から放出される香りは，受粉を媒介する昆虫を誘引する役割がある。キンギョソウの花の香気成分に含まれる安息香酸メチルとミルセンは，受粉した花では放出量が減少する（図8・13）。二次代謝産物を合成することは植物にとってコストがかかるので，生活環の中で不要となった物質の合成はすみやかに停止すると思われる。

植物が二次代謝産物を放出することにより，周囲の他の植物の成長を阻害することがある。クロクルミはユグロン（juglone，5-ヒドロキシ-1,4-ナフタレンジオン）を配糖体として蓄積している。クルミの実が地表に落ちると，土壌微生物によって配糖体は加水分解され，さらに酸化されてユグロンとなる。配糖体は植物の生育を阻害しないが，ユグロンは他の植物の生育を阻害する。このように，植物から放出される物質が他の生物に影響を及ぼす作用をアレロパシー†（他感作用）と呼び，アレロパシーの効果を有する化合物をアレロケミカルという。チャノキやコーヒーノキに含まれるカフェイン（96ページ参照）も，土壌中で他の植物の生育を阻害するアレロケミカルの活性をもつことが知られている。

第9章　代謝産物の輸送

　米国カリフォルニアのレッドウッド国立公園は，100メートルを超すセコイア（スギの仲間）の樹木が生えていることで有名です。陸上植物がこれほどまでに大きくなることができたのは，植物内での輸送システムが発達し，代謝産物の長距離輸送ができるようになったことが理由の1つです。この輸送システムには，主に同化産物を輸送する**篩部**(しぶ)（phloem）と，水や無機養分を輸送する**木部**(もくぶ)（xylem）が関与しています。また，代謝産物は長距離輸送だけでなく，細胞内でのミクロな移動も必要です。
　本章では，植物内での物質の輸送について解説します。

9·1　篩管輸送

9·1·1　篩管の構造

　植物が光合成産物や栄養塩などの物質を，ある組織から別の組織に輸送することを**転流**（translocation）という。篩部に存在し，転流物質の輸送を行う管を**篩管**（sieve tube）とよぶ。篩管を構成する細胞のうち，**篩要素**[†]（sieve element）は輸送に直接関与する。篩要素は連結して篩管を形成する。被子植物において篩状の領域は側壁にも存在するが，通常は篩要素の両端に篩孔とよばれる大きな孔のある**篩板**（sieve plate）が発達し，篩要素の原形質がつながっている（図9·1）。

　篩要素は生きた細胞であるが，核や液胞膜を失っている。細胞膜は存在するが，ミトコンドリア，色素体，滑面小胞体は変形している。篩要素は細胞として不完全であるので，独立して生きていくことは難しい。篩要素を助けるために，隣接した**伴細胞**（companion cell）が存在する。1つの細胞が分裂して篩要素と伴細胞に分かれることが知られている。伴細胞と篩要素の間は多数の原形質連絡でつながり，活発な物質交換を行っている。伴細胞は篩要素が失った代謝機能を補い，細胞が生きていくために必要な物質を篩要素に送り込んでいる。

　篩要素には構造タンパク質である**P-タンパク質**[†]（phloem-protein）が存在する。P-タンパク質は篩要素が傷ついたときに迅速に篩板の孔を塞ぎ，篩管液

[†] **篩要素**：篩要素とは，被子植物に存在する高度に分化した**篩管要素**（sieve tube element）と，裸子植物に存在する分化の程度が低い**篩細胞**（sieve cell）を含めた名称である。裸子植物の篩細胞には篩板はない。

[†] **P-タンパク質の変異体**：P-タンパク質は *SEO*（sieve element occlusion）遺伝子ファミリーにコードされている。シロイヌナズナにおいて，P-タンパク質が減少した変異体を作出した。この変異体は，傷害を受けると，野生型に比べておよそ2倍の光合成産物が流出した（Jekat *et al.*, 2013）。

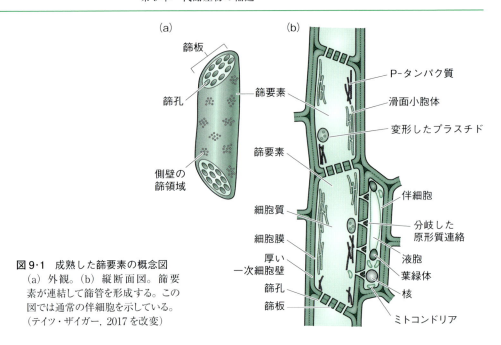

図 9·1 成熟した篩要素の概念図
(a) 外観。(b) 縦断面図。篩要素が連結して篩管を形成する。この図では通常の伴細胞を示している。
(テイツ・ザイガー, 2017 を改変)

(phloem sap) の流出を防ぐ。傷害を受けてからさらに時間が経つと、細胞膜に局在するカロース合成酵素によって主成分が β-1,3-グルカンである**カロース**(callose) が合成され、細胞膜と細胞壁の間に蓄積して傷害を受けた篩要素を周辺の正常な篩要素から隔離する。

9·1·2 転流される物質

篩管液には、転流される物質が溶解している。**表 9·1** にヒマの篩管液[†]の主な成分を示すが、糖質の濃度が高いことがわかる。光合成によって合成された炭素化合物の多くはスクロースとして転流される。グルコースやフルクトースなどの還元糖は、ケトンやアルデヒド基をもつため反応性が高く、転流物質に適さないため、安定なスクロースを輸送すると考えられる。スクロース以外

†篩管液の採取方法：吸汁性昆虫のアブラムシを用いて篩管液を採取する方法がある。植物の篩管液を吸っているアブラムシの口針をレーザーで切断する。口針の切断面から浸出する篩管液を採取し、分析することで、篩管液に含まれる物質を知ることができる。技術的には難しいが、アブラムシは1つの篩要素から吸汁するため、篩管液を正確に分析するのに適した方法である。

表 9·1 ヒマ (*Ricinus communis*) の篩管液の組成

組成	濃度 (mg mL^{-1})
糖質	80.0 〜 106.0
アミノ酸	5.2
有機酸	2.0 〜 3.2
タンパク質	1.45 〜 2.20
塩素	0.355 〜 0.675
リン酸	0.350 〜 0.550
カリウム	2.3 〜 4.4
マグネシウム	0.109 〜 0.122

(Hall & Baker, 1972 を改変)

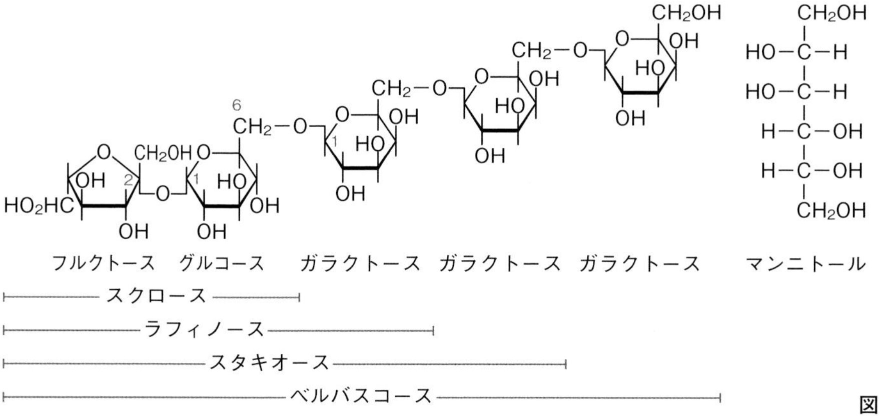

フルクトース　グルコース　ガラクトース　ガラクトース　ガラクトース　マンニトール

├──── スクロース ────┤
├────── ラフィノース ──────┤
├──────── スタキオース ────────┤
├────────── ベルバスコース ──────────┤

図 9・2 篩管液に含まれる糖

にも，オリゴ糖である**ラフィノース**（raffinose），**スタキオース**（stachyose），**ベルバスコース**（verbascose）や，糖アルコールである**マンニトール**（mannitol）などが転流物質として知られている（**図 9・2**）。植物種によって，篩管液に含まれる糖質の主成分は異なる。

篩管液には窒素化合物として，グルタミン酸，グルタミン，アスパラギン酸，アスパラギンが多く含まれる。その他，有機酸や植物ホルモン，塩素，リン酸，カリウム，マグネシウムなどの無機物が含まれる。

◆ FT タンパク質の輸送：篩管は糖以外の重要な物質も輸送する。FT タンパク質はソース葉の伴細胞で作られ，篩管で輸送されて茎頂での花成を誘導する。

9・1・3　篩部への積み込みと積み下ろし

植物体の中で，光合成産物を他に与える器官を**ソース**（source），糖を受け取る器官を**シンク**（sink）とよぶ。根は光合成をしないので植物の一生を通して常にシンクである。若い葉は，最初は成熟葉から糖を受け取るシンクであるが，発達するにつれて，他の器官に糖を与えるソースとなる。このように，シンクとソースは固定されたものではなく，流動的である。ソースから篩要素への糖の輸送を**篩部への積み込み**（phloem loading），篩要素からシンクへの糖の輸送を**篩部からの積み下ろし**（phloem unloading）とよぶ。積み込まれた糖が転流するしくみは，ソースとシンクの圧力勾配であると考える**圧流説**（pressure-flow model）で説明することができる。

植物内での水の移動を考えるときに，水ポテンシャル（Ψ_w）を使って考えてみたい。水ポテンシャルとは水自体がもつ圧力であり，次の式で表すことができる。

$$\Psi_w = \Psi_s + \Psi_p + \Psi_g$$

Ψ_s は浸透ポテンシャル（浸透圧の逆符号），Ψ_p は静水圧ポテンシャル（細胞

内の正の静水圧は膨圧とよばれる)．Ψ_g は重力ポテンシャル（基準状態の水からの高さ，水の密度，重力加速度に依存する）である．このうち，細胞間の重力ポテンシャル（Ψ_g）は無視できるほど小さい．従って，水ポテンシャル（Ψ_w）は次の式で表すことができる．

$$\Psi_w = \Psi_s + \Psi_p$$

水は水ポテンシャルの高いところから低いところへ流れていく．ソース器官では，篩要素に糖などの溶質が積み込まれて糖の濃度が上昇し，浸透ポテンシャル（Ψ_s）が低下する．そのため，水ポテンシャル（Ψ_w）も低下して水が篩要素に流入して，静水圧ポテンシャル（Ψ_p）が上昇する．篩部からの積み下ろしが起こる場合は，篩要素の糖の濃度が低下し，浸透ポテンシャル（Ψ_s）が上昇する．篩部の水ポテンシャル（Ψ_w）が木部よりも高くなるため，水は篩部から流出する．このように，篩管には静水圧ポテンシャル（Ψ_p）の勾配ができ，ソースからシンクへ向かう水溶液の流れが生じ，転流が起こる（**図9・3**）．

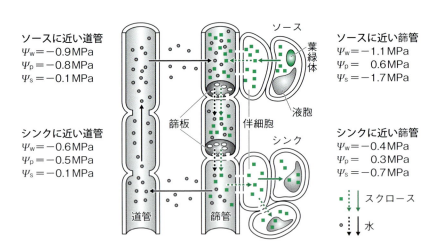

図9・3　篩部転流の圧流説に基づく模式図
（西谷，2011を改変）

†**アポプラストを経由する篩部への積み込み**；ソースから伴細胞への輸送は，アポプラスト経由であることが多いと考えられている．シロイヌナズナには，篩部にスクロース-H^+共輸送体の SUC2 が局在する．SUC2 をコードする遺伝子を破壊した変異体は，葉に過剰のデンプンを蓄積し，ソースから根や花への糖の長距離輸送を阻害する結果が得られている (Gottwald et al., 2000)．

篩部への積み込みはアポプラストを経由する場合と，シンプラストを経由する場合がある（**図9・4**）．**アポプラスト**とは，植物組織の細胞膜よりも外側の細胞壁や細胞間隙の領域である．**シンプラスト**は，細胞膜よりも内側の領域であり，隣接した細胞どうしは原形質連絡で結ばれている．アポプラストを経由する積み込みで輸送される糖としてスクロースが知られている．スクロース-H^+共輸送体がアポプラスト経由の篩部への積み込み†に関与する．細胞膜

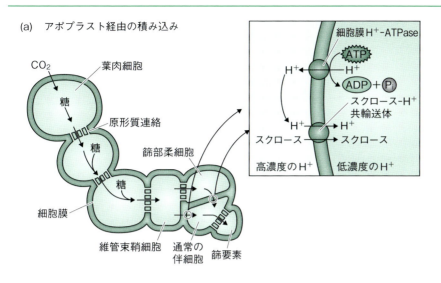

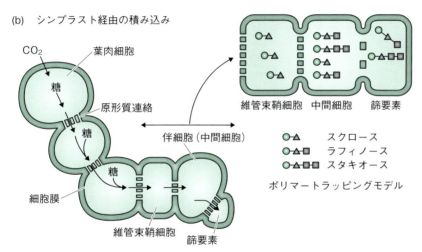

図 9・4　篩部への積み込み
(a) アポプラスト経由の篩部への積み込みの模式図。光合成産物である糖は，原形質連絡によりシンプラスト経由で伴細胞に隣接した細胞まで移行する。伴細胞に入るときに，アポプラスト経由で移行する。伴細胞の細胞膜には H^+-ATPase とスクロース-H^+ 共輸送体が存在する。(b) シンプラスト経由の篩部への積み込みの模式図。糖は，葉肉細胞から伴細胞を通り，篩要素にたどり着くまで，原形質連絡によるシンプラスト経由で移行する。ポリマートラッピングモデルを併せて示す。(テイツ・ザイガー，2017 を改変)

にある H^+-ATPase が H^+ を細胞からアポプラストに放出し，このエネルギーを用いてアポプラストから H^+ とスクロースが細胞内に取り込まれる。アポプラストを経由する篩部への積み込みを行う植物では，通常の伴細胞の他に輸送細胞（transfer cell）とよばれる伴細胞が観察されることがある。輸送細胞は通常の伴細胞に似ているが，細胞壁が突起状に細胞内部に向けて肥厚している。そのため，細胞膜の表面積が増大し，溶質が細胞膜を通過しやすくなる。

ウリ科植物ではシンプラストを経由して篩部への積み込みを行うことが知られている。この経路で輸送される糖は，スクロースに加えてラフィノースやスタキオースなどである。伴細胞は特殊化した**中間細胞**（intermediary cell）に発達している。中間細胞は溶質をシンプラスト経由で取り込むことに適した細胞で，維管束鞘細胞との間に多数の原形質連絡をもつ。シンプラスト経由の積み込みは，葉肉細胞から篩要素への原形質連絡を通じた拡散によって起こるが，単なる拡散では特定の糖を濃度勾配に逆らって篩要素に輸送するのは不可能である。**ポリマートラッピングモデル**（polymer-trapping model）によって，濃度勾配に逆行した篩部への積み込みを説明することができる。葉肉細胞で合成されたスクロースは維管束鞘細胞から中間細胞に原形質連絡によって拡散する。中間細胞にはラフィノース合成酵素やスタキオース合成酵素が存在し，中間細胞でラフィノース†とスタキオースが合成され，篩要素に拡散する。維管束鞘細胞と中間細胞の原形質連絡の通路は狭く，分子の大きさが小さいスクロースは通過できるが，スクロースよりも大きいラフィノースとスタキオースは通過できず，篩要素に移動する。また，スクロースや糖アルコールを輸送するある種の樹木では，受動的なシンプラスト経由の積み込みが行われている。ソース葉の糖の濃度が高い場合は，濃度勾配により多数の原形質連絡を通って，糖は篩要素に受動的に積み込まれる。このように篩部への積み込みのタイプは，アポプラスト経由，ポリマートラッピングモデルによるシンプラスト経由，受動的なシンプラスト経由の3つが知られているが，植物種によっては，同時に複数の方法で積み込みを行うことが明らかになっている。

　ソースから篩部を通って移行してきた糖は，シンクに運び込まれる。このときの篩部からの積み下ろしも，シンプラスト経由の場合とアポプラスト経由の場合がある。多くのシンク組織ではシンプラスト経由の積み下ろしが行われている。しかし，発達中の種子においては胚と親植物の間にシンプラストの連結が存在しないので，アポプラスト経由で胚に物質が送られる。アポプラストを経由することは細胞膜を2回通過することであり，この過程で，胚への物質輸送の制御を可能としている。

†ラフィノース：ラフィノースはビート（サトウダイコンまたはテンサイともよばれている）に多く含まれている。ビートから精製されたラフィノースは天然のオリゴ糖として，市販されている。

9・2　道管輸送

9・2・1　水の吸収

　水は表皮細胞が変形した**根毛**（root hair）から吸収される。根毛により根の表面積を増やし，効率よく水を吸収している。水と共に土壌中の無機イオンな

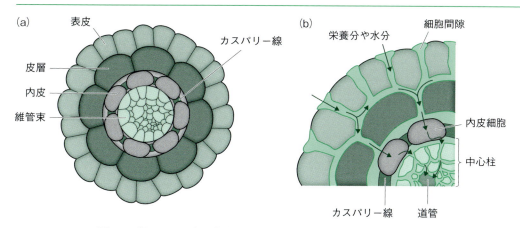

図 9·5 根における水の移動
(a) 根の断面図, (b) 道管への水の流入 (Grebe, 2011 を改変)

ども吸収される。表皮から内皮までの水の移動には，アポプラスト経由，シンプラスト経由，膜を横断する経路の 3 つがある。内皮の細胞壁には**カスパリー線**[†](Casparian strip) とよばれる帯状の構造がある（**図 9·5**）。カスパリー線は，リグニンやスベリン[†](suberin) などの疎水性物質から構成され，細胞間の隙間を完全に閉鎖する。そのため吸収した水はカスパリー線より内部のアポプラストに浸入することができず，内皮細胞の中に入り，さらに内側の道管にたどり着く。

† **カスパリー線の発見**: 1865 年にロバート・カスパリーによって発見されたため，後にカスパリー線とよばれるようになった。

† **スベリン**: 芳香族化合物の重合体と脂肪族化合物の重合体から構成される。

9·2·2 道管と仮道管

木部には**仮道管**(tracheid) と**道管**（vessel）が存在する（**図 9·6**）。篩管とは異なり，道管と仮道管はプログラム細胞死により細胞壁のみが残った中空の死んだ細胞である。仮道管はすべての維管束植物にあるが，道管は被子植物と一部の裸子植物，シダ植物に存在する。仮道管は細長い紡錘形の細胞で，側壁に多くの**壁孔**（pit）がある。水は壁孔を通って流れていく。壁孔は隣接した仮道管の壁孔と向かい合って，**壁孔対**（pit pair）を形成している。壁孔対の間には水を通す**壁孔膜**（pit membrane）がある。針葉樹では仮道管の壁孔膜の中心は肥厚していて，**トールス**（torus）とよばれる。細胞内で気泡が発生したキャビテーションとよばれる状態になると，トールスは壁孔を閉じ，隣の仮道管に気泡が移動するのを防いでいる。道管は仮道管よりも短く太い**道管要素**（vessel element）が積み重なって管状構造を形成している。末端に

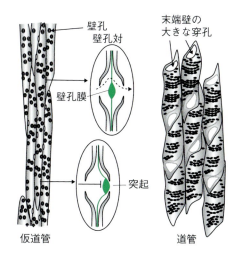

図 9·6 道管と仮道管
（西谷, 2011 を改変）

は穿孔のある**穿孔板**（perforation plate）がある。

道管での水の移動の原動力は**根圧**（root pressure）と**蒸散**（transpiration）である。道管液の溶質の蓄積は木部の浸透ポテンシャル（Ψ_s）を低下させ，その結果，水ポテンシャル（Ψ_w）も低下する。この水ポテンシャル（Ψ_w）の低下が，水を吸収する力となる。蒸散が活発に行われている場合は，溶質は水と共に輸送されて蓄積しないため，根圧は低下する。蒸散部位で水ポテンシャル（Ψ_w）が低下することで，水は植物内を上昇する。

9・3 細胞内輸送

植物が生きていくためには，篩管や道管による代謝産物や無機イオンの長距離輸送だけでなく，細胞内での輸送も重要である。生体膜には，それぞれの基質に応じた**輸送タンパク質**（transport protein）が存在し，物質輸送を担っている。輸送タンパク質は，**チャネル**（channel），**ポンプ**（pump），**キャリアタンパク質**（carrier protein）に分けることができる。

チャネルは膜貫通型のタンパク質で，特定の物質を通過させる孔をもつ。この孔の開閉は膜電位の変化や光などによって制御される。チャネルの多くは，イオンの輸送に関与する。また，水を選択的に透過させる**アクアポリン**（aquaporin）もチャネルの1つである。

ATPの加水分解や酸化還元反応などのエネルギーを用いて一次能動輸送を行う膜タンパク質をポンプとよぶ。ATPを加水分解してH$^+$を輸送するH$^+$-ATPaseは細胞膜や液胞膜に存在する主要なポンプである。

キャリアタンパク質は膜を貫通する孔をもたない。特定の物質とキャリアタンパク質が結合するとタンパク質の構造が変化し，膜の反対側に結合した物質を放出する。キャリアタンパク質による輸送には受動的な輸送と，1つの物質の勾配に逆らった輸送が別の物質の勾配に従った輸送と共役する二次能動輸送がある。二次能動輸送は，2つの物質が同じ方向に移動する**共輸送**（symport）と，反対の方向に移動する**対向輸送**（antiport）に分けることができる。サイトゾルのpHが中性で，液胞のpHが酸性であることを考えると，H$^+$の**共輸送体**（symporter）はサイトゾルへの物質の取り込みに関与し，H$^+$の**対向輸送体**（antiporter）はサイトゾルからの排出に関与する。例えば，細胞外からサイトゾルにNO$_3^-$，PO$_4^{3-}$，K$^+$，スクロースなどを取り込むのは共輸送体である。サイトゾルから液胞にCa^{2+}，Mg^{2+}，ヘキソース，スクロースなどを取り込むのは対向輸送体である。

◆ ABC（ATP-binding cassette）輸送体：多くのポンプは無機イオンを輸送するが，ATPの加水分解のエネルギーを用いて低分子の有機化合物を輸送する一次能動輸送を行うABC輸送体と呼ばれるポンプがある。ABC輸送体は生物界全般に存在して，大きな遺伝子ファミリーを形成している。シロイヌナズナには130のABC輸送体の遺伝子が存在する。植物では，オーキシンなどの植物ホルモン，クチンなどの脂質，二次代謝産物のニコチンやベルベリンなど，多様な物質の輸送体として機能している（Kang et al., 2011）。

第10章　植物ホルモン

　多細胞生物である植物が一定の形を維持して生きていくためには，細胞，組織，器官の間で情報交換をする必要があります。この情報交換は化学物質によって仲介され，その化学シグナルは**植物ホルモン**（plant hormone）あるいは分泌性ペプチドとして植物のいろいろな部分から放出されて，成長や代謝，形態形成を調節しています。一般に化学シグナルは受容体とよばれるタンパク質に結合し，受容体は他のタンパク質を活性化し，細胞内のシグナル分子である**セカンドメッセンジャー**（second messenger）を使って，作用部位で反応を引き起こします。

　本章では，低分子物質である植物ホルモンに加え，情報伝達物質として機能する分泌性ペプチドについて紹介します。花成に重要な役割を果たすFTタンパク質については，第11章で解説します。

10・1　オーキシン

10・1・1　オーキシンの発見

　オーキシンの発見に至る過程は，19世紀に植物が光に向かって屈曲する**光屈性**（phototropism）に関心を寄せたチャールズ・ダーウィン（進化論の提唱者と同一人物）と息子のフランシス・ダーウィンの1880年の実験から始まる（図10・1）。ダーウィン親子は，カナリーグラス（*Phalaris canariensis*）やマカラスムギ（*Avena sativa*）というイネ科植物の**幼葉鞘**†（coleoptile）に包まれた芽生えを用いて実験を行った。彼らは，芽生えの先端が光の刺激を受け取り，その信号が成長領域に伝わることで，光の方向に対する屈曲が起こると考えた。そのおよそ30年後に，ボイセン-イェンセンは，マカラスムギの芽生えに水を通さない雲母片や水を通すゼラチンを挟む実験を行い，光によって芽生えの先端が受け取った信号はゼラチンを通過することを示した。1919年に，パールは，芽生えの先端を切り取り，片側に乗せることで，光をあてなくても先端を乗せない方向に芽生えが屈曲することを示した。1926年に，ウェントは，芽生えの先端をゼラチンの上に置き，先端からゼラチンに下降する何かを吸収させた。そのゼラチン片を先端が切断された芽生えの片側に乗せると，光がな

†**幼葉鞘**：子葉鞘ともよばれる。イネ科植物の発芽時に最初に地上に現れる子葉の一部である。円筒状の鞘で，第一葉を保護している。幼葉鞘にはクロロフィルやカロテノイドは存在しない。

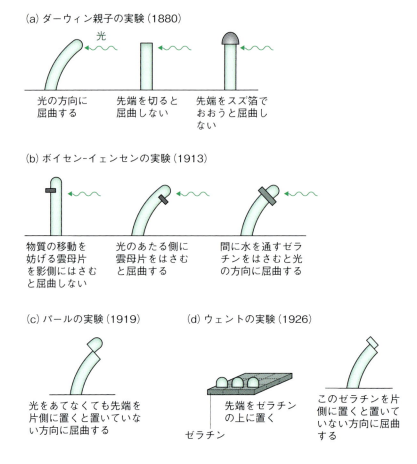

図10・1　オーキシンに関する初期の研究

くても屈曲が起こることがわかった。屈曲の角度は，ゼラチンの上に置いた芽生えの数と相関があり，アベナ屈曲試験として，成長促進物質の活性を測定する方法が編み出された。つまり，ゼラチンに含まれているのは芽生えの先端が作る成長促進物質であると考えることができる。その本体はわからないまま，ギリシア語で成長を意味するauxeinにちなみ，やがて，この成長促進物質は**オーキシン**（auxin）とよばれるようになった。その後，さまざまな生体試料の抽出物をアベナ屈曲試験に供することで，成長促進物質として**インドール3-酢酸**（indole-3-acetic acid，**IAA**）を同定した。植物ではトウモロコシの未成熟な種子からIAAが初めて同定され，その後，コケ植物から種子植物まで普遍的にIAAが含まれ，植物ホルモンとして機能することが明らかとなった。

◆**車軸藻におけるオーキシンの存在**：車軸藻植物のクレブソルミディウム（*Klebsormidium flaccidum*）にもオーキシンの合成酵素の遺伝子が存在することが，ゲノム解析により明らかになった。また，実際に，オーキシンが存在することも確認されている。その一方で，TIR1を介した情報伝達経路が存在しないことが示唆されている（堀・太田，2016）。

10・1・2　オーキシンの構造と合成

図**10・2**にオーキシン関連物質の構造を示す。植物に含まれる天然オーキシ

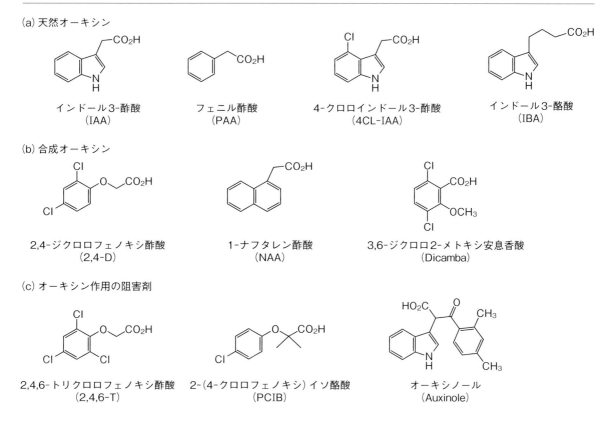

図10・2 オーキシン関連物質の構造
(浅見・柿本, 2016 を改変)

ンはIAAであるが, この他にもフェニル酢酸 (PAA), 4-クロロインドール3-酢酸 (4CL-IAA), インドール3-酪酸 (IBA) などが知られている。オーキシンと同じ作用をもつ化合物が人工的に合成され, 植物の組織培養を行う際に添加したり, 除草剤として用いられている。合成オーキシンはインドール環をもたないが, オーキシンの作用を有する。合成オーキシンである2,4-ジクロロフェノキシ酢酸 (2,4-D) の誘導体である2,4,6-トリクロロフェノキシ酢酸 (2,4,6-T) や2-(4-クロロフェノキシ)イソ酪酸 (PCIB) は, オーキシンの作用を阻害することで知られている。オーキシノールは後述のTIR1オーキシン受容体に結合することでオーキシンの作用を阻害する。

IAAは植物内で複数の経路で合成されると推定されているが, 図10・3の中央部分に示すトリプトファンからの合成経路が, 植物に共通の主要な経路だと考えられている。トリプトファンはトリプトファンアミノ基転移酵素 (TAA) によってアミノ基が外れインドール3-ピルビン酸 (IPA) となり, フラビンモノオキシゲナーゼ (YUCCA) により酸化的脱カルボキシル化が行われ, IAA

◆オーキシン合成酵素の阻害剤；TAAの阻害剤としてキヌレニン, YUCCAの阻害剤として4-フェノキシフェニルホウ酸が知られている。

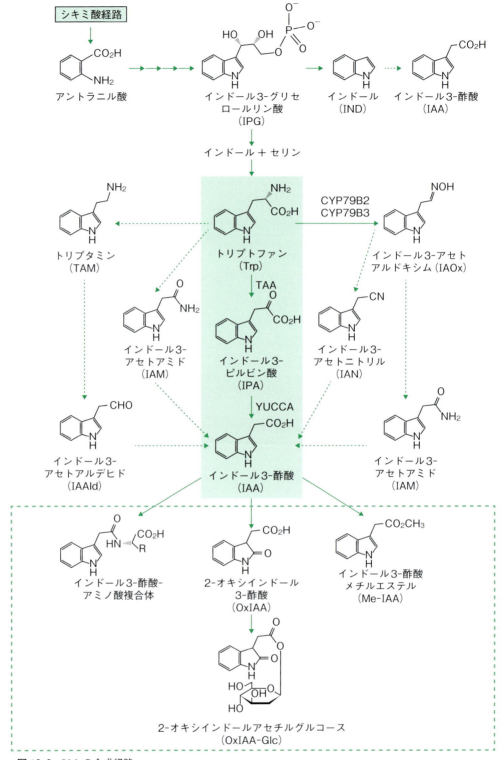

図10・3　IAAの合成経路

色付きの部分が陸上植物に共通した主要経路と考えられている．点線の矢印は，植物に存在する可能性はあるが，IAAの合成との関係が証明されていない反応である．破線内は不活性型のIAAを示す．TAA：トリプトファンアミノ基転移酵素，YUCCA：フラビンモノオキシゲナーゼ．（浅見・柿本，2016を改変）

が合成される。シロイヌナズナでは，インドール3-アセトアルドキシム（IAOx）を経由して合成される経路も作動していると考えられている。IAAはトリプトファンを経由しない経路でも合成される。トウモロコシの*orp*（orange pericarp）変異体は，インドールとセリンを縮合するトリプトファンシンターゼの遺伝子に変異が入っている。そのため，トリプトファンを合成することができず，細胞内にはトリプトファンの前駆体であるアントラニル酸とインドールを蓄積している。しかし，この変異体はIAAを含有することから，トリプトファンを経由しないIAA合成経路が機能すると推定される。

　カルボキシ基が修飾を受けることで，IAAは不活性化される。IAAのカルボキシ基にアラニンやロイシンが結合したインドール3-酢酸-アミノ酸複合体は，IAAを一時的に不活性化して貯蔵するための形態だと思われる。しかし，アスパラギン酸やグルタミン酸と結合した複合体はIAAに戻ることはなく分解される。また，IAAのカルボキシ基がメチル化されたインドール3-酢酸メチルエステルも貯蔵型のIAAの1つだと考えられている。一方で，酸化されて2-オキシインドール3-酢酸（OxIAA）になると，通常は分解されるが，シロイヌナズナではOxIAAにグルコースが結合した2-オキシインドールアセチルグルコース（OxIAA-Glc）に代謝されることもある。

10・1・3　オーキシンの生理作用と輸送

　成長ホルモンとしてのオーキシンの作用は発生の制御に関わるものであり，多岐にわたる。胚発生，器官形成，維管束形成，**頂芽優性**（apical dominance），屈性などである。このような作用は，オーキシンの輸送によって作られるオーキシンの濃度勾配に深く関与している。

　オーキシンは方向性をもった極性輸送をすることが知られていた。**図10・4**の模式図に示すような簡単な実験から，オーキシンが頂端から基部に移動することが示されていた。この極性輸送に関与する輸送体として，PIN，AUXが明らかになっている（**図10・5**）。

　天然オーキシンであるIAAは解離定数（pK_a）が4.75の弱酸であり，pHが5.5のアポプラストではIAAHとIAA$^-$が平衡状態になっている。細胞内のpHは7.0であるため，IAAはIAA$^-$として存在する。IAAHは拡散により細胞膜を通過して細胞内に入ることが可能である。また，細胞外のIAA$^-$は細胞膜に存在する共輸送体AUX1によって細胞内に取り込まれる。AUX1は細胞の上側の細胞膜に局在する。細胞内のIAA$^-$は負電荷をもつため，拡散により細胞膜を通過することはできない。IAA$^-$は細胞の下側の細胞膜にあるPINに

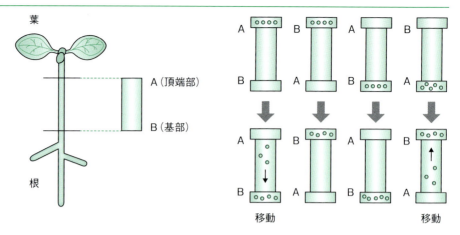

図 10·4　オーキシンの極性輸送
茎を切り出してオーキシンを含む寒天片と含まない寒天片を両端に置く。オーキシンは，頂端から基部に向かう方向で輸送されることが示された。

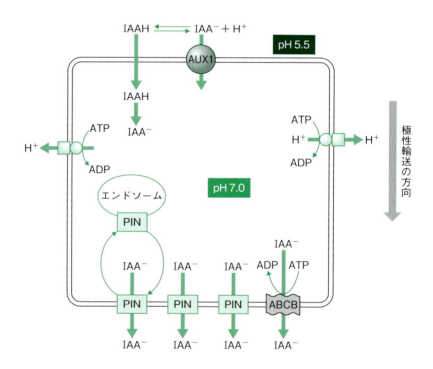

図 10·5　オーキシンの極性輸送のモデル

† *pin1* 変異体：花や葉を失い，茎が針状になるシロイヌナズナの *pin1*（*pin-formed 1*）変異体が 1991 年に単離された。*pin1* 変異体ではオーキシンの極性輸送が阻害されていることがわかり，この変異体の解析から PIN1 の構造と機能が明らかになった。

よって細胞外に排出される（図 10·5）。シロイヌナズナには PIN1[†]から PIN8 までの 8 個の PIN タンパク質が存在し，異なる組織で発現している。一部の PIN はエンドソームに存在し，IAA$^-$ を輸送することで細胞内の IAA$^-$ の濃度を調節している。IAA$^-$ の排出には PIN の他に ABC トランスポーターである ABCB も関与する。ABCB は PIN と協調して効率的に IAA$^-$ を排出すると考

えられる。

地上部では，IAAはシュートの先端の**茎頂分裂組織**（shoot apical meristems）や葉で合成される。合成されたオーキシンはPIN1によってシュートから根に向かって垂直に輸送される。PIN3は横方向の輸送に関係し，水平方向に広がったIAAを維管束柔組織へ戻している。また，IAAは**根端分裂組織**（root apical meristems）でも合成される。根端のIAAの再循環ではさらに多くのPINが機能している（**図10·6**）。根冠の中央部には**コルメラ**（columella）細胞がある。この細胞の中にはデンプンを含むアミロプラストがあり，**平衡石**（statolith）とよばれる重力センサーとして機能する。根を横にするとコルメラ細胞内のPIN3が下側の細胞膜に局在するようになり，上側の表層に存在するPIN2は分解される。PINの局在が変化することでIAAは根冠の下部に集まり，高い濃度のIAAは根の成長を阻害するため重力屈性という現象が観察される。

光屈性には**フォトトロピン**（phototropin）という青色光受容体タンパク質が関与すると考えられている。フォトトロピンは細胞膜の細胞質側の表面に結合して存在する。青色光の受容によりフォトトロピン1（phot1）は自己リン酸化され，一部が細胞膜から遊離することで活性化する。phot1はABCトランスポーターのPGPの1つであるABCB19をリン酸化することでIAAの輸送を阻害する。そのため光があたっていない側の細胞が伸長し，光の方向に芽生えは屈曲する。

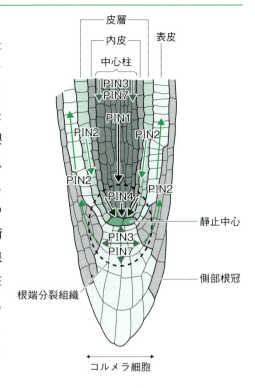

図10·6 シロイヌナズナ根におけるIAAの再循環
（Michniewicz et al., 2007を改変）

10·1·4 オーキシンの受容と応答

オーキシン応答遺伝子の上流にはARF（auxin responsive factor）という二量体の転写因子が結合している（**図10·7**）。ARFは，オーキシン濃度が低い場合は阻害因子であるAux/IAAとドメインどうしが結合し，転写は抑制されている。オーキシン濃度が高くなると，オーキシンはF-boxタンパク質†である受容体**TIR1**（transport inhibitor response 1）に結合する。TIR1はSCF複合体を構成するタンパク質の1つであり，SCF$^{TIR/AFB}$はE3ユビキチンリガーゼとして機能する。オーキシンはTIR1とAux/IAAのタンパク質間の疎水結合による相互作用を促進し，Aux/IAAはユビキチン化され，26Sプロテアソームで分解される。Aux/IAAの分解により転写の抑制が解除され，転写

† F-boxタンパク質ファミリー：約60個のアミノ酸から構成されるF-box領域をもつタンパク質のファミリーであり，多くの生物に存在する。シロイヌナズナには694遺伝子，イネでは687遺伝子と，大きな遺伝子ファミリーを形成している。F-boxタンパク質はSkp1（suppressor of kinetochore protein1），Cullin，Rbx1（ring-box 1）とSCF複合体を形成する。SCF複合体はE3ユビキチンリガーゼであり，F-boxタンパク質と結合したタンパク質をE2ユビキチン結合酵素によりポリユビキチン化するための反応の場となる。

(a) オーキシン濃度が低い場合

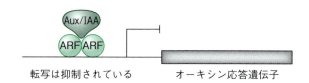

転写は抑制されている　　オーキシン応答遺伝子

(b) オーキシン濃度が高い場合

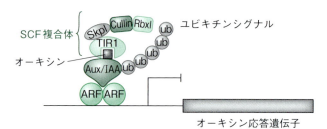

オーキシンはSCF複合体のTIR1と結合し，
オーキシンが分子接着剤となりAux/IAAとTIR1が相互作用を起こす。
SCF複合体によりAux/IAAはユビキチン化される。

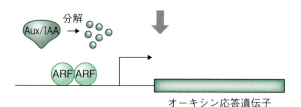

ユビキチン化されたAux/IAAは分解されるため，転写の抑制が解除され
ARFによって転写が起こる。

図10・7　オーキシンのシグナル伝達機構

†シロイヌナズナにおけるオーキシンによる制御の多様性：シロイヌナズナのゲノムにはTIR1/AFB受容体の遺伝子が6種類存在することは本文中に述べたが，Aux/IAA遺伝子は29種類，ARF遺伝子は23種類が存在する（Chapman & Estelle, 2009）。このような多種類の調節タンパク質の組み合わせによって，制御機構が多様化している。

因子ARFが働いてオーキシン応答遺伝子が転写される（図10・7）。TIR1の他にもそのファミリー遺伝子であるAFB1-5（auxin-signaling F box protein）の計6種のF-boxタンパク質がオーキシン受容体として機能することが知られている[†]。オーキシン応答遺伝子の1つに，Aux/IAAをコードする遺伝子がある。オーキシン濃度が高まるとAux/IAAが増加し，再び，オーキシン応答遺伝子の転写を抑制するしくみになっている。

オーキシン応答遺伝子の1つに**SAUR**（small auxin up RNA）遺伝子がある。SAURタンパク質はリン酸化されて活性をもつ細胞膜のH^+-ATPaseを脱リン

酸化するホスファターゼを阻害する。そのためH^+-ATPase が活発に H^+ を細胞外に放出することで細胞壁が酸性化し，細胞壁の緩みが生じて細胞が伸長すると推察されている。

10・2　ジベレリン

10・2・1　ジベレリンの発見

イネが馬鹿苗病という病気にかかると異常な徒長（草丈が長くなること）を示すことが知られていた。この病気はカビの一種である *Gibberella fujikuroi* の寄生によって起こる。1926 年に黒澤英一は，このカビの培養濾液がイネの徒長を引き起こすことを示した。1938 年にこの原因となる物質が培養濾液から結晶化され，**ジベレリン**（gibberellin, **GA**）と名付けられた。その後ジベレリンの類縁体は植物にも存在することがわかり，植物の成長ホルモンとして認知されて研究が進展した。

10・2・2　ジベレリンの構造と合成

ent-ジベレラン構造を基本骨格とする化合物をジベレリンと定義する。130 種類以上のジベレリンが報告されているが，主要な活性型のジベレリンは GA_1 と GA_4 である（図 10・8）。

ジベレリンはテルペノイドの一種である。色素体の MEP 経路で合成された C_{20} のゲラニルゲラニルピロリン酸（GGPP）から合成される（図 10・9）（86 ページ参照）。GGPP は *ent*-コパリル二リン酸となり，さらに閉環して *ent*-カウレンとなる。*ent*-カウレンは色素体から小胞体に移動し，小胞体膜上でシトクロム P450 モノオキシゲナーゼにより GA_{12} に変換される。GA_{12} が最初に合成されるジベレリンであり，他のジベレリンの前駆体となる。GA_{12} の C-13 位がヒドロキシル化されると GA_{53} となる。サイトゾルにおいて GA_{12} は活性

◆ **矮性**（dwarf）: 植物の草丈が低い形質を矮性とよぶ。矮性の品種は倒れにくく，栄養が種子や果実に行き渡り，収穫量が増えるため，農業では重要視されている。ジベレリンの合成阻害剤は草丈を低くする矮化剤として使用されている。AMO1618 などの第四級アンモニウム塩系の化合物は *ent*-コパリル二リン酸合成酵素を阻害し，ウニコナゾールなどの窒素を含む環状化合物は *ent*-カウレン合成酵素を阻害することで矮化剤として働く。また，メンデルが遺伝の法則を発見したときに使用した矮性のエンドウは，ジベレリン合成酵素遺伝子の変異体であることが判明している。

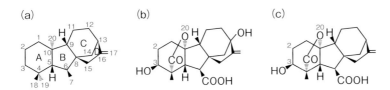

図 10・8　ジベレリンの構造
(a) *ent*-ジベレラン構造　(b) ジベレリン A_1（GA_1）　(c) ジベレリン A_4（GA_4）
発見された順に番号を付けてよばれている。

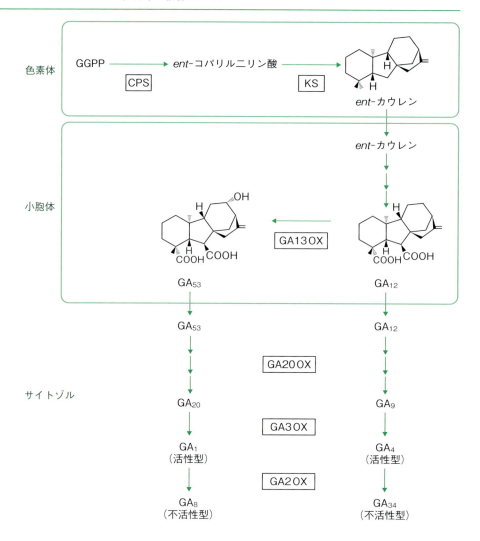

図 10·9 ジベレリン合成経路の概略
GGPP：ゲラニルゲラニルピロリン酸，CPS：ent-コパリル二リン酸合成酵素，KS：ent-カウレン合成酵素，GA13OX：GA13酸化酵素，GA20OX：GA20酸化酵素，GA3OX：GA3酸化酵素，GA2OX：GA2酸化酵素

型の GA_4 となり，GA_{53} は活性型の GA_1 になる。C-2 位をヒドロキシル化する GA2 酸化酵素により，GA_4 は不活性型の GA_{34} となり，GA_1 は不活性型の GA_8 になる。ジベレリン合成に働く GA20 酸化酵素と GA3 酸化酵素の遺伝子発現によって活性型ジベレリンの量は調節されている。

10·2·3 ジベレリンの生理作用

ジベレリンは植物の伸長成長や発芽などに関与する。穀類の種子の発芽に

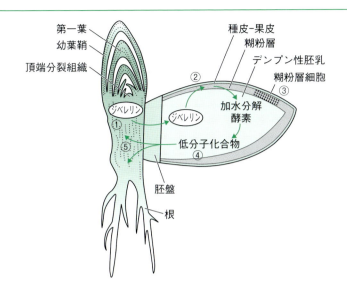

図10·10　オオムギ種子の構造と各組織の発芽過程における機能
① 胚で合成されたジベレリンは胚盤を通過して胚乳に送られる。② ジベレリンは胚乳の中で拡散して糊粉層（アリューロン層）に到達する。③ ジベレリンが作用することで，糊粉層においてα-アミラーゼなどの加水分解酵素が合成され，胚乳に分泌される。④ 胚乳に蓄積されているデンプンなどの高分子化合物は，低分子化合物に分解される。⑤ 低分子化合物は胚盤に吸収され，成長する胚に輸送される。（テイツ・ザイガー，2017を改変）

おいてジベレリンが重要な役割を果たすことは古くから知られている（**図10·10**）。発芽時の胚からジベレリンが放出され**糊粉層**（aleurone layer）とよばれる果皮の下の組織に到達する。糊粉層ではジベレリンによってα-アミラーゼなどの加水分解酵素が合成されて**胚乳**（endosperm）に分泌される。胚乳に貯蔵されているデンプンやタンパク質などが分解されて胚盤を通じて胚に送られることで，成長のエネルギー源となる。ジベレリンによって誘導される転写因子の1つに，GA-MYB[†]がある。GA-MYBがα-アミラーゼの発現を誘導する。

ジベレリンは農業にも利用されていて，種なしブドウの作製に重要な役割を果たす。開花前のつぼみをジベレリン溶液に浸すことで，正常な花粉の発達を阻害する。その後，もう一度ジベレリン溶液に浸して，可食部を成長させる。

10·2·4　ジベレリンの受容と応答

ジベレリンの受容と応答に関する情報伝達は，主にシロイヌナズナとイネの変異体を用いた解析によって研究されてきた。イネとシロイヌナズナで明らかになっているジベレリン情報伝達因子の名称を**図10·11**にまとめて示す。本文中では，イネの名称を用いて説明する。ジベレリン濃度が低いときは，

[†] GA-MYB：MYB転写因子の1つである。MYB転写因子は，1979年にニワトリの骨髄芽球症ウィルスのがん遺伝子として発見された。その後，動物や植物などの生物全般に広く分布する転写因子であることが示された。植物にはMYB転写因子をコードする大きな遺伝子ファミリーが存在する。

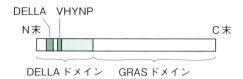

図10・11 イネとシロイヌナズナにおけるジベレリンの主な情報伝達因子の名称（a）とDELLAタンパク質の構造（b）
DELLAとVHYNPは高度に保存された領域で，GID1の結合とジベレリンが誘導する分解に関与する。DELLAもVHYNPも一文字表記のアミノ酸配列を意味する。C末のGRASドメインがDELLAタンパク質の活性を制御する。（Sun, 2008を改変）

◆ DELLAタンパク質の変異体：イネのジベレリン非感受性の矮性変異体 *gai* は，DELLAドメインに変異があるためジベレリンのシグナルを受容できず矮性となる。一方で，イネの徒長型変異体 *slr1* はジベレリンを多量に与えたように伸長する。*slr1* 変異体はGRASドメインに変異があり，抑制活性を失っている。初期のDELLAタンパク質の研究はこのようなイネの変異体を用いて行われた。

◆ 緑の革命：1940年代から60年代にかけて，穀物の生産性を上げ，大量増産を可能にした緑の革命が行われた。このときに，日本で育成された半矮性のコムギである農林10号をベースに品種改良が行われた。半矮性の原因遺伝子である *rht1* は，後にジベレリンの情報伝達に関与するDELLAタンパク質に変異が入っていたことが明らかになっている。

DELLAタンパク質がジベレリン応答遺伝子の転写を促進する転写因子に結合し，転写を抑制している。例えばDELLAタンパク質によって抑制されている転写因子としては光形態形成に関与するPIFがよく研究されている（160ページ参照）。DELLAタンパク質のN末側にはシグナルの受容に関するDELLAドメインが，C末側には転写の抑制に関与するGRASドメインが存在する（**図10・11(b)**）。ジベレリン濃度が高くなると，ジベレリンの受容体であるGID1がジベレリンと結合する。GID1にはN末にリッドとよばれる領域があり，ジベレリンが結合するとリッドが蓋のようにジベレリンを包み込み，このリッドの部分がDELLAタンパク質のDELLAドメインと結合する。この状態になると，$SCF^{SLY1/GID2}$と結合することが可能である。F-boxタンパク質であるSLY1はDELLAタンパク質をユビキチン化し，26Sプロテアソームで分解する（**図10・12**）。負の転写制御因子がユビキチン化されて26Sプロテアソームによる分解を受けるという流れはオーキシンの応答と似ているが，オーキシンの場合はF-boxタンパク質が受容体であるのに対し，ジベレリンの受容体GID1はF-boxタンパク質ではない。

DELLAタンパク質はこのようにジベレリン応答遺伝子の転写を抑制するが，いくつかの転写因子と結合することによりコアクティベーターとして機能し，下流の遺伝子の転写を促進させる場合もある。10・2・2で述べたジベレ

(a) ジベレリン濃度が低い場合

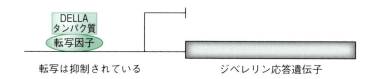

転写は抑制されている　　　ジベレリン応答遺伝子

(b) ジベレリン濃度が高い場合

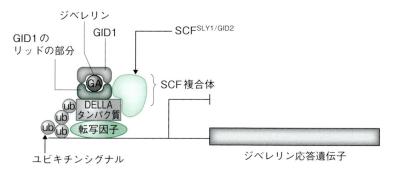

ジベレリン (GA) は GID1 と結合すると N 末のリッドでふさがれ，このリッドの部分が DELLA タンパク質に結合する。
この状態で DELLA タンパク質に SCF$^{SLY1/GID2}$ が結合して DELLA タンパク質をユビキチン化する。

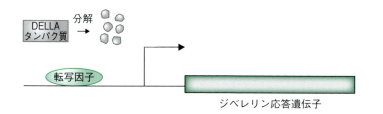

ユビキチン化された DELLA タンパク質は分解されるため，転写の抑制が解除され転写が起こる。

図 10·12　ジベレリンのシグナル伝達機構

リン合成に関与する GA20 酸化酵素と GA3 酸化酵素の遺伝子発現は，DELLA タンパク質によって促進される。ジベレリン合成のフィードバック制御には，合成酵素遺伝子の転写制御が大きく関与している。

◆ジベレリン受容体とリパーゼ：GID1 の X 線構造解析から，ジベレリン受容体はリパーゼと同じ α/β-hydrolase とよばれる基本構造をもつことが明らかになっている。活性中心の 3 つのアミノ酸のうちの 2 つがリパーゼと同じであるが，1 アミノ酸が異なるため，ジベレリン受容体はリパーゼ活性をもたないと考えられる。後述のストリゴラクトンの受容体もリパーゼに似ていることから，植物はリパーゼからホルモンの受容体を進化させることで発展したと推測される。

◆ジベレリンシグナル伝達系の進化：このような GID1-DELLA タンパク質によるシグナル伝達系は被子植物では保存されているが，シダ植物のイワヒバやコケ植物のヒメツリガネゴケには存在しない。しかし，イワヒバとヒメツリガネゴケのゲノム中には GID1 と DELLA タンパク質の遺伝子のホモログは存在する。ジベレリンによる植物の成長制御は維管束の発達に伴って進化したと考えられる。

10・3 サイトカイニン

10・3・1 サイトカイニンの発見

サイトカイニン（cytokinin, **CK**）は，植物の組織培養を研究する過程で，細胞分裂を促進する物質の探索から発見された。1950年代にウイスコンシン大学のミラーとスクーグが，ニシン精子の加水分解産物をオーキシンと共に植物の培養細胞に与えると細胞の増殖が促進されることを報告した。この実験で培養細胞の細胞分裂を促進した物質は，DNAを熱処理することによって生じたカイネチンであった。その後，トウモロコシの未熟種子からカイネチンと同様の活性を示す物質が単離され，トウモロコシ属の英文表記の *Zea* 属にちなみ，**ゼアチン**（zeatin）と名付けられた。その後，カイネチンやゼアチンと同じ生理活性をもつ植物由来の物質も多くみつかり，サイトカイニンと総称されるようになった。

◆カルス (callus)：カイネチンの活性は，タバコの髄の細胞から誘導したカルスとよばれる培養細胞を用いた実験で明らかになった。カルスとは未分化の細胞の塊である。カルスを培養する際に，オーキシンとサイトカイニンの濃度比を変えると細胞は分化する。

10・3・2 サイトカイニンの構造と合成

植物に存在するサイトカイニンはアデニンの N-6位に C_5 の側鎖が結合している（図10・13）。ゼアチンは末端にヒドロキシ基をもち，*trans* 形と *cis* 形が存在するが，多くの植物では *trans*-ゼアチンの活性が高い。イソペンテニルアデニン（N^6-(Δ^2-イソペンテニル)アデニン）はヒドロキシ基をもたない。植物に存在しないがサイトカイニンの活性を有する物質として，上述のカイネチ

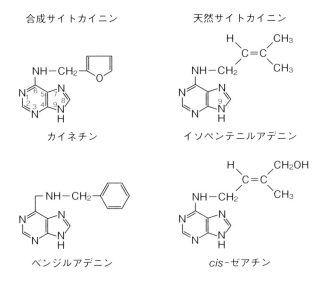

図10・13 サイトカイニンの構造

ンの他にベンジルアデニン（6-ベンジルアミノプリン）があり，研究や農業に用いられている。

　サイトカイニンの合成は色素体のMEP経路で合成されたDMAPP（85ページ参照）が，イソペンテニル基転移酵素（IPT）によってADPまたはATPに転移することから始まる（図10・14）。生成したイソペンテニルADPまたはイソペンテニルATPはサイトカイニンヒドロキシル化酵素により側鎖の*trans*の位置がヒドロキシル化されて，*trans*-ゼアチンリボシド二リン酸（ZDP）または*trans*-ゼアチンリボシド三リン酸（ZTP）となる。シロイヌナズナにお

◆**アグロバクテリウムでのサイトカイニン合成**：植物への遺伝子導入のときに用いられるアグロバクテリウム（*Agrobacterium tumefaciens*）は，自然界で植物に感染するとクラウンゴールとよばれる腫瘍を形成する（165ページ参照）。クラウンゴールは，アグロバクテリウムのもつオーキシンとサイトカイニンを合成する酵素遺伝子を植物内で発現させた結果，植物の細胞分裂が盛んになって作られる。アグロバクテリウム由来の遺伝子によってサイトカイニンが合成されるときに働くイソペンテニル基転移酵素は，ATPやADPではなくAMPを基質とする。

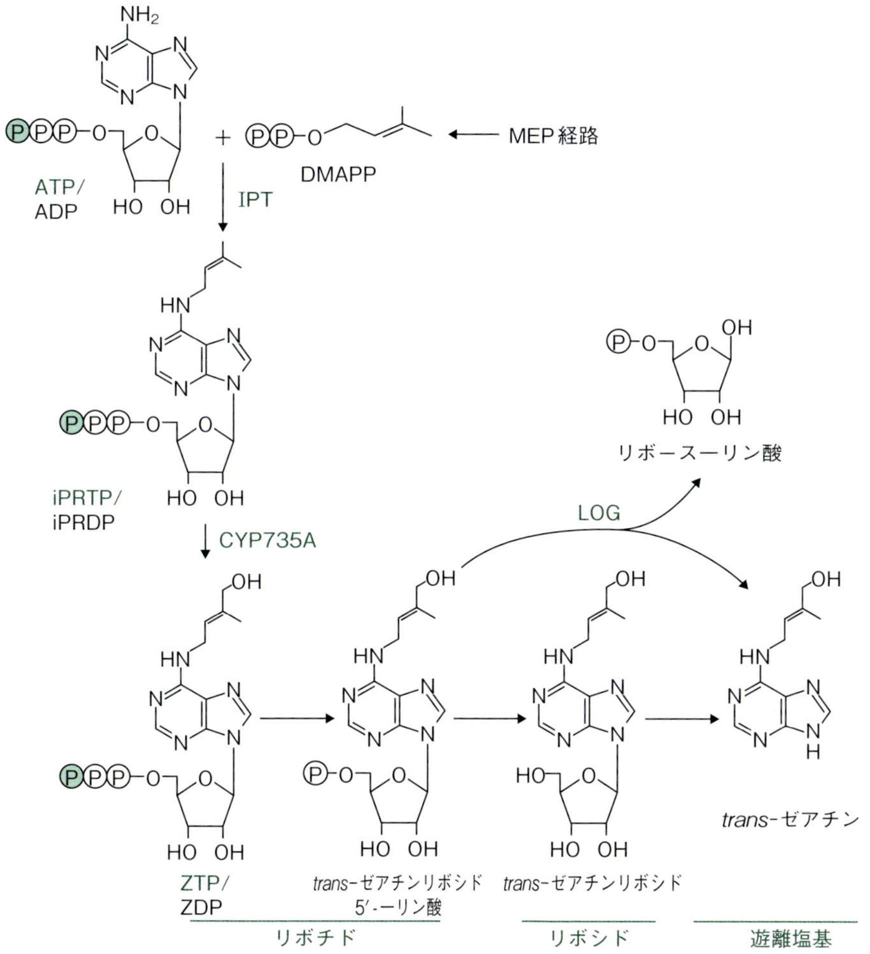

図10・14　シロイヌナズナにおけるサイトカイニンの合成経路の概略
DMAPP：ジメチルアリルピロリン酸，IPT：イソペンテニル基転移酵素，iPRDP：イソペンテニルアデニンリボシド5′-二リン酸，iPRTP：イソペンテニルアデニンリボシド5′-三リン酸，ZDP：*trans*-ゼアチンリボシド5′-二リン酸，ZTP：*trans*-ゼアチンリボシド5′-三リン酸，LOG：サイトカイニン活性化酵素
（Kieber & Schaller, 2014を改変）

†LOG：イネでみつかったLOG変異体のLOGはlonely guyの略である。LOG遺伝子に変異があると，1本の雄しべのみをもつ花が形成されることがあるため名付けられた。

†多重遺伝子族(multigene family)：遺伝子重複が起こり，類似の配列と機能をもつ遺伝子群のことである。進化の過程で異なる機能を獲得した場合もある。

いて，サイトカイニンヒドロキシル化酵素はCYP735というシトクロムP450である。リボチドからリボシドになり，さらにリボースがはずれて*trans*-ゼアチンとなる。その他に，サイトカイニン活性化酵素（LOG†）によって*trans*-ゼアチンリボシド一リン酸からリボース一リン酸が除去され，*trans*-ゼアチンができる。

サイトカイニンは，フラビンタンパク質であるサイトカイニン酸化酵素（CKX）により側鎖が除かれてアデニンとなる（図10・15）。分解に関わるCKX，合成に関わるIPT，LOGは多重遺伝子族†を形成していて，発現パターンや発現する場所が異なり，その多彩な組み合わせによりサイトカイニン量を調節している。

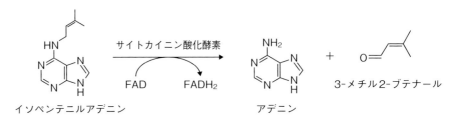

図10・15　サイトカイニンの分解経路
（浅見・柿本，2016を改変）

10・3・3　サイトカイニンの生理作用

サイトカイニンには細胞分裂の促進作用がある。植物の組織培養を行う場合，細胞の増殖にはオーキシンとサイトカイニンが必要である。培養細胞をサイトカイニン濃度が高くオーキシン濃度が低い培地に移すとシュートが分化する。サイトカイニン濃度が低くオーキシン濃度が高い培地では，根が分化する。またサイトカイニンは腋芽の形成を促進する。この作用は頂芽優勢とも関連して，オーキシンだけでなくストリゴラクトンとのクロストークがあり，10・9・3で解説する。サイトカイニンは，その他にも，栄養分を集めてシンク強度を増加させる作用，老化の抑制，根とシュートの成長のバランスの制御などを行う。

10・3・4　サイトカイニンの受容と応答

サイトカイニンは**二成分制御系**（two-component signal transduction）によって情報伝達が行われる。二成分制御系はHis-Aspリン酸リレーともよばれ，バクテリアや植物に存在する情報伝達系である。この情報伝達系では，ヒスチジンキナーゼが情報を受け取り，トランスミッタードメインのヒスチジンがリン酸化される。このリン酸基はレシーバードメインのアスパラギン酸に移動す

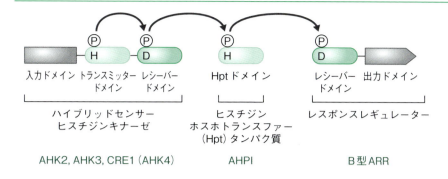

図10・16 サイトカイニンのHis-Aspリン酸リレーの模式図
緑色の文字でシロイヌナズナで同定されている該当するタンパク質の名前を示した。

る．次にこのリン酸基はメディエータータンパク質のヒスチジンに移る．最後に，リン酸基はレスポンスレギュレーターのレシーバードメインにあるアスパラギン酸に移り，レスポンスレギュレーターによる応答が起こる（図10・16）．シロイヌナズナでは，ヒスチジンキナーゼであるサイトカイニン受容体は，AHK2，AHK3，CRE1（AHK4）の3種類があり，二量体として小胞体膜に存在する（図10・17）．サイトゾル側にはCHASEドメインが突出し，この部分でサイトカイニンと結合する．受容体の保存されたヒスチジンが自己リン酸化され，このリン酸基はC末端側のアスパラギン酸に移された後に，メディエーターであるヒスチジンホスホトランスファータンパク質AHP1のヒスチジンに移動する．AHPはサイトゾルから核に移行し，レスポンスレギュレーターであるARRのアスパラギン酸残基にリン酸基を転移させる．B型のARR

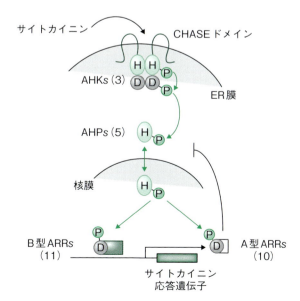

図10・17 サイトカイニンのシグナル伝達機構
カッコ内の数字はシロイヌナズナに存在する遺伝子の数を示す．(Kieber & Schaller, 2014を改変)

はリン酸化されて活性化された転写因子として，サイトカイニン応答遺伝子の転写を誘導する．ARRにはレシーバードメインのみからなるA型もある．A型ARRは転写因子として機能することはできず，B型ARRの機能を抑制すると考えられている．A型ARRの遺伝子の転写はB型ARRが転写因子として働くことで活性化される．

10·4　エチレン

10·4·1　エチレンの発見

エチレンは他の植物ホルモンとは異なり，気体である．1901年にロシアのネルジュボウは，石炭ガスに含まれるエチレンがエンドウの芽生えの異常な成長を引き起こすことを発見した．しかし，このときは，植物がエチレンを合成して利用しているとは誰も思っていなかった．1934年に成熟したリンゴから発生する気体の分析が行われ，リンゴがエチレンを放出することが明らかになった．

◆ ACC合成酵素の3タイプ：タイプ1はカルシウム依存性タンパク質リン酸化酵素（CDPK）とMAPキナーゼによるリン酸化部位をもつ．タイプ2はCDPKによるリン酸化部位のみをもつ．タイプ3はリン酸化部位をもたない．タイプ1とタイプ2は外的なストレスによって誘導される．

10·4·2　エチレンの合成

エチレンはS-アデノシルメチオニン（SAM）から合成される．SAMは生体内でメチル基供与体として働く物質であり（81ページ参照），エチレンに特異的な前駆体ではない．SAMはアミノシクロプロパン酸（ACC）合成酵素により，ACCとなる（図10·18）．多くの場合，ACC合成酵素がエチレ

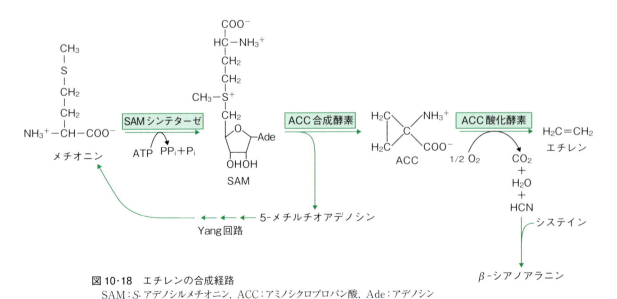

図10·18　エチレンの合成経路
SAM：S-アデノシルメチオニン，ACC：アミノシクロプロパン酸，Ade：アデノシン

ン合成の律速段階である．ACC 合成酵素は**ピリドキサルリン酸**（pyridoxal phosphate）を補酵素とする．ACC 合成酵素は C 末側の領域がリン酸化されると安定となる[†]．活性の有無にリン酸化は関与していないと考えられているが，ACC 合成酵素タンパク質をユビキチン - プロテアソーム系の分解から守り安定化するためにはリン酸化が必要である．このようなリン酸化による ACC 合成酵素の安定化により，エチレンの量は調節されていると思われる．

エチレン生成の最終段階で働く ACC 酸化酵素は，Fe^{2+} とアスコルビン酸を補因子とする．反応には酸素が必要であり，生成物である CO_2 によって活性化される．副産物である HCN はシステインと結合し，$β$-シアノアラニンとなって無毒化される．ACC 酸化酵素の細胞内の量は ACC 合成酵素よりも多いことが知られている．ACC 酸化酵素はエチレンを合成しない組織でも恒常的に発現している．この事実からも，ACC の供給がエチレン合成量を決めていることが示唆される．

10・4・3 エチレンの生理作用

双子葉植物の芽生えで観察されるエチレン応答による形態変化は**三重反応**（triple response）とよばれる．伸長阻害，肥大成長，水平方向への屈曲である．エチレンは，その他にも，果実の成熟，落葉の促進，葉の老化の促進などに関与する．落葉は器官脱離の前に，離層帯に**離層**（separation layer）が形成されることによって起こるが，この現象にはエチレンだけでなくオーキシンも関わっている．葉から分泌されるオーキシンは離層帯の細胞に対してエチレンへの応答を抑制している．葉の老化によってオーキシンの供給が減少すると，離層帯の細胞のエチレンへの感受性が高くなり，細胞壁の分解酵素の合成が誘導されて離層が形成され，葉が落ちる．

10・4・4 エチレンの受容と応答

エチレンの受容体である ETR は小胞体膜に存在する．シロイヌナズナには 5 個のエチレン受容体が存在する．5 個のうち 3 個はヒスチジンキナーゼ活性をもたない．サイトカイニンの情報伝達系と異なり，エチレンの情報伝達系にはヒスチジンキナーゼ活性は関与していないと考えられている．エチレン受容体にはエチレンの結合に必要な銅イオンが結合している．エチレンが存在しないとき，ETR1 はサイトゾル側でセリン／トレオニンキナーゼである CTR1 と結合している（**図 10・19**）．CTR1 は同じように小胞体に結合している EIN2 の C 末側をリン酸化する．リン酸化された EIN2 は切断されない．そのため，転

[†] 切り花の鮮度保持：切り花の鮮度保持にはエチレンの作用を抑制する物質が使われる．アミノエトキシビニルグリシン（AVG）と $α$-アミノオキシ酢酸（AOA）は ACC 合成酵素の阻害剤である．これらはピリドキサルリン酸を補酵素とする酵素全般を阻害する．チオ硫酸銀錯塩（STS）は，銀イオンがエチレン受容体に結合することで，エチレンの作用を阻害する．

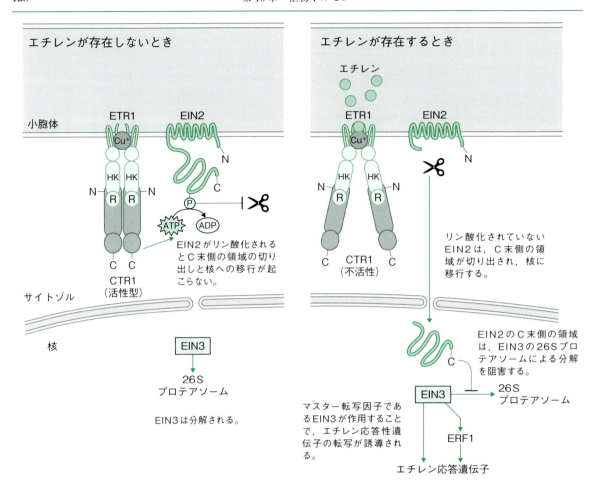

図10・19 エチレンのシグナル伝達機構
（テイツ・ザイガー，2017を改変）

写因子である EIN3 は EBF1/2 とよばれる F-box タンパク質に認識されてユビキチン化され，26S プロテアソームで分解される．エチレンが存在すると，受容体 ETR1 に結合して，CTR1 は ETR1 から離れて不活性型となる．そのため，EIN2 はリン酸化されず，未同定のプロテアーゼによって C 末側が切断される．切断された C 末側は核に移行して，EIN3 の 26S プロテアソームによる分解を抑制する．EIN3 はエチレン応答性転写遺伝子群の転写を誘導するマスター転写因子である．エチレン応答性遺伝子の転写因子である ERF1 の転写も EIN3 によって誘導される．

10・5 アブシシン酸

10・5・1 アブシシン酸の発見

1950年代から植物の成長抑制物質に関する研究が盛んに行われた。1963年にワタの未成熟果実から、ワタの芽生えの葉柄脱離を促進する物質が単離された。この物質はアブシシンIIと命名された。アブシシンとは**器官脱離**（abscission）を促進する物質という意味である。

同じ時期に落葉樹の冬芽の休眠に成長阻害物質が関与することが示され、シカモアカエデから**休眠**（dormancy）を誘導する物質であるドルミンが単離された。その後、アブシシンIIとドルミンは同じ構造をもつ同一の物質であることがわかった。そこで、1967年の第6回国際植物生長物質会議において、この物質は**アブシシン酸**（abscisic acid, **ABA**）という名称に統一された。当時は、器官脱離に必要な離層の形成はアブシシン酸の作用だと考えられて命名されたが、現在はエチレンの作用であることが判明している。

10・5・2 アブシシン酸の構造と合成

アブシシン酸はC_{15}のセスキテルペンである。C-1′位が不斉炭素原子となるキラルな構造をもつ。植物が合成するのは（+）-ABA（RS方式で表すとS型）である。

アブシシン酸は色素体のMEP経路により合成されたカロテノイドであるC_{40}のゼアキサンチンから合成される（**図10・20**）。9′-cis-ネオキサンチンまたは9-cis-ビオラキサンチンからC_{15}のキサントキシンが生成する。この反応を触媒する酵素は、9-cis-エポキシカロテノイドジオキシゲナーゼ（NCED）である。NCEDの反応がアブシシン酸合成の律速段階となっている。色素体で合成されたキサントキシンはサイトゾルに輸送され、アブシシン酸アルデヒドを経てアブシシン酸となる。アブシシン酸はC-8′位がヒドロキシル化されることで不可逆的に不活性化される†。アブシシン酸のカルボキシ基にグルコースが付加すると不活性型のアブシシン酸グルコシルエステルとなるが、グルコシダーゼによって活性型に戻るため、この可逆反応はアブシシン酸量の調節機構の1つだと思われる。

†アブシシン酸の不活性化：アブシシン酸はP450であるCYP707Aによって8′-ヒドロキシアブシシン酸になるが、この物質は不安定なため、すぐにファゼイン酸に変化する。

10・5・3 アブシシン酸の生理作用

アブシシン酸は種子の成熟に重要な役割を果たしている。種子中のアブシシン酸の濃度は種子の形成の初期には低く、その後ピークを迎え、種子が

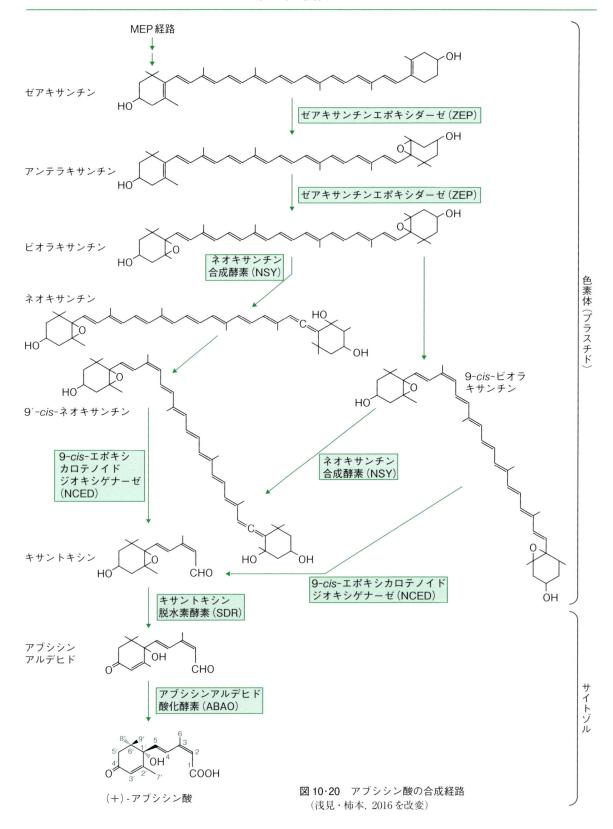

図 10・20　アブシシン酸の合成経路
（浅見・柿本，2016 を改変）

完成した頃には低下する。アブシシン酸は種子中で**LEA タンパク質**（late embryogenesis abundant protein）の合成を誘導し，胚の乾燥耐性に働いている。種子の休眠と発芽の抑制，芽の休眠にもアブシシン酸が関与する。また，乾燥ストレスや塩ストレスによってアブシシン酸は増加する。気孔を閉鎖して水分を保持すると共に，細胞内では適合溶質†やLEA タンパク質を蓄積して細胞内の水環境を調節する。

10・5・4 アブシシン酸の受容と応答

アブシシン酸が存在しないときには，脱リン酸化酵素である PP2C はプロテインキナーゼである **SnRK2**（sucrose non-fermenting related kinase 2）のリン酸化を防ぐことで，キナーゼ活性を阻害している（図 10・21）。アブシシン酸が存在すると，受容体である PYR/PYL/RCAR タンパク質に結合する。PP2C の同じドメインに結合できるのは，受容体か SnRK2 のどちらか1つである。アブシシン酸が受容体に結合すると受容体の構造が変化するため，PP2C との結合が可能になり，SnRK2 は遊離する。PP2C の制御が外れた SnRK2 はリン酸化され，bZIP 型転写因子†などの ABA 応答遺伝子の上流に結合する転写因子をリン酸化することで，アブシシン酸に対する応答が起こる。アブシシン酸応答遺伝子の上流には ACGT をコアにもつシス配列である **ABRE**（abscisic acid responsive element）が存在する。

† **適合溶質**（compatible solute）：乾燥ストレスや塩ストレスを受けたときに，細胞の浸透圧の調整およびタンパク質や生体膜の機能を保持するために細胞内に蓄積される物質である。適合溶質には，細胞内に高濃度に蓄積しても問題にならないような水溶性の低分子化合物が多い。適合溶質として，マニトールなどの糖アルコール，プロリンなどのアミノ酸，グリシンベタインなどの第四級アンモニウム化合物が知られている。

† **bZIP**（basic zipper protein）**型転写因子**：塩基性アミノ酸配列に続き，ロイシンが7アミノ酸ごとに繰り返されるロイシンジッパーをもつ転写因子のファミリーである。ホモあるいはヘテロ二量体を作って DNA に結合する。

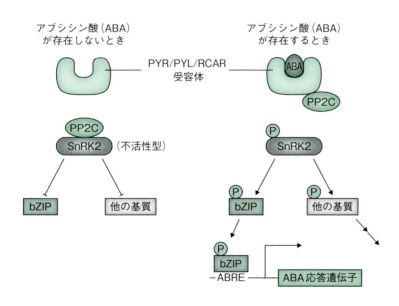

図 10・21　アブシシン酸のシグナル伝達機構

10・6 ブラシノステロイド

10・6・1 ブラシノステロイドの発見

セイヨウアブラナ（*Brassica napus*）の花粉の抽出物にインゲンマメの第二節間の成長促進活性があることを発見したミッチェルらは，1970 年にこの活性物質をブラッシンと命名した．しかし，このときに単離したブラッシンには不純物が多く含まれていて，構造決定には至らなかった．その後，1979 年にグローブらによって，セイヨウアブラナの花粉から，活性成分である**ブラシノライド**[†]（brassinolide）の構造が決定された．この発見が契機となって，日本でも活発にブラシノライドや関連化合物の研究が行われた．

1982 年に横田らは，クリ（*Castanea crenata*）の虫こぶ[†]から**カスタステロン**（castasterone）を単離した．カスタステロンはブラシノライドのB環がラクトンの代わりにケトンになっている化合物であり，ブラシノライドと同じように活性をもつ．カスタステロンは，現在では，ブラシノライドの前駆体であることが判明している．

これらの化合物の類縁体は，花粉などの特殊な組織のみに含まれるものではなく，植物に広く存在することが示され，**ブラシノステロイド**（brassinosteroid, **BR**）と総称されるようになった．現在までに，ブラシノステロイドは，種子植物，シダ植物，コケ植物および藻類に存在することが示されている．種子植物中では，ほとんどすべての器官や組織に存在するが，成長が盛んな組織に特に多く含まれる．

10・6・2 ブラシノステロイドの構造と合成

ブラシノステロイドは酸素原子を C-3 位にもち，C-2, C-6, C-22, C-23 位のいずれかに1つ以上の酸素原子をもつステロイド化合物である．ブラシノステロイドはテルペノイドであるが，前駆体は MEP 経路ではなくメバロン酸経路で合成される．植物にはシトステロールが多く含まれるが，ブラシノステロイドはカンペステロールから合成されることが多い（図 10・22）．カンペステロールからブラシノステロイドまでの合成経路で働く酵素は，ほとんどがシトクロム P450 である．

10・6・3 ブラシノステロイドの生理作用

ブラシノステロイドは茎や葉の伸長成長促進や細胞分裂を促進する．オーキシンとブラシノステロイドは相乗効果を示すが，ジベレリンの作用とは独立し

[†] ブラシノライド：植物で初めて発見されたステロイドホルモンがブラシノライドである．植物以外ではステロイドホルモンの存在は古くから知られていた．例えば，哺乳類の副腎皮質ホルモンや黄体ホルモン，昆虫の脱皮に関係するエクジソンもステロイドホルモンである．

[†] 虫こぶ（gall）：動物や菌類などの寄生により，植物の組織が異常に発達した突起状の構造．

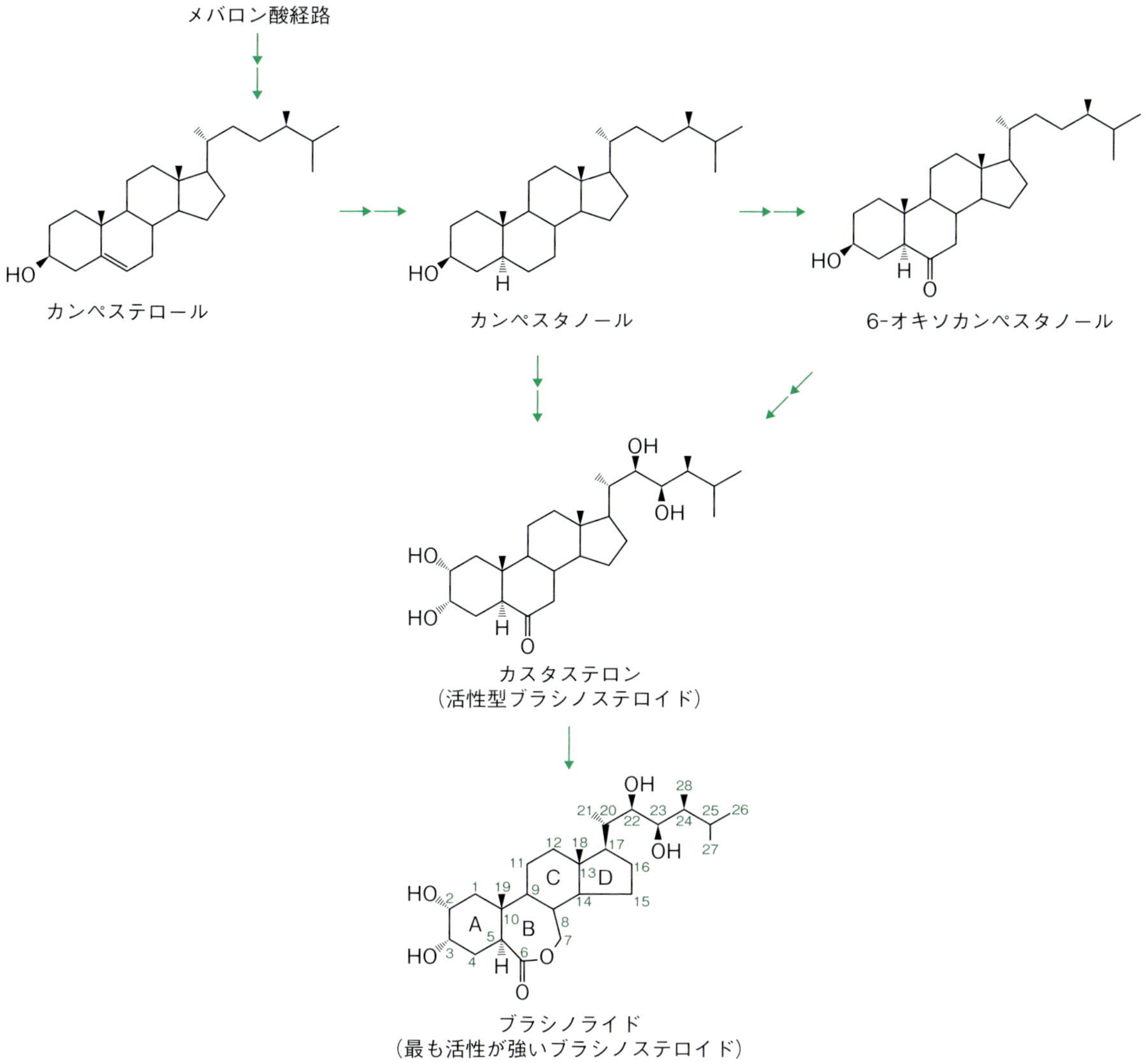
メバロン酸経路
HO
カンペステロール
HO
H
カンペスタノール
HO
H
O
6-オキソカンペスタノール
OH
OH
HO
HO
H
O
カスタステロン
(活性型ブラシノステロイド)
OH
28
21
20
22
23
24
25
26
12
18
17
OH
27
11
C
13
D
16
HO
2
1
19
9
A
10
B
14
15
5
8
7
HO
3
4
H
6
O
O
ブラシノライド
(最も活性が強いブラシノステロイド)

図 10·22　ブラシノステロイドの合成経路の概略

ている。低濃度では根の成長も促進するが，高濃度では阻害する。ブラシノステロイド欠損変異体を暗所で生育させると，細胞伸長が阻害されているため胚軸が太く，子葉が展開して光の下で生育させたような形状となる（**図 10·23**）。子葉が展開するのはブラシノステロイドによるエチレンの合成が起こらないためだと考えられている。また，ブラシノステロイドは道管の管状要素の分化を促進する。ヒャクニチソウ葉肉細胞では，分化の前期にオーキシンとサイトカイニンが働いて脱分化が起こり，分化の後期にブラシノステロイドが合成されて二次細胞壁の合成を促進し，細胞死を誘導することが知られている。

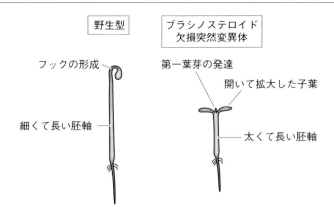

図 10・23　ブラシノステロイド欠損突然変異体の暗所での表現型
（浅見・柿本，2016 を改変）

10・6・4　ブラシノステロイドの受容と応答

　ブラシノステロイドの受容体である BRI1 は，細胞膜に存在するセリン／トレオニンキナーゼ型の受容体である。BRI1 の細胞外領域には 25 個のロイシンリッチリピート†がある。ブラシノステロイドの濃度が低い場合は，BRI1 のキナーゼ領域に抑制因子である BKI1 が結合している（**図 10・24**）。また，近くにロイシンリッチリピートが少ないキナーゼ BAK1 もあり，BRI1 および BAK1 はそれぞれホモ二量体として存在している。このときにキナーゼである BIN2 はリン酸化されて活性化状態にあるため，転写因子 BES1/BZR1 がリン酸化される。リン酸化された BES1/BZR1 は DNA に結合できず，ユビキチン化されて 26S プロテアソームで分解されるか，核外に排出されて 14-3-3 タンパク質と結合してサイトゾルで保持される。

　ブラシノステロイドの濃度が高くなると，BRI1 に結合する。BRI1 は抑制因子である BKI1 を放出し，BRI1 と BAK1 がヘテロ二量体を形成する。BRI1-BAK1 複合体は自己リン酸化され，活性化されると，膜結合型キナーゼである BSK1 と CDG1 をリン酸化する。BSK1 と CDG1 はホスファターゼ BSU1 をリン酸化して活性化する。BSU1 によって脱リン酸化された BIN2 は機能することができず，転写因子 BES1/BZR1 のリン酸化は起こらなくなると共にリン酸化されていた BES1/BZR1 は特定のホスファターゼにより脱リン酸化される。転写因子として機能できるようになった BES1/BZR1 は，核に移行し，遺伝子発現を促進する場合は当該遺伝子のプロモーター領域の E-box（CANNTG）に，抑制する場合は BRRE（CGTGT/CG）部位に結合する。ブラシノステロイドの量はフィードバック制御されているが，これは合成酵素遺伝子の BRRE 部位に転写因子 BZR1 が結合することによる。

†ロイシンリッチリピート：ロイシンリッチリピートは，ロイシンの割合が多い 20〜30 残基のアミノ酸の繰り返し配列である。α ヘリックスと β シートで構成され，実際には，馬蹄形の構造をしている。

◆渦性オオムギ：渦性オオムギ（*uzu*）は半矮性のため倒れにくく，収量の増加をもたらす。この原因は，ブラシノステロイドの受容体遺伝子の変異である。このように，ブラシノステロイド非感受性が有用形質をもたらすことがある。

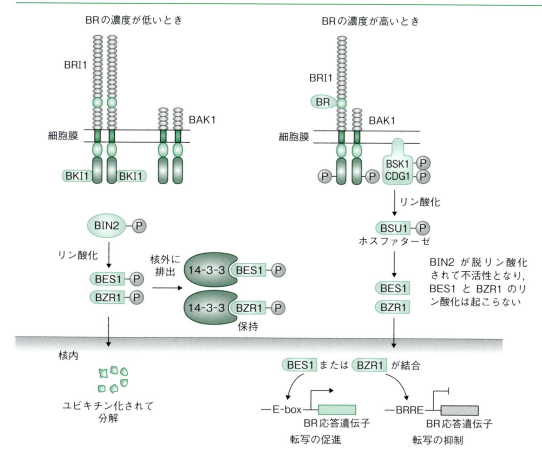

図 10・24　ブラシノステロイドのシグナル伝達機構
灰色の楕円形の構造がロイシンリッチリピートで，21 番目と 22 番目の間に 70 個のアミノ酸から構成されるアイランド構造（緑色の部分）がある。このアイランド構造を中心とする部分にブラシノステロイドが結合する。

10・7　ジャスモン酸

10・7・1　ジャスモン酸の発見

ジャスモン酸（jasmonic acid，**JA**）はジャスミンの花の香り成分であり，古くから知られていた。1971 年に菌類の *Botryodiplodia theobromae* から植物の成長阻害物質としてジャスモン酸が単離された。その後，1974 年にカボチャの未熟種子に含まれる成長阻害物質が，ジャスモン酸の類縁化合物である**ククルビン酸**（cucurbic acid）であることがわかった。このように，研究が始まった当初は，ジャスモン酸とその類縁化合物は，老化を促進し，成長を阻害する物質であると考えられていた。1990 年代になり，ジャスモン酸とその類縁化合物が植物の傷害応答のシグナル分子であることがわかり，植物の生理活性物質としての研究が盛んに行われるようになった。

10・7・2 ジャスモン酸の構造と合成

ジャスモン酸は動物の生理活性物質であるプロスタグランジン類と同じ5員環ケトンをもつ化合物である。この5員環から出ている炭素鎖の立体配置によって、シス形（(+)-7-イソジャスモン酸）とトランス形（(-)-ジャスモン酸）が存在する（図 10・25）。シス形のほうがトランス形よりも生理活性が高いといわれているが、シス形は不安定であり、溶液中では容易にシス形からトランス形に変化する。ジャスモン酸のメチルエステルであるジャスモン酸メチルは、ジャスモン酸よりも揮発性が高い。

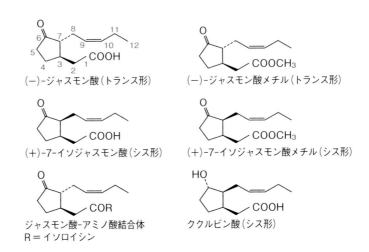

図 10・25 ジャスモン酸と類縁化合物
ジャスモン酸と類縁化合物はシクロペンタノン環をもつ。

ジャスモン酸の前駆体は葉緑体のα-リノレン酸（18:3(9,12,15)）である。葉緑体内には遊離のα-リノレン酸は少なく、糖脂質に結合して存在している。そのため、リパーゼによって膜脂質から切り出されたα-リノレン酸から合成される。図 10・26 に活性型ジャスモン酸合成経路を示す。葉緑体内で、12-オキソ-フィトジエン酸（OPDA）まで合成された後に、OPDA はペルオキシソームに運ばれる。OPDA はペルオキシソームで5員環の二重結合が還元され、β酸化の経路に入り、炭素数が2個ずつ3回減少して、C_{12} のジャスモン酸となる。ジャスモン酸はサイトゾルに出て、JAR1 という酵素によってイソロイシンと縮合し、活性のあるジャスモン酸イソロイシン（JA-Ile）となる。

10・7 ジャスモン酸

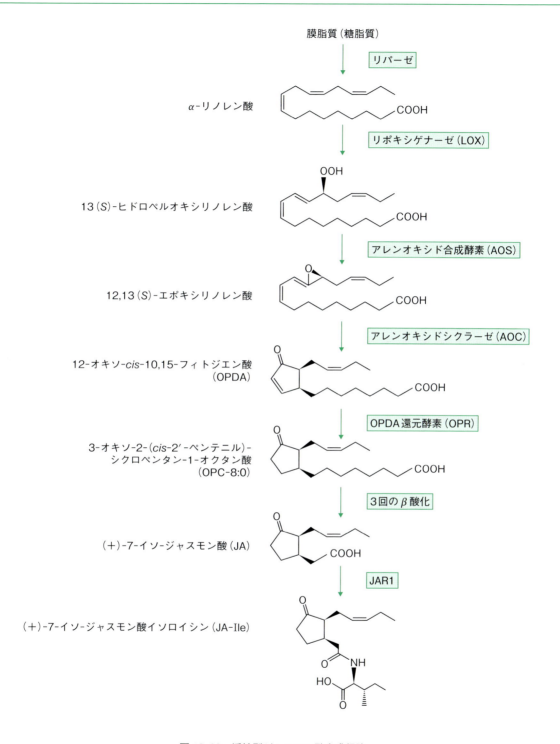

図10・26 活性型ジャスモン酸合成経路
(浅見・柿本, 2016 を改変)

10・7・3 ジャスモン酸の生理作用

ジャスモン酸の作用として，ストレスに対する防御応答がよく知られている。植物が傷害，食害，病害などのストレスを受けると，ジャスモン酸応答遺伝子が発現する。ジャスモン酸の合成は，システミンによるシグナル伝達経路によって誘導されることが示されている。食害を受けたトマトの葉では，ペプチドホルモンであるシステミンを放出する。システミン由来のシグナルが葉緑体内でのジャスモン酸合成を誘導し，ジャスモン酸のシグナル伝達により，同じ個体で食害を受けていない葉でのプロテアーゼインヒビター遺伝子の発現が誘導される。このように，ジャスモン酸は植物内を移動すると考えられている。

†エリシター (elicitor)：植物や植物培養細胞に生体防御反応を引き起こす物質の総称である。

エリシター†処理によってもジャスモン酸の一過的な蓄積が起こり，病原菌の感染応答にも重要な役割を果たすと考えられている。その他にもジャスモン酸は，酸化ストレスの抑制，紫外線に対する応答，老化の促進，離層の形成，花の雄しべの発達や葯の裂開の制御，トライコーム†の形成などに関与することが報告されている。

†トライコーム (trichome)：葉の表皮細胞が分化した細かい毛状の構造である。トライコームによっては，二次代謝産物を合成して蓄積し，食害から身を守るために利用されていることがある。

10・7・4 ジャスモン酸の受容と応答

活性型であるジャスモン酸イソロイシンの濃度が低い状態では，JAZ タンパク質が転写因子 MYC2 に結合し，その機能を妨げているため，ジャスモン

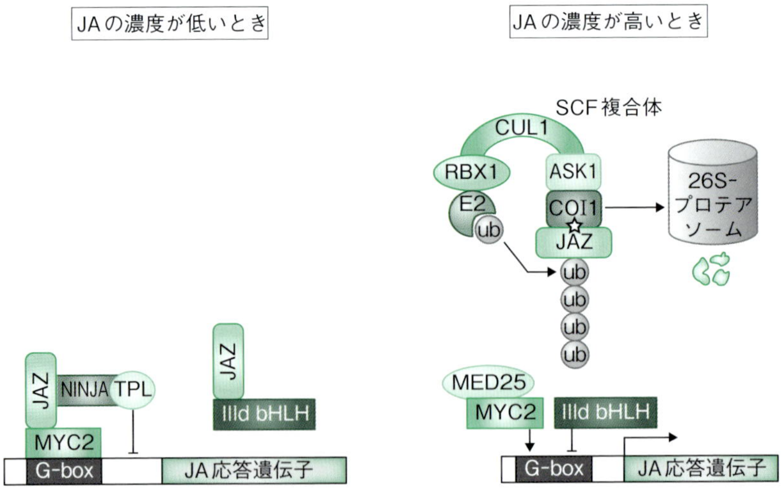

†基本転写因子複合体：真核細胞でのRNAポリメラーゼ II による転写の開始に必要なタンパク質複合体。

図 10・27 ジャスモン酸のシグナル伝達機構
JAZ タンパク質は，ジャスモン酸イソロイシンがないときには ZIM ドメインを介して NINJA (novel interactor of JAZ) と結合し，NINJA は転写抑制因子の TPL と結合している。G-box 配列 (CACGTG) は転写因子 MYC の認識配列である。このときに，JAZ タンパク質は JA 応答を抑制する転写因子 IIId bHLH とも結合することで機能を抑制している。ジャスモン酸イソロイシンの濃度が高くなるとJAZ タンパク質は分解される。JAZ タンパク質から離れた MYC2 が基本転写因子複合体†のサブユニットの1つである MED25 に結合して作用することで，JA 応答遺伝子が転写される。また，IIId bHLH は JAZ タンパク質から離れることで，JA応答遺伝子の転写を抑制する。☆：ジャスモン酸イソロイシン（Waternack & Song, 2017を改変）

酸応答遺伝子は転写されない。ジャスモン酸イソロイシンの濃度が高くなると，JAZ タンパク質は，ジャスモン酸イソロイシンを受容した COI1 タンパク質と結合する（図 10・27）。COI1 は F-box タンパク質であり，SCF タンパク質複合体 SCF^{COI1} に必要な E3 ユビキチンリガーゼである。SCF^{COI1} によって JAZ タンパク質はユビキチン化され 26S プロテアソームで分解される。そのため，G-box に結合した転写因子 MYC2 は抑制が解除され，基本転写因子複合体のサブユニットの 1 つである MED25 と結合して機能し，ジャスモン酸応答遺伝子が転写される。JAZ タンパク質の分解により，ジャスモン酸応答を負に制御する bHLH 型転写因子†である IIId bHLH も作用する。

† bHLH 型転写因子；塩基性ヘリックスループヘリックス（basic Helix-Loop-Helix）を略して，bHLH とよぶ。大きなファミリーを構成する二量体の転写因子である。ループによって連結された 2 つの α ヘリックスをもつことが特徴である。

10・8 サリチル酸

10・8・1 サリチル酸研究の歴史

ヤナギ（*Salix alba*）の樹皮には古くから鎮痛・解熱作用があることが知られていた。この成分が**サリチル酸**（salicylic acid, **SA**）である。その後，医薬品としてのサリチル酸および誘導体のアセチルサリチル酸（商品名 アスピリン）が普及した。ヤナギ以外にもサリチル酸を蓄積する植物が存在することはわかったが，植物における役割は長らく不明であった。1979 年にサリチル酸処理をしたタバコ（*Nicotiana tabacum*）において，ウイルス抵抗性が獲得されたことが報告された。これが契機となり，サリチル酸は新しい抗ウイルス剤として注目されるようになり，サリチル酸が病害抵抗性の誘導に関与していることが示された。

10・8・2 サリチル酸の合成

サリチル酸の合成は，フェニルアラニンから *trans*- ケイ皮酸，安息香酸を経由して合成される経路，あるいは，コリスミ酸からイソコリスミ酸を経由して合成される経路のどちらかで行われると考えられている（図 10・28）。コリスミ酸からの合成は葉緑体で行われ，合成されたサリチル酸はサイトゾルに運ばれる。サリチル酸は UDP- グルコースにより配糖化され，サリチル酸グルコースエステル（SAE）やサリチル酸 2-*O*-β- グルコシド（SAG）となる。蓄積したサリチル酸の多くは不活性型の SAG となって液胞に貯蔵される。SAG は病害応答時にサリチル酸に変換され，迅速に遊離のサリチル酸濃度を引き上げる。サリチル酸はサリチル酸メチルにも変換される。サリチル酸メチルは昆虫による食害を受けた葉で空気中に放出され，捕食者の天敵を誘引したり，他の植物

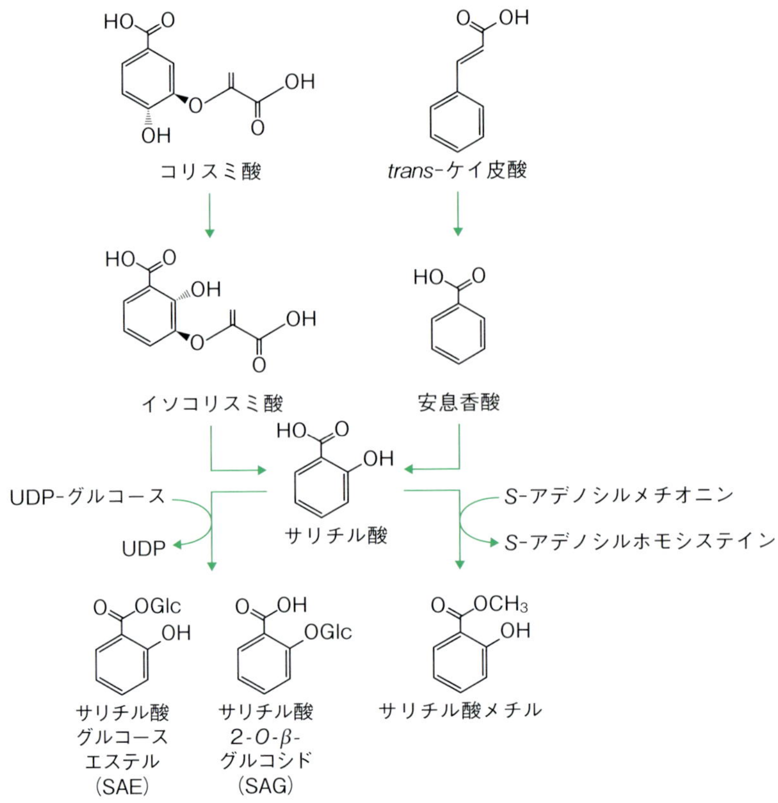

図10・28 サリチル酸の合成経路
Glc はグルコースの略

個体に受容されて免疫応答を活性化することが報告されている。

10・8・3 サリチル酸の生理作用

植物に病原菌が感染すると，局所的に細胞が死んで病原菌が広がるのを阻止する。これを**過敏感反応**（hyper-sensitive reaction）とよぶ。過敏感反応が起こると，周辺組織に局部的な抵抗性が誘導されるだけでなく，植物体全体に病原菌に感染したシグナルが発信され，植物体全体で**全身獲得抵抗性**（systemic acquired resistance, **SAR**）が誘導される。この植物体内で移動する病原菌感染のシグナルがサリチル酸だと考えられている。サリチル酸はサリチル酸メチルに変換され，篩管で全身に輸送される。そして細胞内でサリチル酸に再変換されて機能する。揮発性のサリチル酸メチルは，空気中に放出され，別の個体に病原菌のシグナルとして認識される。植物が病原菌の感染を認識すると，**PRタンパク質**[†]（pathogenesis-related protein）とよばれる防御タンパク質を

[†] PRタンパク質：具体的には，抗菌性タンパク質であるディフェンシン，糸状菌の細胞壁を分解するキチナーゼやグルカナーゼ，病原菌のタンパク質を分解するプロテアーゼなどが含まれる。

コードする遺伝子群の発現が誘導される。PRタンパク質の発現は，植物へのサリチル酸処理によって誘導されることが示されている。

10·7で解説したジャスモン酸も植物の病害応答に関与する。一般的に，ジャスモン酸は感染した細胞を殺して栄養分を摂取する**殺生菌**（necrotroph）に対して働き，サリチル酸は細胞に寄生する**活物寄生菌**（biotroph）に対して働く。ジャスモン酸とサリチル酸の情報伝達は拮抗することが知られている。

10·8·4 サリチル酸の受容と応答

サリチル酸の情報伝達には **NPR1**（non-expressor of PR genes 1）が重要な役割を果たしている（図10·29）。NPR1はサリチル酸の受容体ではなく，NPR1のパラログ[†]であるNPR3（サリチル酸との親和性が低い）とNPR4（サリチル酸との親和性が高い）が受容体だと考えられている。病原菌に感染していない状態ではサリチル酸はほとんど存在せず，NPR1はNPR4と相互作用をすることでユビキチン化され，26Sプロテアソームで分解される。病原菌に感染すると細胞内のサリチル酸濃度は急激に上昇し，サリチル酸はNPR3と結合する。NPR3とNPR1が相互作用をして，NPR1はユビキチン化され，26Sプロテアソームで分解される。感染部位から離れた組織ではサリチル酸濃度が低く，サリチル酸はNPR3とは結合できずNPR4と結合する。そのためNPR1が転写因子TGAと結合して，防御関連遺伝子の転写を促進する。

[†] **パラログ**：遺伝子重複によって生じた相同遺伝子のことであるが，その遺伝子産物（タンパク質）を示す場合もある。

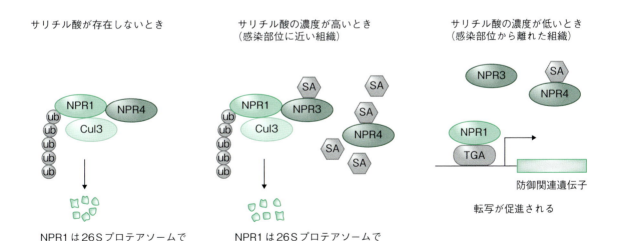

図10·29 サリチル酸のシグナル伝達機構
NPR1はTGA型転写因子と相互作用を行うコアアクティベーターである。NPR4はNPR3よりもサリチル酸との結合能が高く，サリチル酸と結合したNPR4はNPR1と結合することができない。TGAはロイシンジッパー型の転写因子である。

10・9　ストリゴラクトン

10・9・1　ストリゴラクトンの発見

　寄生植物であるストライガ（*Striga*）やオロバンキ（*Orobanche*）は，発芽後に吸器とよばれる器官を形成し，宿主植物の根に付着する．寄生植物は寄生に失敗すれば死んでしまうため，寄生植物の種子は地中で宿主植物が現れるのを待ち続ける．宿主植物が根から分泌するシグナルを感知して初めて，寄生植物は発芽する．1966年に米国のクックらは，ワタの根の浸出液中からストライガの種子の発芽を促進する物質を単離し，**ストリゴール**（strigol）と命名した．その後，さまざまな植物から類似の化合物がみつかり，**ストリゴラクトン**（strigolactone）とよばれるようになった．しかし，宿主植物が，なぜ，不利益になるような寄生植物を発芽させるストリゴラクトンを分泌するのかについては，長らく不明であった．2005年に，植物の根の共生菌である**アーバスキュラー菌根菌**[†]（arbuscular mycorrhizal fungi，**AM菌**）の菌糸分岐誘導物質として，ストリゴラクトンの1つである5-デオキシストリゴールが同定された．本来，宿主植物がAM菌を誘導するために根から分泌するストリゴラクトンのシグナルを，寄生植物が巧みに利用していたのである．80％以上の陸上植物がAM菌と共生できるが，AM菌と共生できないシロイヌナズナもストリゴラクトンを合成するため，ストリゴラクトンにはAM菌の誘引以外の役割があると考えられていた．

　2008年に，オーキシンとサイトカイニンによる頂芽優勢では説明ができない，エンドウやイネのシュートの枝分かれが過剰な変異体が解析され，ストリゴラクトン合成能が低下していることが示された．変異体にストリゴラクトンを投与すると枝分かれが正常になったことから，ストリゴラクトンは枝分かれを抑制する植物ホルモンであることが認定された．このように，植物はストリゴラクトンを用いて根でAM菌の共生を促進すると共に，枝分かれを抑制することで，栄養環境の悪い環境にも適応すると考えられる．

10・9・2　ストリゴラクトンの構造と合成

　ストリゴラクトンは2つのラクトン環（C環とD環）がエノールエーテルで架橋された構造をもつ（図10・30）．この特徴的なエノールエーテル結合は反応性が高く，分解されやすい．ストリゴラクトンが分解されやすい化合物であることは，土壌中で生きた植物のシグナルをAM菌に伝えるためには重要である．化学合成されたストリゴラクトンの1つであるGR24は，ストリゴラ

[†] **アーバスキュラー菌根菌（AM菌）**：AM菌は宿主に**樹枝状態**（arbuscule）という構造体を形成し，根外菌糸を伸長させて，植物の根が届かないところからリンや水を供給する．その代わりに，AM菌は植物から光合成産物である糖を受け取る．

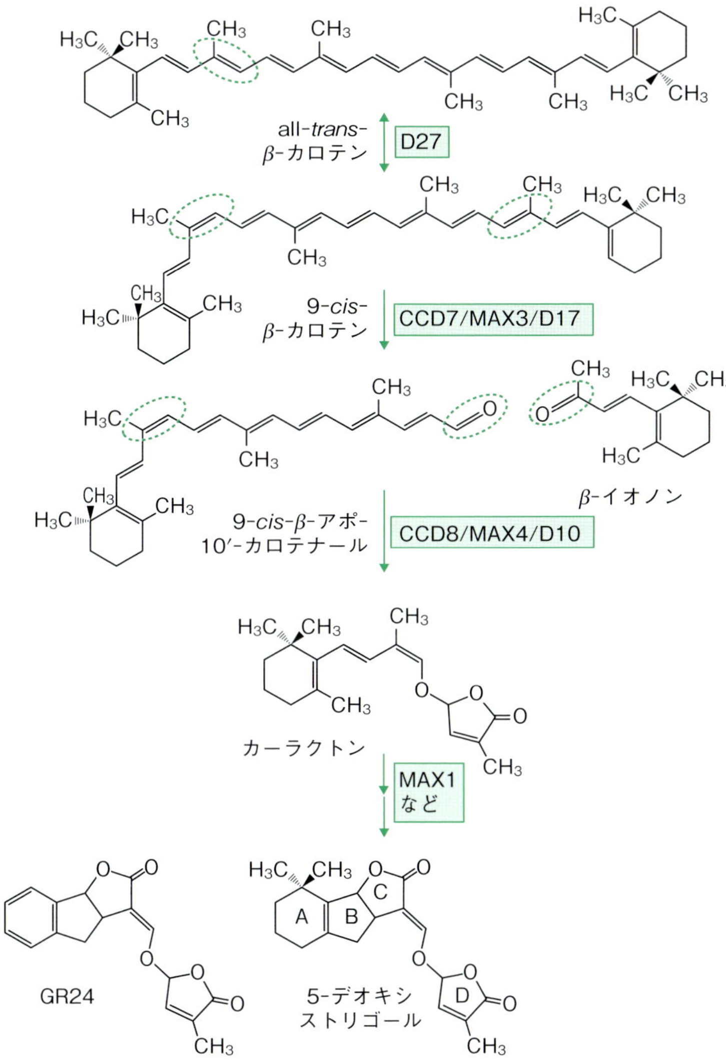

図 10·30　ストリゴラクトンの構造と合成の概略
CCD：カロテノイド酸化開裂酵素。MAX3/MAX4/MAX1 はシロイヌナズナで，D27/D17/D10 はイネで機能する酵素である。（Waldie *et al.,* 2014 を改変）

クトンの作用を調べる試験に利用されている。

　ストリゴラクトンは色素体で β- カロテンから合成される。all-*trans*-β- カロテンは *cis* 形に異性化された後に開裂し，9-*cis*-β- アポ -10′- カロテナールとなる。次いで C_{19} のカーラクトンが合成される。カーラクトン以降の反応は色素体外で行われ，シロイヌナズナでは MAX1 とよばれるシトクロム P450 が関与している。MAX1 はカーラクトンからカルボキシ基をもつカーラクトン酸を生成することが明らかになっているが，その後の代謝経路の詳細は不明である。

10・9・3　ストリゴラクトンの植物内での移動と生理作用

シロイヌナズナの *max* 変異体を用いた接ぎ木実験は，ストリゴラクトンの合成経路と植物内での移動に関する研究を発展させた（図 10・31）。ストリゴラクトンは根で合成され，地上部に運ばれて，枝分かれを抑制することが示唆された。ストリゴラクトンは合成された場所から木部を通って植物内を輸送されると考えられている。*max2* 変異体は情報伝達に変異が発生していることがわかった。*max4* の台木に野生型の穂木の組み合わせにおいて枝分かれが野生型になることから，ストリゴラクトンはシュートでも合成されると考えられる。また，ストリゴラクトンの合成経路において，MAX4 の下流で MAX1 が機能すると推定され，後に証明された。

ストリゴラクトンの植物内での役割は，前述のように枝分かれ（分枝）の抑制である。ストリゴラクトンはオーキシンと共に頂芽優勢に働いている。腋芽の成長を抑制するストリゴラクトンはシュートで合成される。腋芽にサイトカイニンを投与すると成長を促進することが知られている。オーキシンはストリゴラクトンの合成に関与する MAX4 遺伝子の発現を誘導し腋芽の成長を抑える。ストリゴラクトンは腋芽の成長を阻害する転写因子 BRC1 遺伝子の発現

◆接ぎ木の利用：接ぎ木は農作物の生産に利用されている。例えば，果樹の新品種の開発や，病虫害耐性の台木の使用による穂木の生産性の向上に用いられる。野菜の栽培においては，カボチャの台木にキュウリを接ぎ木するというような，品種の違う植物を接ぎ木することもある。

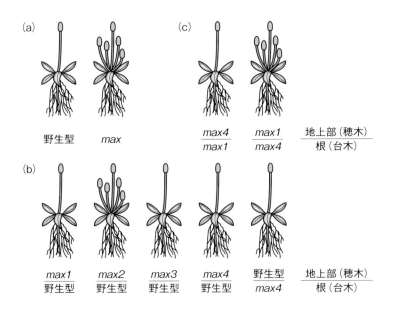

図 10・31　シロイヌナズナ *max* 変異体を用いた接ぎ木実験
(a) 表現型の模式図。*max* 変異体では枝分かれが過剰に形成される。(b) 野生型と各 *max* 変異体の接ぎ木実験。*max1,3,4* 変異体の地上部の枝分かれは，野生型の台木にすると回復するが，*max2* 変異体は回復しない。MAX2 がストリゴラクトンの合成ではなく，情報伝達に関与することが推定される。*max4* 変異体を台木にして野生型を穂木にすると野生型の表現型となる（*max1*，*max3* 変異体を台木にしても同様の結果となる）。(c) *max4* 変異体の地上部の過剰な枝分かれは，台木として *max1* 変異体を用いると回復する。（浅見・柿本，2016）

を誘導し枝分かれを抑制する。また，ストリゴラクトンはサイトカイニンの合成遺伝子の発現を抑制する。サイトカイニンはBRC1遺伝子の発現を抑制している。このように，頂芽優勢に関して，ストリゴラクトン，オーキシン，サイトカイニンのクロストークが存在する。ストリゴラクトンは，その他に，老化の促進，根の形態形成の調節，形成層発達の制御などの作用をもつことが知られている。

10·9·4 ストリゴラクトンの受容と応答

イネの d53 変異体は過剰な枝分かれを示す。正常な遺伝子がコードする D53 タンパク質は，ストリゴラクトン濃度が低いときは応答を抑制している（図 10·32）。ストリゴラクトンが受容体である D14 と結合するとそのコンフォメーションが変化し，D53 や E3 複合体の構成因子の F-box タンパク質である D3（シロイヌナズナでは MAX2）と結合する。D3 は Skp1, Cullin, Rbx1 と共に SCF^{MAX2} 複合体を構成し，D53 がユビキチン化され26S プロテアソームで分解される。その結果，D53 によるストリゴラクトン応答の抑制が解除され，枝分かれが抑制される。

◆ **D14 の加水分解活性**：D14 はジベレリン受容体である GID1 と同じ α/β-hydrolase ファミリーに属している。GID1 では加水分解活性は失われているが，D14 はストリゴラクトンを加水分解することができる。

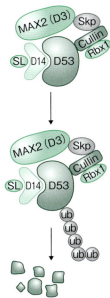

図 10·32 ストリゴラクトンのシグナル伝達機構の概要
SL：ストリゴラクトン

10・10 ペプチドホルモン

10・10・1 ペプチドホルモンの分類

植物にも動物に存在するようなペプチドホルモンが存在することは，長い間，知られていなかった。1991年に，トマトの傷害を受けた葉から18アミノ酸からなる**システミン**（systemin）が単離され，システミンが傷害応答のシグナル物質として機能することが示された。システミンはナス科植物に局在する非分泌型のペプチドである。その後，植物におけるペプチドホルモンの研究が精力的に進められた。低分子化合物の植物ホルモンが植物内の組織に広範囲に存在して機能するのに対し，ペプチドホルモンは局所的に存在して特異的な機能を担っている。

近年になって同定された植物に普遍的に存在するペプチドホルモンの多くは，分泌型ペプチドである。分泌型ペプチドはN末付近に分泌シグナル配列をもつ。分泌型ペプチドは小胞体でシグナル配列が切断されてゴルジ体に送られ，プロセシングを受け，修飾される。5～20アミノ酸程度の短鎖翻訳後修飾ペプチドと，分子内でシステインが結合して多くのジスルフィド結合をもつ長鎖のシステインリッチペプチドが存在する（図10・33）。

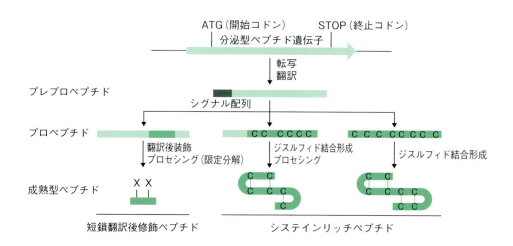

図10・33 種子植物における分泌型ペプチドホルモンの構造的特徴
（松林, 2011）

10·10·2　ペプチドホルモンの例

短鎖翻訳後修飾ペプチドである**ファイトスルフォカイン**（phytosulfokine, **PSK**）は，植物細胞の増殖を促進する物質として単離された。翻訳後修飾によって硫酸化された2残基のチロシンが存在する（表10·1）。ファイトスルフォカインは細胞増殖だけでなく，植物培養細胞において仮道管の分化促進や不定胚の形成を促進する。シロイヌナズナでは5個のPSK遺伝子が存在し，分裂組織を含む植物全体で発現していて，傷害ストレスにより発現が局所的に増大する。ファイトスルフォカインの受容体はロイシンリッチリピート型受容体キナーゼ[†]（LRR-RK）であるPSKR1である。

表10·1　短鎖翻訳後修飾ペプチド

名称	成熟型ペプチド配列
PSK	Y(SO_3H) IY(SO_3H) TQ
TDIF	HEVP*SGP*NPISN
CLV3	RTVP*SG [(L-Ara)$_3$] P*DPLHHH

Y(SO_3H)：硫酸化チロシン，P*：ヒドロキシプロリン，L-Ara：L-アラビノース。（松林, 2011を改変）

[†]**ロイシンリッチリピート型受容体キナーゼ（LRR-RK）**：シロイヌナズナでは，細胞外領域にロイシンリッチリピートをもつLRR-RKは200種類以上知られている。ファイトスルフォカインを受容するPSKR1は，細胞外領域のロイシンリッチリピートの中に，リガンドが結合するアイランド部位が挿入されている。ブラシノステロイドの受容体BRI1もLRR-RKであり，同様の構造である。

ヒャクニチソウの遊離葉肉細胞を特定の条件で培養し，管状要素に分化させる実験系の培地中から，短鎖翻訳後修飾ペプチドである**TDIF**（tracheary element differentiation inhibitory factor）が発見された。TDIFは2残基のヒドロキシプロリンを含む12アミノ酸から構成され，管状要素への分化を阻害する（表10·1）。TDIFは，シロイヌナズナでは32種の存在が知られているCLE（CLEVATA3/ESR-related）ペプチドファミリーに属し，シロイヌナズナの*CLE41/CLE44*と相同である。シロイヌナズナでは，*CLE41/CLE44*は主として篩部の細胞で発現していて，前形成層細胞[†]で発現しているLRR-RKであるTDRに結合して前形成層細胞の木部への分化を抑制すると考えられる。

シロイヌナズナの変異体*clv1*（*clavata1*）および*clv3*（*clavata3*）は，茎頂分裂組織に未分化の細胞群が蓄積する。この原因遺伝子を調べると，*CLV1*はLRR-RKを，*CLV3*は96アミノ酸からなる分泌型ペプチドをそれぞれコードすることがわかった。その後，CLV3は13アミノ酸からなり，アラビノースが付加したグリコペプチドとして機能することが示された（表10·1）。CLV1が活性化されると未分化な細胞群の増殖を促進する転写因子WUS（WUSCHEL）の発現が抑制され，分裂組織は小さくなる。WUSが抑制されると*CLV3*の発現が抑えられ，WUSの抑制は解除される。このようなフィー

[†]**前形成層細胞**：維管束の元になる組織であり，原生木部と原生篩部となる。原生木部と原生篩部の間の組織が形成層となり，二次木部と二次篩部を作る。

ドバックによって茎頂分裂組織の大きさが一定に保たれている．

　システインリッチペプチドとしては，気孔の配置と密度を調節している **EPF**（epidermal patterning factor），気孔形成を促進する**ストマジェン**（stomagen），被子植物の受精の際に機能する花粉管誘引物質である **LURE** などが知られている．

第11章　成長の調節

　種子植物の大きな特徴は，受精卵が親植物の中で多細胞から構成される胚を形成することです。種子植物はたった1つの受精卵から複雑な個体を種子の中に作ります。
　この過程において，胚が極性をもつ必要があります。胚が極性をもつことにより，それぞれの細胞の運命が決まります。そして種子の中で胚発生が終了すると，種子は長い休眠に入ります。植物は種子の状態を保つことにより，過酷な環境でも生き残ることが可能となります。そして休眠状態から目覚めた種子は発芽し，栄養成長を行います。栄養成長が終わると顕花植物では花を咲かせ，生殖を行い，次世代に命をつなぎます。
　本章は植物の発生の制御と形態形成について解説します。

11・1　受精と発生

11・1・1　被子植物の受精

　植物は発芽してから成熟するまでは栄養成長を行い，その後に生殖器官を分化させる。植物の生殖器官の構造は種によって多様化しているが，ここでは，シロイヌナズナを例として示す。まず，花の**雄ずい**（stamen）の**葯**（anther）にある**タペート組織**（tapetum）に存在する**花粉母細胞**（pollen mother cell）が減数分裂を行い，4個の**小胞子**（microspore）となる（**図11・1**）。
　タペート組織が分泌するカロース分解酵素によってカロースを主成分とする細胞壁が壊されると，小胞子が葯の中に放出される。この過程を**小胞子形成**（microsporogenesis）とよび，その後に**小配偶子形成**（microgametogenesis）が起こる。小胞子は不均等な細胞分裂を行うことによって大きな**栄養細胞**（vegetative cell）と**雄原細胞**（generative cell）となり，雄原細胞はやがて栄養細胞に取り込まれる。雄原細胞はさらに分裂して2個の**精細胞**（sperm cell）となる（**図11・1**）。
　被子植物では**胚珠**（ovule）は**子房**（ovary）に包まれている。胚珠内の**大胞子母細胞**（megaspore mother cell）が減数分裂して4個の**大胞子**（megaspore）となり，そのうち3個は退化する。残った大胞子は3回の核分裂によって，核

◆スポロポレニン
(sporopollenin)：花粉の外壁の主成分であり，非常に分解されにくい物質である。フェノール性化合物や脂肪酸の重合体であり，前駆体はタペート組織から供給されると考えられている。

◆被子植物の胚のう形成：被子植物の胚のうの形成過程は植物により異なるが，一般的なものは，本書で取り上げたタデ属（*Polygonum*）で最初に報告された過程である。

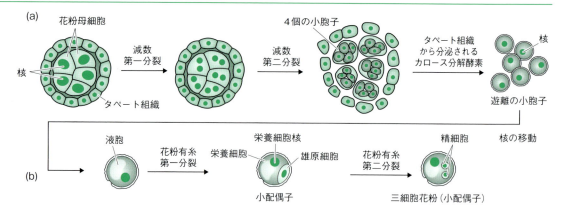

図 11・1　雄性配偶体の発達
(a) タペート組織での小胞子形成　(b) 遊離の小胞子からの小配偶子および花粉の形成。小胞子は細胞分裂を経て雄性配偶子をもつ小配偶子となる。小配偶子は分裂して三細胞花粉となり，その後，脱水されて成熟した花粉となる。（テイツ・ザイガー，2017 を改変）

が 8 個の未成熟な状態となる（**図 11・2**）。8 個の核のうち 4 個ずつ奥側と花粉管が入る珠孔側に移動し，それぞれ 3 個の核が細胞となる。奥側の 3 個は**反足細胞**（antipodal cell），珠孔側に 1 個の**卵細胞**（egg cell）と 2 個の**助細胞**（synergid cell）が形成される。残りの 2 個の核は**極核**（polar nuclei）となり，受精前に融合して**中央細胞**（central cell）の核となる。

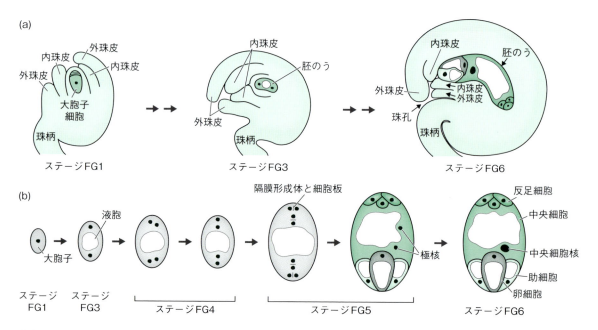

図 11・2　シロイヌナズナにおける配偶子形成
(a) 胚珠の発達　(b) 胚のうの形成。大胞子は 1 個の核をもつ（ステージ FG1）。その後，2 回の有糸分裂を行い，4 個の核をもつ多核体となる。2 個の核が細胞のそれぞれの両端に位置し，その間は大きな中央液胞で隔てられる（ステージ FG4）。3 回目の有糸分裂により核は 8 個になり，隔膜形成体と細胞板が現れ，極核以外の核は細胞壁で囲まれた細胞の核となる（ステージ FG5）。極核は融合して中央細胞核となる（ステージ FG6）。（Drews & Koltunow, 2011 を改変）

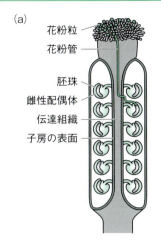
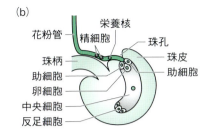

図 11·3 花粉管の伸長と胚珠への到達
(a) 雌ずいの柱頭に付着した花粉は吸水して発芽し，胚珠へ進入する。(b) 胚のうの内部。(テイツ・ザイガー，2017 を改変)

花粉は**雌ずい**（gynoecium）の**柱頭**（stigma）に付着すると発芽して**花粉管**（pollen tube）を伸ばす。受粉と花粉管の伸長を**図 11·3** に示す。花粉管を正しい方向に伸長させて卵細胞まで誘導することを花粉管ガイダンスとよぶ。この花粉管ガイダンスには多くの化学物質が関与している。珠孔に達した花粉管を卵細胞に誘導する物質の1つとして，助細胞が分泌する **LURE** とよばれるシステインリッチなペプチドがトレニア[†]から発見されている。LURE は抗菌性を有するディフェンシンに類似したペプチドである。LURE と同様の花粉管ガイダンスの機能をもつペプチドはシロイヌナズナにも存在し，6個のシステイン残基は保存されているが，その他の領域のアミノ酸配列の相同性は低く，LURE 様ペプチドは種特異的に作用すると考えられる。

花粉管が胚のうに入ると精細胞が放出され，1個は卵細胞と受精して受精卵（$2n$）となり，1個は中央細胞核と融合して胚乳（$3n$）が形成される。このような2個の精細胞によって行われる被子植物に特有の受精を**重複受精**（double fertilization）とよぶ。

被子植物は1つの花の中に雄ずいと雌ずいがあることが多いが，同一個体の受粉では受精に至らないしくみをもつ植物がある。この現象を**自家不和合性**（self-incompatibility）とよぶ。自家不和合性は，自家受精を防ぎ，遺伝的多様性を確保するためのシステムだと考えられる。自家不和合性の原因は S 遺伝子座であり，この領域には雄性と雌性の決定因子が隣接して存在する。これらの因子は多くの対立遺伝子から構成され，連鎖して遺伝する遺伝子群であり，S ハプロタイプ[†]とよばれている。

自家不和合性には2つのタイプがある。アブラナ科植物でよく研究されている胞子体型のタイプでは，花粉表面のタンパク質が原因となる。花粉表面のタンパク質は親植物のタペート組織で作られるため，親の DNA（$2n$）によって

[†]トレニア：多くの被子植物では胚のうを胚珠から取り出すことは不可能である。しかし，トレニアでは胚珠の珠孔から胚のうが飛び出しているため，花粉管ガイダンスの実験に用いられた。

[†]ハプロタイプ：染色体上で近接した遺伝子座にあり，連鎖して遺伝する対立遺伝子群の組合せのことである。

決まる。雄性の決定因子は花粉表面にある SCR タンパク質（S-locus cysteine-rich protein）であり，雌性の決定因子は柱頭にある SRK（S-locus receptor kinase）タンパク質である。SRK は S 遺伝子座と同じハプロタイプに由来する SCR とのみ結合し，SRK の自己リン酸化を引き起こし，花粉管の発芽を阻害する。

　一方，配偶体型の代表例として，ナス科やバラ科植物が知られている。配偶体型のタイプでは花粉の半数ゲノム（n）によって花粉の表現型が決まる。雄性の決定因子は SLF/SLB という F-box タンパク質であり，雌性の決定因子は花柱[†]にある S-リボヌクレアーゼ（S-RNase）[†]である。花柱は $2n$ なので 2 つの S 決定因子をもち，そのうちの 1 つのハプロタイプが n の花粉のハプロタイプと一致すると花粉管の伸長が阻害される。花柱の S-RNase が花粉管に取り込まれると，異なるハプロタイプであれば SLF/SLB によってユビキチン化を受けて 26S プロテアソームで分解される。そのため，花粉管の栄養細胞の RNA は S-RNase によって分解されない。一方，同じハプロタイプであれば S-RNase は分解されず，花粉管の栄養細胞の RNA を分解し，花粉管の伸長を阻害する。

11・1・2　被子植物の胚発生

　植物細胞は細胞壁で接着されているため，動物細胞のように発生の過程で細胞が移動することはなく，細胞間の位置関係は保存されたまま**胚発生**（embryogenesis）が進行する（**図 11・4**）。受精によって生じた接合子は極性[†]に応じて不等分裂を行い，珠孔側に液胞が発達して大きくなった**基部細胞**（basal cell）を，反対側に小さな**頂端細胞**（apical cell）を生じる。頂端細胞は分裂を繰り返して放射相称の 8 細胞期となる。その後，球状胚になり，将来，表皮となる細胞が外側に形成される。さらに先端部の中央の両側で細胞分裂が

[†] **花柱**：雌ずいの柱頭と子房の間の部分。

[†] **S-リボヌクレアーゼ（S-RNase）**：およそ 200 アミノ酸から構成される塩基性タンパク質で，T2 型 RNase スーパーファミリーに属する。RNA 分解活性に必須の 2 つのヒスチジン残基をもち，その周辺領域の保存性は高い。

[†] **植物の極性**：成長した被子植物の頂端 - 基部軸は，茎の先端から根の先端までの軸である。そして，植物は放射軸に沿って茎や根の組織が同心円状に配置される。放射軸も極性をもち，中心側（向軸側）と外側（背軸側）の領域がある。側生器官である葉の表面は向軸側，裏面は背軸側である。

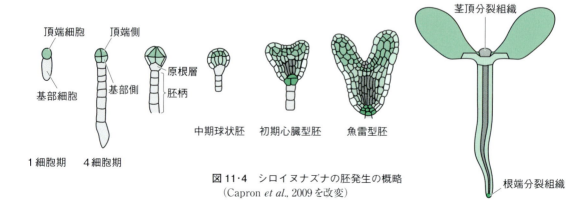

図 11・4　シロイヌナズナの胚発生の概略
（Capron *et al.*, 2009 を改変）

活発に行われて子葉が作られた心臓型胚となる。中央部は**茎頂分裂組織**（shoot apical meristem）となる。心臓型胚がさらに細胞分裂を繰り返し，子葉の形がはっきりとした魚雷型胚となる。このように頂端細胞から子葉，頂端分裂組織，胚軸，幼根の上部ができる。一方，基部細胞は原根層と胚柄となり，原根層から**根端分裂組織**（root apical meristem）ができるが，胚柄は胚形成の過程でプログラム細胞死†により消失する。胚の発生は**頂端-基部軸**（apical-basal axis）と**放射軸**（radial axis）の2つの軸に沿って進められる。頂端-基部軸はシュートと根の先端を結ぶ軸であり，放射軸は頂端-基部軸と垂直に交わる同心円状の軸である。

　接合子が極性をもつ理由の1つは，頂端細胞と基部細胞で機能する転写因子群が異なることである。**WOX**（WUSCHEL-related homeobox）とよばれるホメオボックス転写因子のうち，接合子ではWOX2とWOX8が発現している。1回目の分裂で形成された頂端細胞ではWOX2が，基部細胞ではWOX8とそのホモログであるWOX9が発現している。WOX8とWOX9は転写因子WRKY2で活性化されることがわかっている。頂端-基部軸に沿ってWOX遺伝子群が発現することで，胚が形成されていく（図11・5）。

　接合子の極性には，オーキシンの濃度の偏りも影響する。オーキシンの輸送体としてPINタンパク質が細胞膜に局在して，オーキシンの極性輸送に関与することはすでに述べた（113ページ参照）。オーキシン濃度は頂端細胞で高く，その後，非対称に分布するようになる（図11・6）。

†プログラム細胞死：ある条件下で，細胞が自分の細胞を破壊するように遺伝子発現が変化し，計画的に死に至ること。多細胞生物は組織や器官を作る過程でプログラム細胞死を利用して，正常な発生を行う。環境ストレスを受けた際に，プログラム細胞死が起こることもある。

◆ *wrky2* 変異体：シロイヌナズナの*wrky2*変異体の卵細胞由来の接合子は極性を失い，不等分裂ではなく等分裂を行う。この事実は，転写因子WRKY2によって活性化されるホメオボックス転写因子WOX8とWOX9が極性の形成に関与することを支持する。

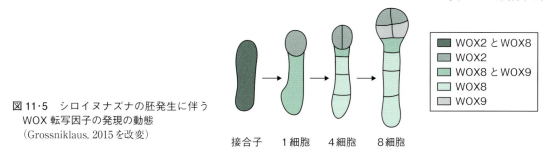

図11・5　シロイヌナズナの胚発生に伴うWOX転写因子の発現の動態
（Grossniklaus, 2015を改変）

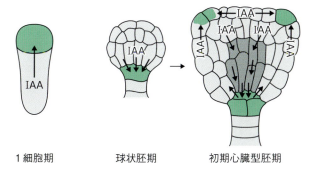

図11・6　胚発生の初期ステージにおけるPIN1依存的なオーキシンの移動
オーキシン濃度が極大となる細胞を緑色で示す。（テイツ・ザイガー，2017を改変）

11・2 植物の一生

11・2・1 休　眠

　種子の発達は，胚発生と種子の成熟の2つの過程に分けることができる。11・1・2 で述べた過程を経て胚の細胞分裂が終了すると，種子は栄養分を蓄積し，水分を失い乾燥した状態となる。乾燥状態の種子は水，酸素，適切な温度の条件が揃えば発芽するはずであるが，このような条件が整っても発芽しない場合がある。種子のこのような状態を**休眠**（seed dormancy）とよぶ。休眠中の種子内のアブシシン酸の濃度は高く保たれている。また，種子自体も休眠時はアブシシン酸への感受性が高く，発芽が近くなると低くなると考えられる。一方，ジベレリンは発芽を促進する。種子に含まれるジベレリンの量とジベレリンへの感受性は，発芽が近くなると高くなる。

　休眠が解除されるためには，胚が成長できる環境が整うことが重要である。種子の休眠には種皮も関与する。種皮が胚への酸素と水の供給を妨げているため，種皮を取り除くと発芽する場合が多い。アブシシン酸が種皮に含まれていることも，種皮を取り除くと発芽が促進される原因の1つである。また，光発芽種子では，赤色光によって休眠が解除される。赤色光の受容体はフィトクロムであり，赤色光と遠赤色光の比率が発芽に関与する。自然界において，種子が光合成に利用できる赤色光を感知することが重要である[†]。休眠の解除に，一定期間の低温（0～5℃程度）を要求する植物もある。

11・2・2 発　芽

　発芽は乾燥した種子の吸水から始まる。吸水によって種皮が破れ，幼根が伸長して外に現れる。この現象を**発芽**（germination）とよぶ。発芽時にアブシシン酸の分解が起こり，発芽を促進するジベレリンが合成される。発芽には水の他に，適当な温度，酸素が必要である。乾燥種子は急激に吸水し，その後，吸水速度は減少する。この吸水速度の減少が見られる時期に，転写や翻訳が活発に起こり，貯蔵栄養物質の分解が始まる。幼根が現れ発芽が終了すると，細胞壁がゆるみ，細胞が肥大化することにより，吸水速度は再度上昇して栄養成長に移行する。双子葉植物の発芽した芽生えは，子葉と胚軸と幼根から成り，胚軸の先端付近がかぎ状に曲がっていて，この部分をフックとよぶ（図11・7）。

　フックの部分は太くなっていて，土の中で子葉に包まれた茎頂分裂組織が存在する植物の先端を守る役割を果たしている。芽生えが地表に出ると光があた

◆ **穂発芽**（preharvest sprouting）: 親植物に着生している状態で発芽することを穂発芽という。アブシシン酸の欠損したトウモロコシの変異体の中には，穂発芽を起こすものがある。

◆ **胎内発芽**（vivipary）: マングローブなどの汽水域に生息する被子植物の中には，種子が休眠せず，親植物に着生している間に発芽するものがある。発芽した後に親から落下して，新しい植物体として生きていく。このような発芽を胎内発芽とよぶ。

† **光発芽種子**: レタス（*Lactuca sativa*）の Grand Rapids という品種を用いて，赤色光と遠赤色光を照射した光発芽に関する実験がよく知られている。

◆ **シードバンク**: 森林の林床部には発芽を見合わせている埋土種子が多量に存在し，これらはシードバンクとよばれている。林床の上部の植物がなくなり，林床部に赤色光が到達すると，これらの種子は発芽する。

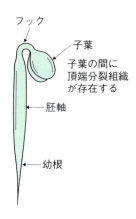

図 11・7　地中での双子葉植物の芽生えの模式図

り，フックは直立した形状となり，子葉が開き，茎頂分裂組織にも光があたるようになる†。

11・2・3 栄養成長

発芽したばかりの植物体は，茎頂分裂組織と根端分裂組織，および種子に存在していた養分の貯蔵組織から構成されている。茎頂分裂組織からは茎と葉が形成される。植物は最初に茎を伸ばして成長し，茎頂分裂組織で作られる細胞の一部が葉原基に変化して葉を形成する。茎頂分裂組織はドームのような形をしていて，シロイヌナズナでは分裂速度の遅い**中央帯**（central zone）が中央に位置し，その周辺には**周辺帯**（peripheral zone）がある（**図 11・8**）。周辺帯は活発に分裂し，隆起して葉や花といった側生器官の原基を形成する。**髄状帯**（rib zone）は茎の中心組織を作る。表層の L1 層，その内側の L2 層は**外衣**（tunica）とよばれ，L1 層面に垂直な細胞分裂面を作る垂層分裂を行い，二次元的な組織を作る。L1 層に由来する細胞は表皮に分化する。外衣の内側の L3 層を含む部分は**内体**（corpus）とよばれ，細胞分裂の方向性はランダムであり，組織の体積を増加させる。L1 層，L2 層の中央部と L3 層の中央部には，**幹細胞**（stem cell）が存在する。茎頂分裂組織の大きさの調節には *CLV* 遺伝子や *WUS* 遺伝子が関与していることが知られている（147 ページ参照）。

葉原基の作られる位置により，葉序とよばれる葉のつき方が決定される。葉序の形成にはオーキシンの濃度勾配が重要な役割を果たしている。葉原基ができると，次の葉原基が形成される領域にオーキシンが集中するように PIN タンパク質の配向性が変化する。葉原基は突起状の構造であるが，向軸側と背軸側で発現する遺伝子群が異なるために，葉の表裏が形成される。

†**発芽時の子葉**：発芽した双子葉植物では，子葉が地上に出てくるタイプと地中に留まるタイプがある。キュウリ，アサガオなどでは子葉は地上に出て，光合成まで行う。それに対し，ソラマメやエンドウなどでは子葉は地中に留まる。

◆ **葉の形を決める遺伝子**；シロイヌナズナの葉は長さと幅の制御を受けている。葉の幅を決める遺伝子群には「*AN* 遺伝子」，長さを決める遺伝子群には「*ROT* 遺伝子」という名前が付けられている。*AN* は細葉という意味のラテン語 "angustifolia" に由来し，この変異体の葉は細くなる。*ROT* は丸葉という意味のラテン語 "rotundifolia" に由来し，この変異体の葉は，短く丸味を帯びた形となる。

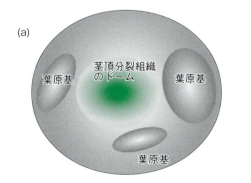
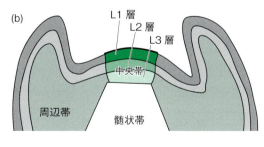

図 11・8 茎頂分裂組織ドームの構造
(a) 表面を上から見た模式図，(b) 縦断面の模式図（西谷，2011 を改変）

根は根端分裂組織から分化する。主根の細胞の分化にオーキシンが関与することはすでに述べた（115 ページ参照）。主根の側生器官である側根は，根端分裂組織が分裂してすぐに作られるのではなく，分化が終了した根の内鞘細胞が脱分化することで形成される。内鞘細胞が分裂を繰り返して側根原基を作り，主根の内皮，皮層，表皮を押し上げ，主根から側生して側根となる。内鞘細胞での局所的なオーキシン濃度の上昇が，側根原基形成のシグナルとなることが示されている。

11·2·4 花 成

花成によって植物は栄養成長から生殖成長への切り換えを行う。葉ばかり作っていた頂端分裂組織は，あるときから花を作り始める。この転換は植物の一生において非常に重要である。植物は季節の変化を主に日長の変化で感知する。この性質を**光周性**（photoperiodism）とよぶ。多くの種子植物は，24 時間サイクルの中で，日長がある長さより短い場合（連続的な暗期がある長さよりも長い場合）に花芽を形成する**短日植物**（short-day plant），日長がある長さよりも長い場合に花芽を形成する**長日植物**（long-day plant），どのような日長でも花芽を形成する**中性植物**（day-neutral plant）のいずれかに該当する。

短日植物は**限界日長**（critical day length）よりも短くなると花芽を形成するが，暗期は連続している必要があり，暗期に短時間でも光を照射すると花芽は形成されない。暗期の途中で光を照射して暗期の効果を打ち消すことを**光中断**（night break）とよぶ。この光中断には後述のフィトクロムが関与するため赤色光が有効である。イネ，サトウキビ，オナモミ，アサガオなどが短日植物として知られている（図 11·9）。

◆**キクの栽培**：キクは短日植物である。花芽が形成される前に人工的に光を照射すると，花芽の形成を遅らせることができる。日本では，古くから光周性を利用したキクの栽培が行われている。このような方法で栽培されたキクを電照菊という。

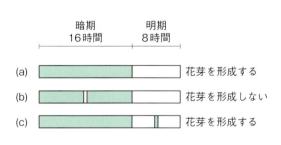

図 11·9　暗期と花成
（a）オナモミは 16 時間の暗期と 8 時間の明期の光周期で花芽を形成する。（b）暗期に光中断を行うと花芽は形成されない。（c）明期を中断しても花芽は形成される。（清水，1993 を改変）

長日植物は限界日長を超えた場合に花芽が形成される。シロイヌナズナ，ホウレンソウ，ダイコンなどが長日植物として知られている。

植物で日長を感知するのは葉である。日長を感知して花成ホルモンである**フロリゲン**が働き，花芽が形成されると考えられてきたが，その実体は不明で

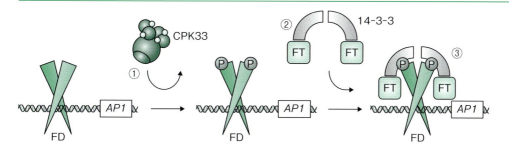

図 11·10　CPK33 における FT/FD/14-3-3 タンパク質複合体の形成
① CPK33 によって転写因子 FD タンパク質がリン酸化される。② 茎頂分裂組織で FT タンパク質は 14-3-3 タンパク質と結合する。③ リン酸化された FD タンパク質を 14-3-3 タンパク質が認識し，FT/FD/14-3-3 タンパク質複合体となり，花のホメオティック遺伝子†の発現を活性化する転写因子をコードする AP1 遺伝子や SOC 遺伝子の転写を促進する。（川本ら，2016 を改変）

†ホメオティック遺伝子：形態形成の設計に関与する転写因子をコードする遺伝子。

あった。近年，シロイヌナズナにおいて，フロリゲンは，**FT**（FLOWERING LOCUS T）タンパク質であることが明らかになった。FT 遺伝子は葉の篩部の伴細胞で特異的に発現している。葉で作られた FT タンパク質が篩管を通って茎頂分裂組織に輸送され，花芽の形成を引き起こす。シロイヌナズナでは，後述のフィトクロムとクリプトクロム†（cryptochrome）が光を受容することで長日条件を感知する。FT 遺伝子の発現を誘導するのは転写因子である **CO**（CONSTANS）タンパク質である。長日条件では CO タンパク質が明期に増加して，FT 遺伝子の転写を促進する。FT タンパク質は茎頂分裂組織において，bZIP 型転写因子である FD タンパク質と複合体を形成する。この複合体の形成にはカルシウム依存性のタンパク質キナーゼ CPK33 が FD タンパク質をリン酸化することが必要である。茎頂分裂組織で FT タンパク質は 14-3-3 タンパク質と結合し，リン酸化された FD タンパク質は 14-3-3 タンパク質を介して FT タンパク質と複合体を形成する（**図 11·10**）。

†動物のクリプトクロム：クリプトクロムは植物だけでなく動物にも存在する。動物では概日リズムを制御する機能をもつ。その他にも，キイロショウジョウバエの光依存性の磁気感知にはクリプトクロムが関与することが報告されている（Gegear et al., 2010）。

このようにして形成された複合体が，後述の ABCE モデルの A 機能を司る AP1（APETALA 1）や花成シグナルを統御する SOC1（SUPPRESSOR OF OVEREXPRESSION OF CO 1）などの標的遺伝子の転写を促進する（**図 11·10**）。AP1 と SOC1 は MADS ボックス型転写因子†であり，SOC1 はシロイヌナズナを短日条件から長日条件にしたときに茎頂分裂組織において最も早く応答する。SOC1 タンパク質は，花芽の形態形成のマスター転写因子をコードする LFY（LEAFY）の転写を促進する（**図 11·11**）。

花芽形成を誘導するためのシグナルとして，日長条件の他に低温処理を要求する植物がある。吸水中の種子あるいは生育中の植物を低温に置くことで花成を促進することを**春化**（vernalization）という。越冬一年生型のシロイヌナズ

†MADS ボックス型転写因子：およそ 60 個のアミノ酸から構成される，DNA 結合能とタンパク質結合能をもつ MADS ドメインを有することが特徴である。シロイヌナズナには 99 個の MADS ボックス遺伝子が存在する。MADS という語は，初期に同定された MCM1, AGAMOUS, DEFICIENS, SRF 遺伝子の頭文字に由来する。

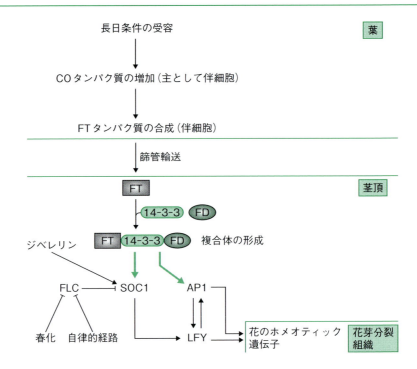

図11・11 シロイヌナズナにおける花成制御の模式図
本文中には記述していないが，ジベレリンが直接 SOC1 に作用して花成を誘導する経路がある。FLC 遺伝子は春化処理の他に，自律的経路†でも発現が抑制されることが知られている。

†**自律的経路**：日長に依存しない花成制御のしくみである。自律的経路で機能する遺伝子群は，花成抑制因子である *FLC* 遺伝子の発現量を調節することで花成の時期を制御している。

†**エピジェネティックな制御**：塩基配列の変化を伴わない遺伝子発現制御機構。例えば DNA のメチル化，ヒストンの化学修飾などがある。

◆**ホスファチジルエタノールアミン結合タンパク質（PEBP）ファミリー**：FT タンパク質は約 20 kDa の水溶性タンパク質で PEBP ファミリーに属している。PEBP ファミリーは原核生物から真核生物まで広く保存されていて，最初にウシの脳から単離されたタンパク質がホスファチジルエタノールアミンに結合することから名付けられた。シロイヌナズナには，FT タンパク質のパラログである TSF，花成の抑制因子である TFL1 などの 6 種の PEBP ファミリーのタンパク質をコードする遺伝子が存在する。シロイヌナズナの FT タンパク質はホスファチジルコリン結合活性をもつことが示されている。

ナの花芽形成には春化処理が必要である。シロイヌナズナには花成を抑制する MADS ボックス型の転写因子である **FLC**（FLOWERING LOCUS C）が存在し，春化を経ていない植物では高いレベルで発現している。春化処理により *FLC* 遺伝子はエピジェネティックな制御†を受けるので，その後は発現が抑えられ，長日条件で花芽形成が行われる。

11・2・5 花器官の形成

花器官は，**ウォール**（whorl）とよばれる花芽分裂組織を中心とした同心円状の環域から形成される。外側の第 1 環域は**がく片**（sepal），その内側の第 2 環域は**花弁**（petal），さらにその内側の第 3 環域は**雄ずい**（stamen），最も内側が**心皮**（carpel）である。心皮とは**雌ずい**（pistil）の構成単位である。花器官の決定遺伝子はシロイヌナズナやキンギョソウの変異体を用いて解析され，A，B，C の 3 つの活性のクラスから説明する ABC モデルが提唱された。現在では，この他に，クラス D とクラス E の活性の関与も明らかになり，ABCE モデル（カルテットモデル）が考えられている（図 11・12）。

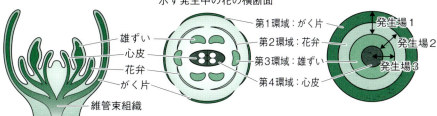
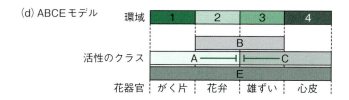

図11・12 シロイヌナズナの花の発生とABCEモデル
（テイツ・ザイガー，2017を改変）

活性に重要な遺伝子は，クラスAは *AP1* と *AP2*，クラスBは *AP3* と *PI*，クラスCは *AG* で，クラスEは *SEP1*, *SEP2*, *SEP3*, *SEP4* である。これらの遺伝子はすべて転写因子で，*AP2* 以外はMADSボックス型転写ファミリーに属している。第1環域でクラスAの活性が機能するとがく片が，第2環域でクラスAとBの活性が機能すると花弁が，第3環域でクラスBとCの活性が機能すると雄ずいが，第4環域でクラスCの活性が機能すると心皮が形成される。クラスEの活性はクラスA，B，Cの活性に必要である。また，クラスAとクラスCは互いにその発現を抑制するために，AとCが同じ環域で機能することはない。クラスDの活性は，シロイヌナズナでは *SHP1*, *SHP2*, *STK* のいずれかの遺伝子によるものであり，胚珠の形成に必要である。

◆イネの花芽形成：短日植物のイネには *CO* 相同遺伝子の *Hd1*，*FT* 相同遺伝子の *Hd3a* が存在する。Hd1タンパク質はシロイヌナズナのCOタンパク質とは異なり，長日条件下の明期には花成抑制因子として機能する。一方，短日条件下の暗期には，*Hd3a* の転写活性化因子として働き，*Hd3a* の発現が篩部伴細胞で活性化された結果，花芽が形成される。

11・3 環境応答

11・3・1 光

植物には，光環境に応答するために**光受容体**（photoreceptor）を発達させている。赤色光および遠赤色光の受容体として**フィトクロム**（phytochrome）が存在する。フィトクロムは分子量が約24万のホモ二量体のタンパク質であり，発色団として直鎖状のテトラピロールである**フィトクロモビリン**（phytochromobilin）が1つのサブユニットに1個結合している。暗所で生育した植物がもつフィトクロムは赤色光吸収型（Pr）であり，赤色光を受容すると遠赤色光吸収型（Pfr）に変化する。Pr型の吸収極大は660 nm，Pfr型の

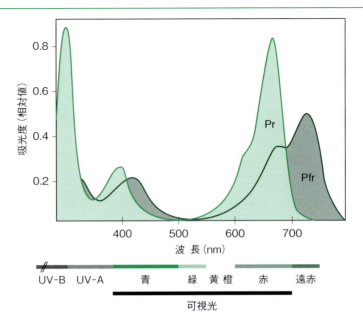

図 11・13 フィトクロムの吸収スペクトル
(Li *et al.*, 2011 を改変)

吸収極大は 730 nm である（**図 11・13**）。

前述の光発芽種子の休眠解除には，フィトクロムが赤色光を受容することが必要である．光を受容するとフィトクロモビリンは構造を変化させ，それに伴いタンパク質の構造も変化し，Pr 型から Pfr 型となる（**図 11・14**）．

Pfr 型になると隠れていた核移行シグナルが表に出て，サイトゾルに存在していた Pr 型は Pfr 型となって核に移行する．シロイヌナズナには *PHYA, B, C, D, E* の 5 個のフィトクロム遺伝子が存在する．PhyA は核移行シグナルをもたないため，核への移行には，FHY1 などのタンパク質が必要である．

核の中での Pfr 型フィトクロムは PIF（phytochrome interacting factor）という bHLH 型転写因子に結合する．PIF は暗所誘導型の遺伝子の転写を活性化し，光誘導型遺伝子の転写を抑制している．Pfr 型フィトクロムが核内で PIF をリン酸化して結合することで，PIF が 26S プロテアソームにより分解される．その結果，PIF で誘導される遺伝子発現は抑制され，PIF で抑制されていた遺伝子発現が開始される．

5 個のフィトクロムのうち，フィトクロム A 以外は光に安定である．シロイヌナズナの *phyB* 変異体（*hy3* 変異体）は白色光の下で，茎が徒長した表現型を示すことから，植物が緑化する過程でフィトクロム B の関与が大きいと考えられている．フィトクロム A の Pfr 型は光によって分解されやすく，フィトクロム A は連続した遠赤色光への応答を制御すると考えられている．

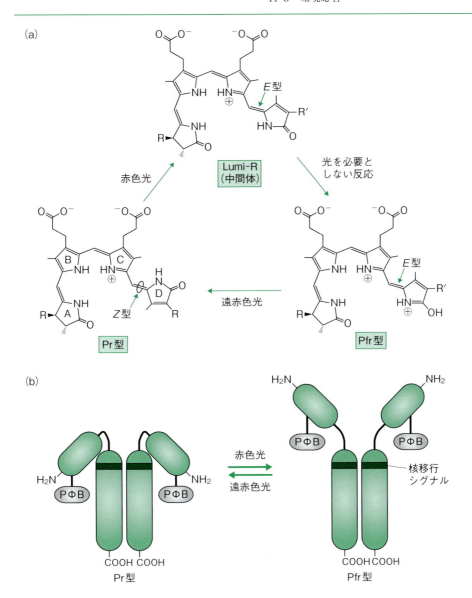

図 11・14 フィトクロムの構造変化
(a) Pr 型が赤色光を受けると発色団の C 環と D 環の間で二重結合の異性化が起き（Z 型が E 型に変化する），中間体を経て Pfr 型に変わる．Pfr 型に遠赤色光をあてると，発色団は元の形に戻る．(佐藤, 2017) (b) フィトクロム全体の構造変化の模式図．PΦB：フィトクロモビリン

　青色光の受容体であるクリプトクロムは，白色光の下で胚軸が徒長するシロイヌナズナの hy4 変異体の解析によって発見された．hy4 変異体は青色光による応答ができないが，赤色光による胚軸の伸長は阻害される．つまり，クリプトクロムとフィトクロムは独立した経路で胚軸の伸長を抑制することがわかる．HY4 は現在では CRY1 とよばれていて，シロイヌナズナにはこの他に CRY2 が存在することが明らかになっている．クリプトクロムの N 末側の

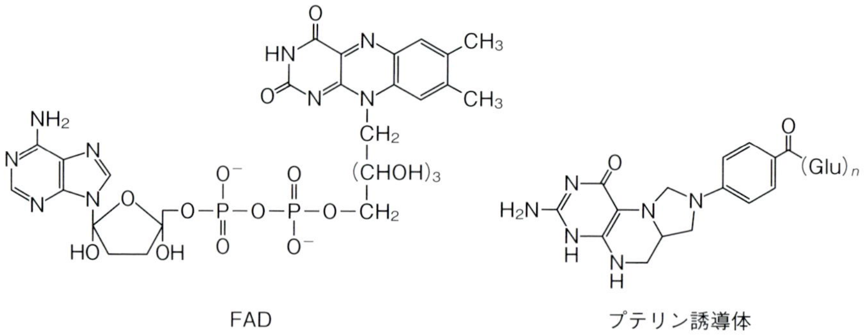

図11・15 クリプトクロムの発色団であるFADとプテリン誘導体の構造

アミノ酸配列は光回復酵素[†]（photolyase）と相同性があるが，クリプトクロムは光回復酵素の活性をもたない．光回復酵素と相同性のある領域が光を吸収し，C末側の高次構造を変化させることでシグナル伝達が開始されると考えられる．また，一般的な光回復酵素と同様に，クリプトクロムはフラビンアデニンジヌクレオチド（FAD）とプテリン誘導体（5,10-メチレンテトラヒドロ葉酸-ポリグルタミン酸）を発色団としてもつ（図11・15）．プテリン誘導体は受容した光をFADに渡す補助的な役割を果たすと推定されている．

CRY1は核とサイトゾルに，CRY2は核に存在する．クリプトクロムは，フィトクロムのように光によって核とサイトゾルの間を移動することはないと考えられている．核のクリプトクロムは青色光があたると二量体となり，光応答遺伝子の転写制御因子の分解を防ぐことで，光形態形成を誘導する（図11・16）．

[†] 光回復酵素：紫外線によって生じるDNAのピリミジン二量体を光のエネルギーを用いて修復する酵素．

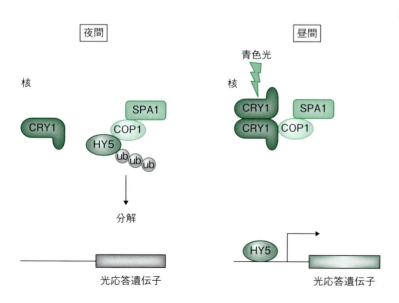

図11・16 シロイヌナズナのCRY1による光形態形成の制御モデル
HY5は光形態形成を誘導するbZIP型転写因子である．夜間にCOP1（CONSTITUTIVE PHOTOMORPHOGENIC 1）とSPA1（SUPPRESSOR OF PHYA-105）が複合体を形成すると，HY5はユビキチン化されてプロテアソームで分解される．昼間に青色光を受容したCRY1は二量体となり，COP1-SPA1複合体と結合し，HY5の分解を防ぐ．そのため，HY5が光応答遺伝子の転写を誘導し，光形態形成が起こる．クリプトクロムのシグナル伝達に必要な領域はC末端側であり，この領域のリン酸化が活性の維持に必要である．CRY2は，花芽形成に重要な働きをするFTタンパク質の転写活性化因子COタンパク質の安定化に関わることが示されている．（桜井ら，2017を改変）

光屈性（phototropism）を制御する青色光受容体はフォトトロピン（phototropin）である。フォトトロピンは光屈性の他に，葉緑体光定位運動[†]や気孔の開閉などに関与している。フォトトロピンは細胞膜に結合するセリン／トレオニンキナーゼである。そのアミノ酸配列中には，光受容ドメインであるLOV（LIGHT-OXYGEN-VOLTAGE）1とLOV2をもち，それぞれのドメインに発色団としてフラビンモノヌクレオチド（FMN）が結合している。青色光を受容するとFMNはフォトトロピンのシステイン残基と共有結合をして構造を変化させる（図11·17）。

青色光の受容によりフォトトロピンは自己リン酸化される（図11·18）。その後，細胞膜から遊離し，細胞膜上に存在するオーキシン排出輸送体ABCB19をリン酸化することでその活性を阻害する。その結果，シュートから根に向かうオーキシンの極性輸送が妨げられ，成長が停止する。植物体の陰になってい

[†]**葉緑体光定位運動**（chloroplast photo-relocation movement）: 光環境に応じて細胞内の葉緑体の配置を変化させる現象を葉緑体の定位運動とよぶ。強光の場合は光阻害を避けるために入射光に平行な細胞壁面側に分布する。弱光下では，葉の表面側に葉緑体は移動し，なるべくたくさんの光を受け取ろうとする。

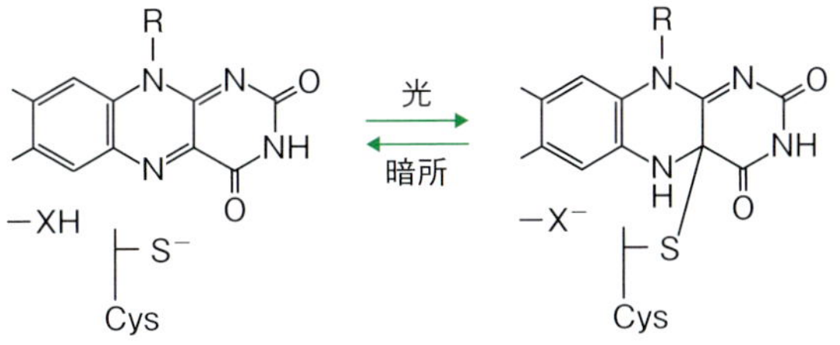

図11·17 フォトトロピンの発色団であるFMNの構造変化
（佐藤, 2014）

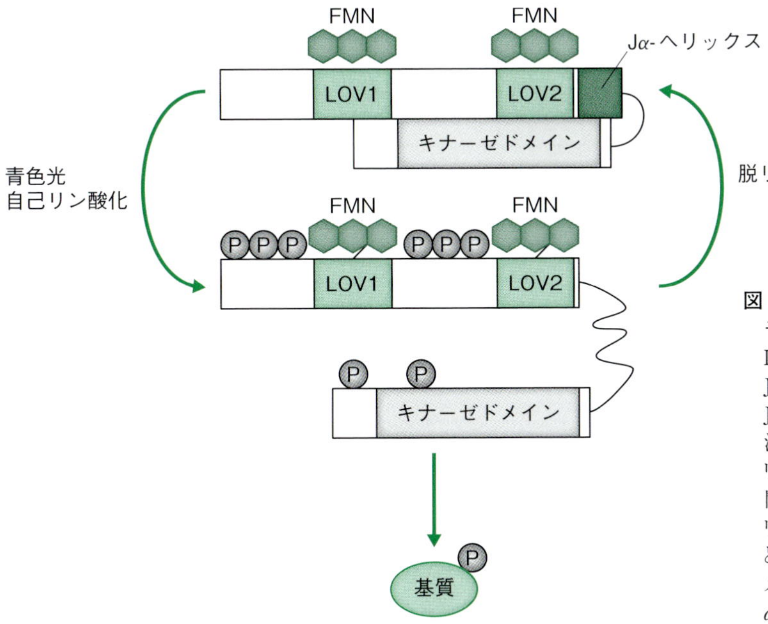

図11·18 フォトトロピンの自己リン酸化モデル
LOV2ドメインとキナーゼドメインの間にはJα-ヘリックスがある。青色光を受容するとJα-ヘリックスの構造が変化し，キナーゼが活性化される。その結果，セリン残基が自己リン酸化され，フォトトロピン誘導性の反応が開始される。暗所では脱リン酸化酵素によりリン酸基が外され，フォトトロピンは不活性型となる（暗所では1個のFMNがLOVドメインと非共有結合をしている）。(Inoue *et al.*, 2000を改変)

る側でオーキシン排出輸送体のPIN3が機能するようになり,その領域のオーキシン濃度が高くなるので,光の方向に植物が屈曲すると考えられている。

11・3・2 気孔の開閉

植物が環境に適応して生きていくために,気孔の開閉の調節はきわめて重要である。光合成のために気孔を開けてCO_2を取り入れる必要があるが,その一方で,気孔を開くと水分が失われる。気孔の開閉は,光,乾燥,CO_2濃度などの環境刺激によって調節されている。気孔の開閉は孔辺細胞の体積の変動によって引き起こされる。孔辺細胞の細胞壁をよく見ると,内側(気孔側)は厚く,外側は薄い。孔辺細胞の体積が増加すると薄い細胞壁のある外側に引っ張られて,気孔が開く。気孔の開口には青色光が必要であり,フォトトロピンが青色光を受容することが気孔の開口に向けたシグナルとなる。このシグナルが伝達されることによって孔辺細胞の細胞膜にあるH^+-ATPaseがリン酸化され,14-3-3タンパク質が結合する。その結果,H^+-ATPaseが活性化されてH^+の輸送が活発に行われ,過分極†の状態となる。そのため,K^+がK^+-チャネルによって孔辺細胞に取り込まれると共に,水ポテンシャルの低下によって細胞外から水が浸入して孔辺細胞の体積が増加し,気孔が開く(図11・19)。

植物が乾燥ストレスを受けるとアブシシン酸が合成され,孔辺細胞で受容される。一連のシグナル伝達により細胞膜に存在する外向き陰イオンチャネルが活性化され,孔辺細胞から陰イオンが排出されることで細胞膜の脱分極が引き起こされる。その次に細胞膜のK^+-チャネルが開くことでK^+を排出し,孔辺細胞の水ポテンシャルが上昇する。その結果,水が排出され孔辺細胞の体積が小さくなり気孔が閉鎖すると考えられる。

†**過分極と脱分極**:一般的に細胞の外側は正に,内側は負に分極している。この分極が定常状態よりも大きくなることを過分極,小さくなることを脱分極という。

◆ **気孔の数**:葉の表面$1mm^2$あたりに,およそ50〜数百個の気孔が存在する。シロイヌナズナでは,葉の裏側$1mm^2$あたり約100個の気孔が存在する(木下,2015)。

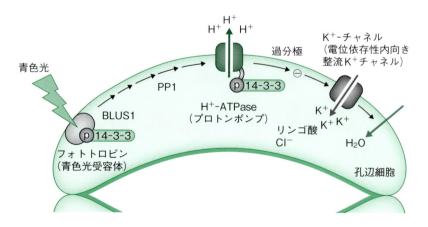

図11・19 青色光による気孔開口反応の模式図
フォトトロピンが青色光を受容してからH^+-ATPaseのリン酸化までのシグナル伝達経路の詳細は完全には解明されていないが,自己リン酸化されたフォトトロピンがセリン/トレオニンキナーゼであるBLUS(BLUE LIGHT SIGNALING)1をリン酸化し,それに続くプロテインホスファターゼPP1の活性化がH^+-ATPaseの活性化に関与することが示されている。(木下,2015を改変)

第12章 植物生理学は未来を拓く：バイオテクノロジー

　近年の分子生物学の進歩は植物生理学の研究の発展に大きく貢献しています。これまで解き明かされていなかった植物のしくみが次々と解明されている要因は，植物の形質転換が可能になったことや，遺伝子機能を解析するツールの技術革新にあるといえるでしょう。植物の研究はゲノムから攻め込む手法を用いることも多くなりました。また，植物が生成する多くの有用物質を効率よく生産させ，人間の生活に役立てる取り組みも行われています。

　本章では，これまで解説してきた植物生理学の研究に必要である植物の形質転換の方法と共に，その応用例について解説します。さらに，未来のリソースとして重要な微細藻類の可能性についても言及します。

12・1　植物の形質転換

12・1・1　アグロバクテリウム法

　植物の形質転換法として，**アグロバクテリウム法**が広く用いられている。植物の病原菌である**アグロバクテリウム**[†]（*Agrobacterium tumefaciens*）の感染によって，植物には**クラウンゴール**（crown gall）とよばれる腫瘍が形成される。アグロバクテリウムには **Ti**（tumor-inducing）**プラスミド**（**図 12・1**）とよばれる巨大な環状 DNA が存在する。Ti プラスミドは**病原性**（*vir*）**遺伝子**

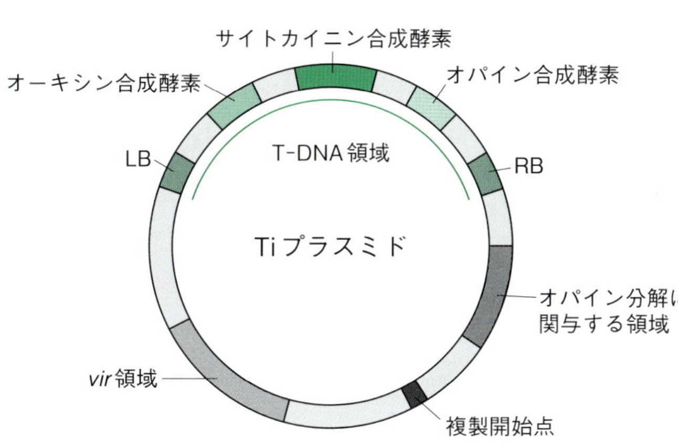

図 12・1　Ti プラスミドの模式図
　Ti プラスミドの大きさは約 200 kbp である。RB と LB はそれぞれ 25 bp の反復配列である。

[†] アグロバクテリウム：植物の形質転換に用いられているアグロバクテリウムは，慣用的に *Agrobacterium tumefaciens* という学名で表記されていることが多い。しかし，現在の正式な学名は *Rhizobium radiobacter* に変更されている。*Agrobacterium* 属と近縁と考えられていた *Rhizobium* 属は根粒菌（73 ページ参照）を含む種を 1 つにまとめることによって設けられた。しかし，DNA の分子系統解析により，*Rhizobium* 属と *Agrobacterium* 属は単系統（単一の共通祖先とその系統に属するすべての生物を含む群）であることが判明し，学名としての *Agrobacterium* 属は廃止された。

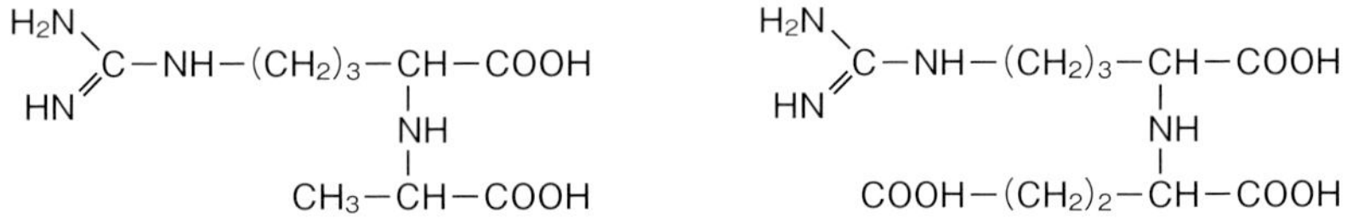

図 12·2 オパインの構造
オクトピンとノパリンを示す。

オクトピン　　　　　　　　　　　　　　　ノパリン

と T（transfer）-DNA という領域をもつ．T-DNA 領域は **RB**（right border）と **LB**（left border）に挟まれた領域であり，オーキシン，サイトカイニン，特殊なアミノ酸である**オパイン**（opine）（図 12·2）を合成する酵素をコードする遺伝子が存在する．*vir* 遺伝子群は *virA*, *B*, *G*, *C*, *D*, *E* の 6 個のオペロンから構成されている．自然界において，植物が傷害を受けたときに分泌するアセトシリンゴン（図 12·3）などのフェノール性化合物を，アグロバクテリウムが生成する膜タンパク質である virA が受容することで *vir* 遺伝子群の活性化が始まり，T-DNA の一本鎖が Ti- プラスミドから切り出される．切り出された T-DNA は *vir* 遺伝子産物の働きで植物に転移し，植物の核ゲノムにランダムに組み込まれる．組み込まれた T-DNA が発現することで，オーキシンやサイトカイニンの濃度が高まり，細胞分裂が促進され腫瘍が形成される．植物や他の細菌はオパインを分解して利用することができないが，アグロバクテリウムはオパインを利用することができる．つまり，アグロバクテリウムは T-DNA を植物細胞に送り込むことにより，栄養源であるオパインを植物に合成させ，しかも細胞増殖を促進することでオパイン合成細胞を増やし，植物を操っている．

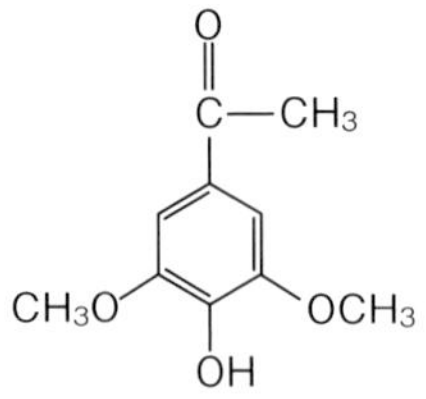

図 12·3 アセトシリンゴンの構造

　このようなアグロバクテリウムの巧妙な遺伝子導入のしくみを応用して，アグロバクテリウム法とよばれる植物の形質転換法が開発された（図 12·4）．

　アグロバクテリウムの Ti プラスミドに存在する T-DNA 領域が切り出されて植物ゲノムに組み込まれることはすでに述べたが，T-DNA は RB と LB の配列さえあれば，その間に挟み込まれる配列が何であっても植物ゲノムに組み込まれる．そのため，RB と LB の間に目的遺伝子を連結すれば遺伝子導入が可能となる．また，T-DNA と *vir* 遺伝子群は同一のプラスミドに存在する必要はない．アグロバクテリウムを用いて植物に遺伝子を導入する際は，T-DNA 領域を欠損させた Ti プラスミドをヘルパープラスミドとしてもつアグロバクテリウムを用いる．ヘルパープラスミドには *vir* 遺伝子群が存在する．このアグロバクテリウムにバイナリーベクターを導入する．バイナリーベクターは RB と LB をもち，その間に，植物に導入する目的遺伝子と選抜のための選択マーカーである抗生物質耐性遺伝子が挿入される．ヘルパープラスミドと外来遺伝子を連結したバイナリーベクターをもつアグロバクテリウムを植物

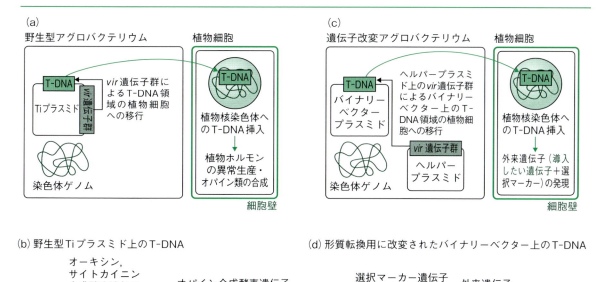

図 12·4 アグロバクテリウムによる植物への遺伝子導入
(a) 野生のアグロバクテリウムは数百 kb の巨大な Ti プラスミドを有している。(b) Ti プラスミドの RB と LB の間の T-DNA 領域には，オーキシンおよびサイトカイニン合成酵素遺伝子，オパイン合成酵素遺伝子が存在する。(c) 遺伝子を改変したアグロバクテリウムは Ti プラスミドから T-DNA 領域を欠損させたヘルパープラスミドを有する。外来遺伝子を連結したバイナリーベクターとよばれるプラスミド DNA をアグロバクテリウムに導入する。バイナリーベクターは Ti プラスミドよりもサイズが小さいので，プラスミドの構築が容易である。(d) バイナリーベクター上の T-DNA には選択マーカー遺伝子（抗生物質耐性遺伝子）が存在する。植物に導入したい外来遺伝子を T-DNA 領域に連結し，抗生物質耐性で選択することで，外来遺伝子が挿入された細胞を特定できる。（山本，2016 を改変）

に感染させ[†]，抗生物質耐性によって，遺伝子導入された細胞を選抜する。自然界でアグロバクテリウムの宿主にならないイネも，vir 遺伝子群の発現を誘導するアセトシリンゴンの濃度を調節することにより，この方法で形質転換が可能である。

12·1·2 その他の形質転換法

アグロバクテリウムによる形質転換が成功していない植物種や藻類などにおいて，パーティクルガン[†]を用いて形質転換が行われている。DNA を付着させた金やタングステンなどの直径数 μm の微粒子（マイクロキャリアー）を，ヘリウムガスの圧力により植物体へ打ち込む。その結果，外来遺伝子を核 DNA にランダムに挿入させる（**図 12·5**）。

大腸菌などの形質転換に使用されるエレクトロポレーション法を用いる場合もある。単細胞の緑藻であるクラミドモナスの形質転換はエレクトロポレーション法で行われることが多い。

†フローラルディップ（floral dip）法：アグロバクテリウムを用いたシロイヌナズナの形質転換ではフローラルディップ法がよく用いられる。植物体を逆さにしてアグロバクテリウムの懸濁液に浸して感染させる。感染後に生育させた種子が T_1 世代である。

†パーティクルガン：現在は高圧のヘリウムガスを使用しているが，初期には，火薬を使用して，銃のように打ち込んでいた。

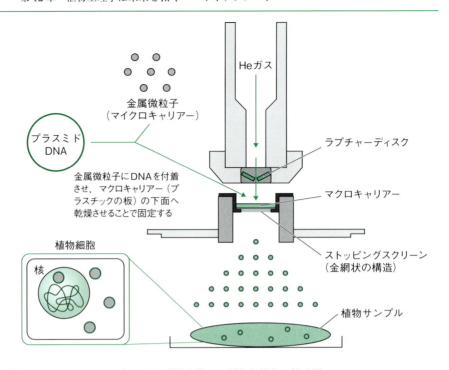

図12・5　パーティクルガンによる植物細胞への遺伝子導入の模式図
ヘリウムガスの圧力によりラプチャーディスクが壊れ，マクロキャリアーがストッピングスクリーンで停止し，マイクロキャリアーが植物サンプルに打ち込まれる。（山本，2016を改変）

また，植物細胞の細胞壁をセルラーゼやペクチナーゼで処理して取り除き，**プロトプラスト**（protoplast）の状態にして，ポリエチレングリコール（PEG）と外来 DNA を混合して遺伝子導入を行う，プロトプラスト/PEG 法がある。この方法では導入した DNA が分解されることもあり，一過性の発現を調べる手法として用いられることが多い。

12・2　分子育種とその応用

植物の遺伝子組換え技術の発達に伴い，その技術を利用した**遺伝子組換え作物**（genetically modified crop）が作出されるようになった。従来型の交配と選抜を繰り返す育種ではなく，遺伝子改変を伴う育種を，分子育種とよぶ。初期の遺伝子組換え作物として，1994 年に米国で商品化されたフレーバー・セーバー（Flavr Savr）は日もちのよいトマトである。細胞壁を分解するポリガラクチュロナーゼのアンチセンス遺伝子を導入し[†]，ポリガラクチュロナーゼの働きを抑えることで，成熟しても形が崩れない日もちのよいトマトを作り出した。その後，遺伝子組換え作物の栽培は拡大しているが，対象となる主な

†**アンチセンス法**：標的遺伝子の mRNA に対して相補鎖の mRNA が結合することで，遺伝子発現を抑える方法である。

農作物は，ダイズ，トウモロコシ，ワタ，セイヨウナタネである。

遺伝子組換え作物の中で，世界で最も多く商業栽培されているのは除草剤耐性を付加した作物である。除草剤グリホサート（主な商品名はラウンドアップ）は，シキミ酸経路の酵素である5-エノールピルビルシキミ酸3-リン酸（EPSP）シンターゼを阻害する（図12・6(a)）。シキミ酸経路では芳香族アミノ酸が合成されるため，EPSPシンターゼの阻害により植物は枯死する。作物に，グリホサートに非感受性の微生物由来のEPSPシンターゼ遺伝子を導入すると，グリホサートを散布しても生育が抑えられることはない。

また，グルホシネート（ホスフィノトリシン）（主な商品名はバスタ）はグルタミン酸のアナログであり，グルタミン合成酵素を阻害する（図12・6(b)）。この酵素を阻害することで基質であるアンモニウムイオンが蓄積し，植物は枯死する。放線菌から分離したホスフィノトリシンアセチルトランスフェラーゼの遺伝子を植物に導入して発現させると，植物内に取り込まれたグルホシネートのアミノ基をアセチル化し，阻害剤としての機能を喪失させる。

◆ **ゲノム編集**（genome editing）：細胞内で標的のDNAを切断し，その修復過程で遺伝子を改変するゲノム編集技術が，近年，めざましく発展している。**ZFN**（zinc-finger nuclease）や**TALEN**（transcription activator-like effector nuclease）のような人工ヌクレアーゼを用いた方法が使われていたが，2013年に発表された**CRISPR/Cas9**（clustered regularly interspaced short palindromic repeats/CRISPR-associated protein 9）という，ガイドRNAとDNA切断酵素Cas9の複合体を用いて標的のDNAを改変する方法が発表され，急速に広まった。従来の遺伝子組換え技術に加え，このような新しい育種技術を**NBT**（new plant breeding techniques）とよぶ。

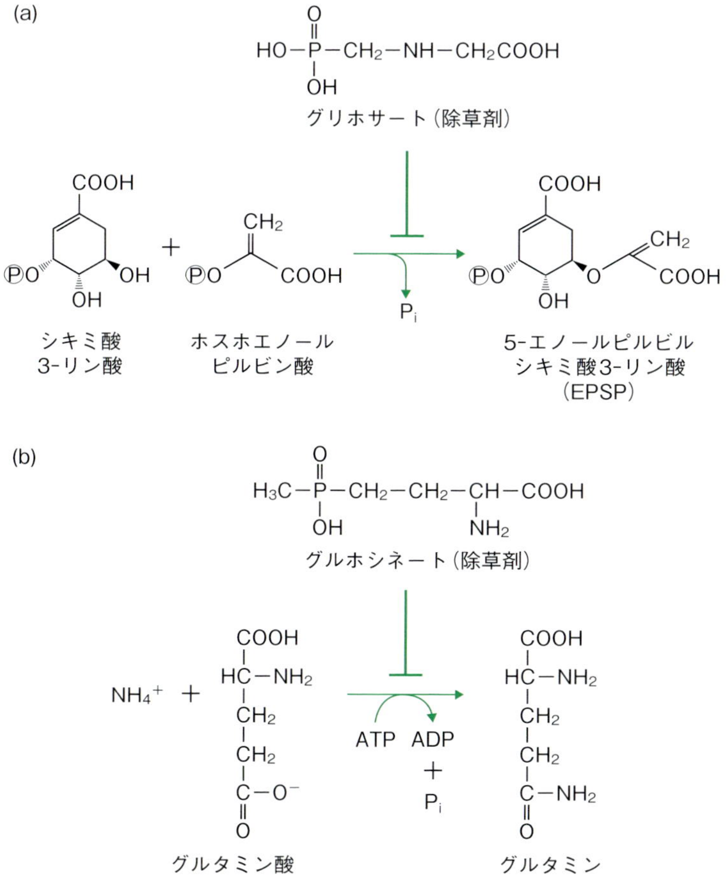

図12・6 グリホサートとグルホシネートが阻害する反応

このような除草剤耐性の作物を栽培することにより，除草剤の使用量の減少が報告されている。一方で，除草剤耐性作物を栽培することにより，野生の植物と交雑して，周辺の植物相を変えるのではないかという懸念がある。例えば，ダイズの近縁種のツルマメは自生している。しかし，遺伝子組換えダイズとツルマメが交雑する確率はきわめて低く，交雑した場合でも，雑種が野生種を駆逐することは考えにくい。つまり，遺伝子組換えダイズの栽培は生物多様性に影響を及ぼさないという見解が示されている。

生物に人工的に転移した遺伝子をトランスジーンとよぶ。商業的に利用されている遺伝子組換え作物でのトランスジーンとして，除草剤耐性の付加の他に，殺虫性タンパク質遺伝子が広く使用されている。土壌細菌であるバチラス・チューリンゲンシス（*Bacillus thuringiensis*）は，昆虫を殺す Bt タンパク質を生成する。昆虫の幼虫の消化液は一般的にアルカリ性のため，Bt タンパク質を分解することはできない。そのため，Bt タンパク質は幼虫の腸にある受容体に結合し，幼虫は死に至るが，ヒトを初めとする動物はこのタンパク質に対する受容体をもたない。また，ヒトが Bt タンパク質を摂取しても，酸性の胃液によって分解されてしまう。そのため，感受性の昆虫には有害であるが，非感受性の生物には影響を及ぼさない。Bt タンパク質遺伝子を導入した遺伝子組換え作物として，ジャガイモ，ワタ，トウモロコシが作出されている。特に，トウモロコシの茎の中に侵入するため殺虫剤の散布では対応しきれないアワノメイガの幼虫を駆除するのに効果的である。バチラス・チューリンゲンシスは土壌に広く存在する菌であり，微生物農薬としても使用されている。

2019 年 4 月現在，日本国内において販売や流通が認められている遺伝子組換え作物として，ダイズ，テンサイ，トウモロコシ，セイヨウナタネ，ワタ，アルファルファ，ジャガイモ，パパイヤ，カーネーション，バラが挙げられる。しかし，カルタヘナ法†に基づく第一種使用規定†承認が得られ，商業栽培されているのは，鑑賞用の青いバラのみである。

自然界に青いバラが存在しない理由は，デルフィニジンという青い色素をもたないためである。バラは橙色（だいだい）のペラルゴニジンと赤色のシアニジンをもっている。パンジーのフラボノイド 3′, 5′-ヒドロキシラーゼ（F3′5′H）遺伝子をバラに導入して発現させることにより，デルフィニジンが合成され，青いバラを作出することに成功した（**図 12・7**）。しかし，デルフィニジンが蓄積されても，もともとバラに含まれるシアニジンなどの赤い色素が共存すると，バラの花弁の色調は美しい青色にはならない。そのためさらに，バラのジヒドロフラボノール 4-レダクターゼ（DFR）の発現を抑えることで，ペラルゴニジン

---

† カルタヘナ法：遺伝子組換え生物等の使用等の規制による生物の多様性の確保に関する法律。生物の多様性に関する条約のバイオセーフティに関するカルタヘナ議定書を日本で実施するための法律であり，2004 年から施行されている。2010 年に補足議定書が採択されたため，それに伴いカルタヘナ法も改正され 2018 年から施行されている。

† カルタヘナ法第一種使用等：遺伝子組換え生物の流通や屋外での栽培などの環境放出を伴う行為は第一種使用等に分類される。使用の前に，遺伝子組換え生物の種類ごとに申請が必要であり，使用によって生物多様性に与える影響がないと判断された場合に，主務大臣から使用の承認を受けることができる。また，拡散防止措置を行って環境への放出がない状態で遺伝子組換え生物を扱う場合は，第二種使用等に分類され，事前に主務大臣の確認が必要である。

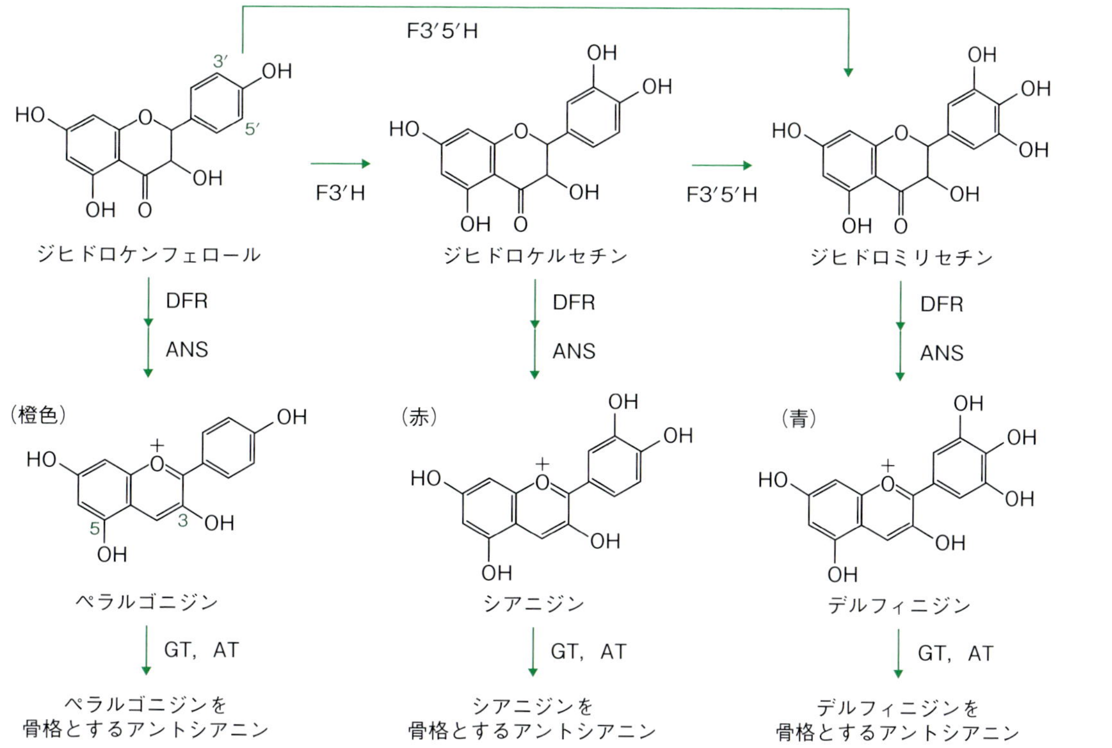

図12・7 青いバラを作出するために改変した代謝系
DFR：ジヒドロフラボノール4-レダクターゼ，ANS：アントシアニジンシンターゼ，F3′H：フラボノイド3′-ヒドロキシラーゼ，F3′5′H：フラボノイド3′,5′-ヒドロキシラーゼ，GT：アントシアニジングルコシルトランスフェラーゼ，AT：アントシアニンアシルトランスフェラーゼ（Katsumoto *et al.*, 2007を改変）

とシアニジンの合成を抑制し，赤色や橙色が花弁に反映されないように工夫した．加えて，アイリスのDFR遺伝子とパンジーのF3′5′H遺伝子を導入することで，デルフィニジン含有率を高め，さらに青いバラを作出することを可能にした．

12・3 ファイトレメディエーション

　植物を利用した環境修復技術を**ファイトレメディエーション**（phytoremediation）とよぶ．ファイトレメディエーションの対象となる有害物質は，土壌中の重金属（カドミウム，鉛，亜鉛，ニッケル，銅など），土壌や水に含まれる放射性物質，石油由来である多環芳香族炭化水素（polycyclic aromatic hydrocarbons, **PAH**），大気中の窒素酸化物（NOx）などである．植物は有害物質をさまざまな方式で除去し，あるいは有害物質を毒性の少ない

◆バイオレメディエーション：植物だけでなく，生物を用いた環境修復技術全般をバイオレメディエーションとよぶ．例えば，海上への原油の流出事故の際に，微生物を利用して原油を分解させる取り組みが行われている．

表 12·1 ファイトレメディエーションの方式

種類	内容
ファイトエクストラクション	根から有害物質を吸収し，地上部に蓄積する。
ファイトスタビリゼーション	根圏のシステムにより有害物質を固定化し，移動を防ぐ。
ファイトボラティリゼーション	有害物質を毒性の低い形に変換し，大気中に放出する。
ファイトデグラデーション	植物が吸収した有害な有機化合物を酵素により分解する。
リゾフィルトレーション	水と共に根から吸収した有害物質を吸収あるいは沈殿させて取り除く。
リゾデグラデーション	根圏微生物により有害物質を分解する。
ファイトデサリネーション	塩耐性植物が土壌中の塩分を吸収することで，土壌から塩分を取り除く。

（Cristaldi et al., 2017 を改変）

物質に変換する（表 12·1）。ファイトレメディエーションの中でも，土壌中の重金属を除去するファイトエクストラクションを大規模に行った例は多い。**ハイパーアキュミュレーター**（hyperaccumulator）とよばれる，高濃度に重金属を蓄積する植物を汚染土壌で生育させることで，土壌から重金属を吸収し，植物体の地上部に蓄積させる。重金属のハイパーアキュミュレーターとしては，シダの仲間であるヘビノネゴザ，カラシナ，グンバイナズナ，ヒマワリ，ヤナギなどが知られている。植物は吸収した重金属を細胞内の液胞に蓄積する。重金属は液胞内でファイトケラチンと結合して隔離される（80 ページ参照）。ハイパーアキュミュレーターを用いたファイトレメディエーションの効率は，当該植物の重金属蓄積能力だけでなく，植物体の大きさにも影響される。

12·4 藻類を用いた有用物質生産

本書ではこれまで，主として陸上植物を対象とした植物生理学について解説してきた。しかし，酸素発生型の光合成を行う生物は陸上植物だけではない。水中に生息する**藻類**（algae）も酸素発生型の光合成を行う。藻類には，多細胞生物と単細胞生物の 2 つのタイプが存在する。単細胞の藻類は，約 30 億年前に地球の海洋に出現した最初の生物の 1 つであり，**微細藻類**（microalgae）とよばれ，その種類は 10 万種にも及ぶ。葉緑体の分子系統解析から，緑藻と緑色植物，紅藻，灰色藻の 3 つのグループの葉緑体が原核生物であるシアノバクテリア（ラン藻類）に由来すると考えられている。これらの生物群は単系統であり，真核生物の細胞にシアノバクテリアが一回共生することによって生まれた一次共生生物である。その他の藻類は，一次共生藻類が別の真核生物に取り込まれて生まれた，二次共生生物である[†]。

† **葉緑体の包膜**：一次共生によって生まれた生物のもつ葉緑体の包膜は二重膜である。二次共生によって生まれた生物のもつ葉緑体の包膜は三重膜あるいは四重膜である。三重膜の場合，内側の二重膜は葉緑体の祖先となる真核藻類の葉緑体包膜由来であり，一番外側の膜は宿主の食胞膜由来であると考えられている。四重膜の藻類の多くでは，最も外側の膜は葉緑体 ER とよばれ，粗面小胞体あるいは核膜の外膜とつながっている。

このように多様な起源をもつ藻類であるが，その中でも，近年，微細藻類の産業利用に注目が集まっている。現代社会において，燃料や化学製品は主に石油から製造されている。このようなオイルリファイナリーに対して，バイオマスから燃料や化学製品を製造することをバイオリファイナリーとよんでいる。微細藻類のバイオマスは，バイオリファイナリーの対象として，多方面からの技術開発が行われている。本書では，特に，植物生理学から考える微細藻類を用いた石油代替エネルギーの生産について取り上げる。

大気中の二酸化炭素を光合成によって固定することで生産されるバイオ燃料は，再生可能なエネルギー資源[†]である。主なバイオ燃料として，トウモロコシやサトウキビなどを発酵させて生産するバイオエタノールと，微細藻類の油脂生成能力を利用する**藻類由来のオイル**（algal biofuels）がある。バイオエタノールを作り出すための植物の栽培は食糧や飼料用穀物の作付面積を減少させ，結果として，穀物の高騰を招いた過去がある。そのため，食糧との競合がなく，耕作に適さない土地でも年間を通して培養が可能な微細藻類を用いたオイル生産の開発が有望視されている。単位面積あたりのオイル収量の見積もりによれば，微細藻類を用いたオイル生産は非常に効率的であることが示されている（表 12·2）[†]。

表 12·2　陸上植物と微細藻類のオイル産生能の比較

作物・藻類	オイル産生量（L/ha/ 年）
トウモロコシ	172
ダイズ	446
ナタネ	1,190
アブラギリ	1,892
ココナッツ	2,689
アブラヤシ	5,950
微細藻類 a	136,900
微細藻類 b	58,700

微細藻類 a：オイルが乾燥重量の 70% を占める種
微細藻類 b：オイルが乾燥重量の 30% を占める種
（Chisti, 2007 を改変）

微細藻類が生成するオイルは**トリアシルグリセロール**（TAG）が多い。TAG とメタノールを作用させてエステル交換反応を行うことで遊離した脂肪酸のメチルエステルを，**バイオディーゼル**[†]として使用する。TAG 以外には，ボトリオコッカス（*Botryococcus braunii*）が生成する炭化水素や，ユーグレナ（*Euglena gracilis*）が生成するワックスエステルが知られている。ボトリオコッカスの炭化水素には，脂肪酸合成経路から作られるアルカジエンやトリ

◆**バイオテクノロジーの3つの領域**：バイオテクノロジーの領域を色でイメージして大別することがある。医療や健康に応用されるものをレッドバイオ，農業や環境に応用されるものをグリーンバイオ，工業生産に応用されるものをホワイトバイオとよぶ。バイオ燃料生産はホワイトバイオの1つである。

†**再生可能エネルギー**：石油，石炭，天然ガスなどの化石燃料から生み出されるエネルギーではなく，太陽光，水力，風力，地熱などの自然現象を利用し，再生して繰り返し使用できるエネルギーである。

†**オイル生産の実用化までの工程**：微細藻類の培養，培養液からの微細藻類の回収，オイルの抽出，オイルの加工までが大きな流れとなる。

†**バイオディーゼル**：生物に由来する油から作られるディーゼルエンジン用の燃料で，軽油に相当する。

†パラミロン：ユーグレナは光合成によって固定した炭素をデンプンに変換することはできない。その代わりに，β-1,3-グルカンであるパラミロンを合成して蓄積する。

†ミトコンドリアの脂肪酸合成系：植物細胞において脂肪酸合成系は葉緑体に存在する（55ページ参照）。しかし，ユーグレナだけでなく他の植物でも，ミトコンドリアに脂肪酸合成系が存在することが示されている。ミトコンドリアの脂肪酸合成系の役割の1つは，2個の硫黄原子を含む脂肪酸の誘導体であり，ミトコンドリアに局在する4つの酵素複合体の補酵素であるリポ酸の合成である。

エンなど，あるいはテルペノイド合成経路から作られるボトリオコッセンなどがある。

ユーグレナのワックスエステルは，嫌気条件下で生成される。生物は嫌気条件下に置かれると酸素呼吸ができないため，解糖系によりATPを生産する。これに対してユーグレナは，蓄積しているパラミロン†をグルコース単位に分解し，解糖系でピルビン酸を合成する。ピルビン酸はミトコンドリアでアセチルCoAとなり，ミトコンドリアに存在する脂肪酸合成系†により，還元力としてNADHを用いて炭素数14のミリスチン酸（14:0）を主成分とする脂肪酸が合成される。脂肪酸の一部はアルコールにまで還元され，脂肪酸とアルコールがエステル結合したワックスエステル（ミリスチン酸-ミリスチル）が合成される。このようなワックスエステルを合成する過程で，ユーグレナはATPを生産する。

微細藻類は生育に適した条件ではTAGを蓄積しないが，ストレス条件下ではTAGが多く蓄積されることがある。ある種の微細藻類を栄養欠乏条件下で培養すると，TAG蓄積が顕著に誘導される。特に窒素欠乏条件下では，タンパク質や核酸などの窒素を含む化合物を合成できないため，TAGが蓄積する（図12·8）。培養時にCO_2を通気することで炭素の供給量が増加し，高い割合で細胞内にTAGを蓄積する。窒素欠乏条件では細胞の増殖が妨げられるため，細胞がある程度増殖してから窒素欠乏条件にしてTAGを合成させる手法が用

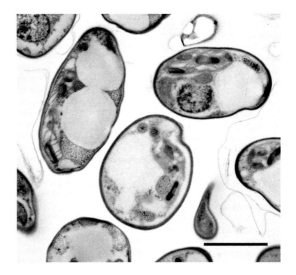

図12·8　TAGが蓄積された微細藻類の電子顕微鏡写真
トレボウキシア藻 *Coccomyxa* 属の微細藻類を窒素欠乏条件下で培養した。白い構造体がTAGを蓄積しているオイルボディ（油滴）である。スケールバーは2 μmを表す。（松脇いずみ博士 提供）

いられることが多い．しかし，栄養欠乏条件下でも長く増殖を続けることのできる変異株を分離することによって，さらにオイルの収率を上げる検討が行われている．

　遺伝子組換え技術を用いて変異株を作出する試みも行われている．遺伝子組換え技術のうち，同種の核酸のみを用いて行われるセルフクローニング，および自然条件下で核酸を交換することが知られている種の核酸のみを用いて行われるナチュラルオカレンスは，カルタヘナ法の条文では規制対象外である．近年になって発展したゲノム編集技術は，微細藻類の遺伝子改変にも応用され，油脂の蓄積量を増加させた微細藻類が作出されている．ゲノム編集によって遺伝子が改変された微細藻類の中には，セルフクローニングやナチュラルオカレンスと呼ぶことができるものも含まれるが，カルタヘナ法の規制対象外と判断するためには慎重な議論が必要である．また，カルタヘナ法の規制対象外と判断されたとしても，作出された微細藻類を屋外開放系で培養する場合は，何らかの規制と情報提供が必要である．例えば，他の微生物を減少させる性質，病原性，有害物質の産生性，核酸の水平伝達[†]の可能性などについて検討し，生物多様性に影響を及ぼさないものでなければならない．

　バイオ燃料は「CO_2 を抜本的に削減する低炭素社会の実現」の一翼を担うことが期待されている．このような大きな社会的課題の解決に向けて，植物生理学の知見を応用していくことが，持続可能な社会への大きな貢献となることは間違いない．

†遺伝子の水平伝達：水平伝播ともよばれる．遺伝子は親から子へと垂直伝達によって受け継がれていくが，他の個体や他の生物から遺伝子を取り込む現象があり，これを水平伝達とよぶ．細菌の間で水平伝達が起こることはよく知られている．異種の生物間での水平伝達の例として，海産の尾索動物であるホヤのセルロース合成能の獲得が知られている．セルロースは植物や細菌などの細胞壁の主要な構成物質であり，通常は，動物に存在しない．しかし，動物であるホヤはセルロースを合成し，セルロースで体表面を覆うことで身を守っている．この理由は，細菌のもつセルロース合成酵素の遺伝子が水平伝達によってホヤに取り込まれ，ホヤ自身がもつ転写因子の働きで，取り込まれたセルロース合成酵素遺伝子が転写されて機能するようになったためと考えられている．

引用文献

1章

西谷和彦・島崎研一郎 監訳（2017）『テイツ／ザイガー 植物生理学・発生学 原著第6版』講談社.

清水 碩（1993）『植物生理学 改訂版』裳華房.

2章

Kanazawa, T. and Ueda, T. (2017) New Phytologist, **215**: 952-957.

Staehelin, L.A. (2015) "Biochemistry & Molecular Biology of Plants Second edition", Buchanan, B.B. *et al.* eds., Wiley-Blackwell, p.2-44.

横山隆亮ら（2015）化学と生物, **53** (2): 107-114.

3章

Barros, T. and Kühlbrandt, W. (2009) Biochim. Biophys. Acta, **1787**: 753-772.

Blankenship, R.E. (2014) "Molecular Mechanisms of Photosynthesis, Second edition", Wiley Blackwell.

Chen, M. *et al.* (2010) Science, **329**: 1318-1319.

Emerson, R. and Lewis, C.M. (1943) Am. J. Bot., **30**: 165-178.

Guan, X. (2007) Int. J. Biol. Sci., **3**: 434-445.

Hatch, M.D. and Slack, C.R. (1966) Biochem. J., **101**: 103-111.

http://6e.plantphys.net/topic07.02.html

Kashiyama, Y. *et al.* (2008) Science, **321**: 658.

Miyashita, H. *et al.* (1996) Nature, **383**: 402.

Munekage, Y. *et al.* (2002) Cell, **110**: 361-371.

日本光合成研究会 編（2003）『光合成事典』学会出版センター.

Niyogi, K.K. *et al.* (2015) "Biochemistry & Molecular Biology of Plants, Second edition", Buchanan, B.B. *et al.* eds., Wiley-Blackwell, p.508-566.

Pedersen, O. *et al.* (2010) New Phytologist, **190**: 332-339.

Pribil, M. *et al.* (2014) J. Exp. Bot., **65**: 1955-1972.

Sage, R.F. *et al.* (2012) Annu. Rev. Plant Biol., **63**: 19-47.

佐藤直樹（2014）『しくみと原理で解き明かす 植物生理学』裳華房.

清水 碩（1993）『植物生理学 改訂版』裳華房.

4章

Kruger, N.J. and von Schaewen, A. (2003) Curr. Opin. Plant Biol., **6**: 236-246.

Plaxton, W.C. and Podestá, F.E. (2006) Crit. Rev. Plant Sci., **25**: 159-198.

5章

Crofts, N. *et al.* (2017) Plant Sci., **262**: 1-8.

Niittylä, T. *et al.* (2004) Science, **303**: 87-89.

Streb, S. and Zeeman, S.C. (2012) The Arabidopsis Book e0160. doi: 10.1199/tab.0160

Wan, H. *et al.* (2018) Trends in Plant Sci., **23**: 163-177.
Zeeman, S.C. *et al.* (1998) Plant Cell, **10**: 1699-1711.

6章

Fang, L. *et al.* (2016) Plant Cell, **28**: 2991-3004.
Li-Beisson, Y. *et al.* (2013) The Arabidopsis Book, e0161. doi: 10.1199/tab.0161
Ohlrogge, J. and Browse, J. (1995) Plant Cell, **7**: 957-970.
Ohlrogge, J. *et al.* (2015) "Biochemistry & Molecular Biology of Plants, Second edition", Buchanan, B.B. *et al.* eds., Wiley-Blackwell, p.337-400.

7章

Coruzzi, G. *et al.* (2015) "Biochemistry & Molecular Biology of Plants, Second edition", Buchanan, B.B. *et al.* eds., Wiley-Blackwell, p.289-336.（図7・8）
Delhaize, E. *et al.* (2015) "Biochemistry & Molecular Biology of Plants, Second edition", Buchanan, B.B. *et al.* eds., Wiley-Blackwell, p.1101-1131.
Hell, R. and Wirtz, M. (2011) The Arabidopsis Book e0154. doi: 10.1199/tab.0154.
Kouchi, H. (2011) "Plant Metabolism and Biotechnology", Ashihara, H. *et al.* eds., Wiley-Blackwell, p.67-102.
Lambeck, I.C. (2012) J. Biol. Chem., **287**: 4562-4571.
Long, S.R. *et al.* (2015) "Biochemistry & Molecular Biology of Plants, Second edition", Buchanan, B.B. *et al.* eds., Wiley-Blackwell, p.711-768.
西谷和彦・島崎研一郎 監訳（2017）『テイツ／ザイガー 植物生理学・発生学 原著第6版』講談社.
清水 碩（1993）『植物生理学 改訂版』裳華房.
Versaw, W.K. and Garcia, L.R. (2017) Curr. Opin. Plant Biol., **39**: 25-30.
Wang, D. *et al.* (2017) Front. Plant Sci., **8**: article 817.doi: 10.3389/fpls.2017.00817.

8章

Guenther, A.B. *et al.* (2012) Geosci. Model Dev., **5**: 1471-1492.
Kajikawa, M. *et al.* (2009) Plant Mol. Biol., **69**: 287-298.
Kajikawa, M. *et al.* (2011) Plant Physiol., **155**: 2010-2022.
邑田 仁・米倉浩司（2009）『高等植物分類表』北隆館.
Negre, F. *et al.* (2003) Plant Cell, **15**: 2992-3006.
Roberts, M. *et al.* (2010) "Annual Plant Reviews, Biochemistry of Plant Secondary Metabolism, Second edition" Vol.40, Wink, M. eds., Wiley-Blackwell, p.20-91.
桜井英博ら（2017）『植物生理学概論 改訂版』培風館.
Vanholme, R. *et al.* (2013) Science, **341**: 1103-1106.
Wink, M. (2010) "Annual Plant Reviews, Biochemistry of Plant Secondary Metabolism, Second edition" Vol.40, Wink, M. eds., Wiley-Blackwell, p.1-19.
Zha, J. and Koffas, M.A.G. (2018) "Biotechnology of Natural Products", Schwab, W. *et al.* eds., Springer, p.81-97.

9章

Gottwald, J.R. *et al.* (2000) Proc. Natl. Acad. Sci. USA, **97**: 13979-13984.
Grebe, M. (2011) Nature, **473**: 294-295.
Hall, S.M. and Baker, D.A. (1972) Planta, **106**: 131-140.
Jekat, S.B. *et al.* (2013) Front. Plant Sci., **4**: 1-9.
Kang, J. *et al.* (2011) The Arabidopsis Book e0153. doi: 10.1199/tab.0153
西谷和彦（2011）『植物の成長』裳華房.
西谷和彦・島崎研一郎 監訳（2017）『テイツ／ザイガー 植物生理学・発生学 原著第6版』講談社.

10章

浅見忠男・柿本辰男（2016）『新しい植物ホルモンの科学 第3版』講談社.
Chapman, E.J. and Estelle, M. (2009) Annu. Rev. Genet., **43**: 265-285.
堀 孝一・太田啓之（2016）植物科学最前線, **7**: 55-65.
Kieber, J.J. and Schaller, G.E. (2014) The Arabidopsis Book e0168. doi: 10.1199/tab.0168
松林嘉克（2011）化学と生物, **49**: 529-534.
Michniewicz, M. *et al.* (2007) The Arabidopsis Book e0108. doi:10.1199/tab.0108
西谷和彦・島崎研一郎 監訳（2017）『テイツ／ザイガー 植物生理学・発生学 原著第6版』講談社.
Sun, T-p. (2008) The Arabidopsis Book e0103. doi: 10.1199/tab.0103
Waldie, T. *et al.* (2014) Plant J., **79**: 607-622.
Waternack, C. and Song, S. (2017) J. Exp. Bot., **68**: 1303-1321.

11章

Capron, A. *et al.* (2009) The Arabidopsis Book e0126 doi:10.1199/tab.0126
Drews, G.N. and Koltunow, A.M.G. (2011) The Arabidopsis Book e0155. doi: 10.1199/tab.0155
Gegear, R.J. *et al.* (2010) Nature, **463**: 804-808.
Grossniklaus, U. (2015) "Biochemistry & Molecular Biology of Plants, Second edition", Buchanan, B.B. *et al.* eds., Wiley-Blackwell, p.872-924.
Inoue, S. *et al.* (2010) Curr. Opin. Plant Biol., **13**: 587-593.
川本 望ら（2016）化学と生物, **54**(4), 281-288.
木下俊則（2015）化学と生物, **53**(9), 608-613.
Li, J. *et al.* (2011) The Arabidopsis Book e0148. doi: 10.1199/tab.0148
西谷和彦（2011）『植物の成長』裳華房.
西谷和彦・島崎研一郎 監訳（2017）『テイツ／ザイガー 植物生理学・発生学 原著第6版』講談社.
桜井英博ら（2017）『植物生理学概論 改訂版』培風館.
佐藤直樹（2014）『しくみと原理で解き明かす 植物生理学』裳華房.
清水 碩（1993）『植物生理学 改訂版』裳華房.

12章

Chisti, Y. (2007) Biotechnol. Adv., **25**: 294-306.
Cristaldi, A. *et al.* (2017) Environ. Technol. Innov., **8**: 309-326.
Katsumoto, Y. *et al.* (2007) Plant Cell Physiol., **48**: 1589-1600.
山本 卓 編（2016）『ゲノム編集入門』裳華房.

索 引

記号・数字

α-アミラーゼ 54
β-アミラーゼ 54
β 酸化 67
2-ホスホグリコール酸 30
3-PGA 27, 28, 30
3-ケトアシル-ACP シンターゼ 56
3′-ホスホアデノシン 5′-ホスホ硫酸 80
3-ホスホグリセリン酸 27
9-*cis*-エポキシカロテノイドジオキシゲナーゼ 129
26S プロテアソーム 115, 120, 128, 134, 139, 141, 145, 152

A

ABA 129
ABCE モデル 158
ABC トランスポーター 114
ADP 3
ADP-グルコースピロホスホリラーゼ 51
AM 菌 142
APS 79, 80
APS キナーゼ 80
ARF 115
ATP 2
ATP 依存ホスホフルクトキナーゼ 36
ATP 合成酵素 26
ATP スルフリラーゼ 79
AUX 113

B

BAK1 134
BES1/BZR1 134
BIN2 134
BR 132
BRC1 144
BRI1 134
Bt タンパク質 170

C

C_3 光合成 32
C_4 光合成 32
CAM 型光合成 33
CHS 91
CLV1 147
CLV3 147
COI1 タンパク質 139
CONSTANS 157
CO タンパク質 157
CTR1 127
CYP735 124

D

D3 145
D14 145
D53 タンパク質 145
DELLA タンパク質 120
DGDG 60, 62
DGTS 60
DHAP 28
DMAPP 85
DNA 1

E

E3 ユビキチンリガーゼ 139
EIN2 127
EPF 148
ER 15
ETR 127

F

F2,6-BP 48, 49
F6P 36
F-box タンパク質 115, 120, 128, 139, 145, 152
FLC 158
FLOWERING LOCUS T 157
FPP 86
FT タンパク質 157

G

G6P 36
GA-MYB 119
GAP 28
GDH 73
GGPP 86
GID1 120
GOGAT 72
GPP 86
GRAS ドメイン 120
GS 71

I

IAA 110, 111
IPP 84
IPP イソメラーゼ 85

J, K

JA 135
JAZ タンパク質 138
KAS 56

L

LEA タンパク質 131
LOG 124
LURE 148, 151

M

MAX1 143
MAX4 144
MED25 139
MEP 経路 85
MGDG 60, 61
Mn_4CaO_5 クラスター 23
MYC2 138

N

NAD 3
NADP 3
NCED 129
NDH 複合体 25

Nod 因子 76
NPR1 141

O

OAS-TL 79
O- アセチルセリン（チオール）リアーゼ 79

P, Q

P680 23
P700 23, 24
PAL 88
PAPS 80
PC 60
PE 60
PEP 33, 34, 39
PFK 36
PFP 36
PG 60
PIN 113
PIN タンパク質 155
PP2C 131
PR タンパク質 140
PS I 22
PS II 22
P- タンパク質 101
Q サイクル 24

R

RNA 1
ROS 42
Rubisco 28
RuBP 27, 30

S

SA 139
SAM 81, 126
SAR 140
SAT 79
SAUR 116
SCF 複合体 115
SCR タンパク質 152
SnRK1 49
SnRK2 131
SPS 47, 49
SQDG 60, 62
SRK タンパク質 152
S- アデノシルメチオニン 81, 126
S- リボヌクレアーゼ 152

T, U

TAA 111
TAG 64
TCA 回路 35
TDIF 147
T-DNA 166
TGN 15
TIR1 115
Ti プラスミド 165
UCP 42

V, W

vir 遺伝子群 166
WOX 153
WUS 147

あ

アーバスキュラー菌根菌 142
アグロバクテリウム（法）165
亜硝酸レダクターゼ 71
アシル ACP チオエステラーゼ 57
アシルキャリアプロテイン 56
アセチル CoA カルボキシラーゼ 55
アセチル CoA シンテターゼ 55
アセトシリンゴン 166
圧流説 103
アデノシン 5′- ホスホ硫酸 79, 80
アデノシン二リン酸 3
アデノシン三リン酸 2
アナプレロティック反応 41
アブシシン酸 86, 129, 154, 164
アポプラスト 104
アミノシクロプロパン酸合成酵素 126
アミロース 50
アミロプラスト 14
アミロペクチン 50
アラビノキシラン 47
アルカロイド 83, 93
アルコール発酵 38
アルドース 45
アレロケミカル 100
アレロパシー 100
アンカー型タンパク質 11
アンテナ複合体 22

い・う

硫黄同化 78
異化 3

維管束 6
維管束鞘細胞 32
維管束植物 4
イソアミラーゼ 52
イソチオシアネート 98
イソペンテニルピロリン酸 84
一次細胞壁 8, 9
遺伝子組換え作物 168
インドール 3- 酢酸 110
インベルターゼ 49
ウォール 158

え

栄養細胞 149
液胞 8, 16
液胞膜 16
エチオプラスト 12
エチレン 126
エライオプラスト 14
エレクトロポレーション法 167
エンドソーム 16

お

オイルボディ 64
オーキシン 109
オパイン 166
オリゴ糖 46
オレオシン 65

か

解糖系 35, 36
カイネチン 122
海綿状組織 6
化学浸透説 43
核 12
核酸 1
核小体 12
がく片 158
核膜 12
核膜孔 12
核膜孔複合体 12
カスタステロン 132
カスパリー線 6, 107
活性酸素 42, 98
滑面小胞体 15
仮道管 107
過敏感反応 140
カフェイン 96
花粉管 151
花粉管ガイダンス 151

花弁 158
カルコンシンターゼ 91
カルビン・ベンソン回路 27
カロース 47, 102
カロテノイド 18, 86
カロテン 20
還元的ペントースリン酸経路 27
幹細胞 155

き

器官 5
気孔 6, 164
キサントフィル 20
キシログルカン 47
基部細胞 152
ギブス自由エネルギー 35
キャリアタンパク質 108
休眠 129, 154
共輸送 108
共輸送体 108
極核 150
極性脂質 58

く

茎 5
クチクラ 68
クチン 68
クラウンゴール 165
グラナ 14
クラミドモナス 7
クランツ構造 32
グリオキシソーム 16, 65
グリオキシル酸回路 65
グリセルアルデヒド3-リン酸 27, 28
グリセルアルデヒド-3-リン酸デヒドロゲナーゼ 38
グリセロール3-リン酸 60
グリセロ脂質 58
クリプトクロム 157, 161
グリホサート 169
グルカン水ジキナーゼ 53
グルコース1-リン酸 51
グルコース6-リン酸 36
グルコース6-リン酸デヒドロゲナーゼ 43
グルコシノレート 98
グルタチオン 80
グルタミン合成酵素 71
グルタミン酸合成酵素 71
グルタミン酸脱水素酵素 73

グルホシネート 169
クロマチン 12
クロロシス 69
クロロフィル 18

け

茎頂分裂組織 115, 153
ケトース 45
ゲラニルゲラニルピロリン酸 86
ゲラニルピロリン酸 86
限界日長 156
原核経路 61
原形質連絡 10, 33
原色素体 12

こ

光化学系I 22, 23, 24
光化学系II 22, 23
光屈性 109, 115, 163
光合成有効放射 21
光周性 156
孔辺細胞 6, 164
光量子束密度 17
光リン酸化 26
コケ植物 4
糊粉層 119
ゴルジ体 15
コルメラ 115
根圧 108
根冠 6
根端分裂組織 6, 115, 153
根毛 6, 106
根粒 75
根粒菌 73

さ

サイトカイニン 86, 122
サイトカイニン活性化酵素 124
サイトカイニン受容体 125
サイトカイニンヒドロキシル化酵素 123
細胞骨格 8
細胞内膜系 15
細胞壁 8
柵状組織 6
作用スペクトル 17
サリチル酸 139
サリチル酸メチル 139
酸化的ペントースリン酸経路 35, 43
酸化的リン酸化 35, 41

三重反応 127

し

ジアシルグリセリルトリメチルホモセリン 60
シアニジン 93
シアン耐性呼吸 42
シアン配糖体 99
自家不和合性 151
ジガラクトシルジアシルグリセロール 60
篩管 101
篩管液 102
色素体 12
シキミ酸経路 88
雌ずい 151, 158
システイン 78
システインシンターゼ複合体 79
システインリッチペプチド 146
システミン 138, 146
ジテルペン 86
シトクロム b_6f 複合体 23
シトクロム P450 124, 132, 143
篩板 101
ジヒドロキシアセトンリン酸 28
篩部 6
篩部からの積み下ろし 103
篩部への積み込み 103
ジベレリン 86, 117
子房 149
脂肪酸 55
脂肪酸エロンガーゼ 68
ジメチルアリルピロリン酸 85
ジャスモン酸 96, 135
ジャスモン酸イソロイシン 136
ジャスモン酸メチル 136
柔細胞 6
周辺帯 155
種子植物 4
春化 157
循環的電子伝達経路 25
蒸散 108
硝酸レダクターゼ 70
篩要素 101
小配偶子形成 149
小胞子 149
小胞体 15, 64
助細胞 150
シロイヌナズナ 7
真核経路 61

し（続き）

シンク　103
心皮　158
シンプラスト　104

す

髄状帯　155
スクロース　46, 47, 102
スクロースシンターゼ　49
スクロースリン酸シンターゼ　47
スタキオース　103, 106
ストマジェン　148
ストリゴール　142
ストリゴラクトン　86
ストロマ　14
スフィンゴ脂質　63
スベリン　107
スペルミジン　96
スペルミン　96
スルホキノボシルジアシルグリセロール　60

せ

ゼアチン　122
精細胞　149
セスキテルペン　86
ゼニゴケ　7
セリンアセチルトランスフェラーゼ　79
セルフクローニング　175
セルロース　9, 47
セルロース微繊維　10
全身獲得抵抗性　140

そ

藻類　172
ソース　103
粗面小胞体　15

た

対向輸送　108
対向輸送体　108
代謝　2
大胞子　149
大胞子母細胞　149
脱共役タンパク質　42
タペート組織　149
多量栄養元素　69
短鎖翻訳後修飾ペプチド　146
短日植物　156
単子葉植物　4

タンニン　83
タンパク質　1

ち

チオレドキシン　29, 44
窒素固定　73
チャネルタンパク質　108
中央細胞　150
中央帯　155
中間細胞　106
中心柱　6
中性植物　156
柱頭　151
頂芽優性　113
長日植物　156
頂端細胞　152
超長鎖脂肪酸　68
重複受精　151
チラコイド　12

て

デオキシリボ核酸　1
テオブロミン　96
適合溶質　131
デサチュラーゼ　57
テトラテルペン　86
デルフィニジン　93, 170
テルペノイド　83, 84
デンプン　47, 50
デンプン合成酵素　51
転流　102, 104

と

道管　107
道管要素　107
糖脂質　60
糖新生　65
トールス　107
トランスゴルジネットワーク　15
トランスジーン　170
トリアシルグリセロール　64, 173
トリテルペン　86
トリプトファン　111
トリプトファンアミノ基転移酵素　111

な

内在性タンパク質　11
内皮　6
ナチュラルオカレンス　175

に・ね

ニコチン　93
ニコチンアミドアデニンジヌクレオチド　3
ニコチンアミドアデニンジヌクレオチドリン酸　3
二次細胞壁　8, 9
二次代謝　83
二成分制御系　124
ニトロゲナーゼ　74
乳酸発酵　39
根　5

は

葉　5
パーティクルガン　167
バイオディーゼル　173
バイオ燃料　173
バイオリファイナリー　173
胚珠　149
胚乳　119
ハイパーアキュミュレーター　172
胚発生　152
白色体　14
発芽　154
発酵　38
伴細胞　101
反足細胞　150
反応中心複合体　22

ひ

非維管束植物　4
光呼吸　30
光受容体　159
光中断　156
光発芽種子　160
微細藻類　172
被子植物　4
ヒスチジンキナーゼ　124
皮層　6
ヒドロゲナーゼ　75
ヒメツリガネゴケ　7
表在性タンパク質　11
表皮　6
ピリジンアルカロイド　93
ピリドキサルリン酸　127
微量栄養元素　69
ピルビン酸デヒドロゲナーゼ複合体　39, 55

ピロリン酸依存ホスホフルクトキナーゼ 36

ふ

ファイトケラチン 80
ファイトスルフォカイン 147
ファイトレメディエーション 171
ファルネシルピロリン酸 86
フィコビリソーム 20, 21
フィコビリン 18
フィチン酸 82
フィトール 86
フィトクロム 154, 157, 159
フィトクロモビリン 159
フェニルアラニンアンモニアリアーゼ 88
フェニルプロパノイド 83, 88
フェレドキシン 24, 71, 75
フェレドキシン-NADP還元酵素 24
フォトトロピン 115, 163
フック 154
プテリン 162
ブラシノステロイド 86, 132
ブラシノライド 132
プラストキノン 24
プラストシアニン 24
フラビンアデニンジヌクレオチド 162
フラビンモノオキシゲナーゼ 111
フラボノイド 83, 91
プリンアルカロイド 96
フルクトース 6-リン酸 36
フルクトース 2,6-ビスリン酸 36, 48
プルラナーゼ 52
プレニルトランスフェラーゼ 86
プロトプラスト 168
プロラメラボディ 12
フロリゲン 156
分枝酵素 52
分泌型ペプチド 146

へ

平衡石 115
壁孔 107
ヘキソキナーゼ 36
ペクチン 9
ベタイン脂質 60
ヘテロシスト 75
ペプチド結合 1
ヘミセルロース 9
ペラルゴニジン 93
ペルオキシソーム 16, 30, 31
ベルバスコース 103
ペントースリン酸経路 43

ほ

包膜 12
補助色素 20
ホスファチジルエタノールアミン 60
ホスファチジルグリセロール 60
ホスファチジルコリン 60
ホスホエノールピルビン酸カルボキシラーゼ 33, 34
ホスホグルカン水ジキナーゼ 53
ポリテルペン 86
ポリマートラッピングモデル 106
ポンプタンパク質 108

ま

マイクロボディ 16
膜貫通タンパク質 11
マンニトール 103

み

水ポテンシャル 103
ミトコンドリア 12, 14, 31, 41
ミヤコグサ 7
ミロシナーゼ 98

め

メチオニン 80
メチオニンシンターゼ 81
メバロン酸経路 85

も

木部 6

モノガラクトシルジアシルグリセロール 60
モノテルペン 86

や・ゆ

薬 149
雄原細胞 149
有色体 14
雄ずい 149, 158
輸送細胞 105
輸送タンパク質 108
ユビキチンリガーゼ 115
ユビキノン 41

よ

葉序 155
葉肉細胞 6, 32
幼葉鞘 109
葉緑体 12

ら

裸子植物 4
ラフィノース 103, 106
卵細胞 150

り

陸上植物 4
リグニン 88, 107
リスケ型鉄硫黄タンパク質 24
離層 127
リブロース 1,5-ビスリン酸 27
リブロース-1,5-ビスリン酸カルボキシラーゼ/オキシゲナーゼ 28
リボ核酸 1
量子収率 18
リン 81
リン酸 81
リン脂質 60, 62

る・わ

ルビスコアクティベース 28
ワックス 68

著者略歴

加藤　美砂子
（かとう　みさこ）

1983 年　お茶の水女子大学 理学部 生物学科 卒業
1988 年　東京大学 大学院理学系研究科 博士課程相関理化学専攻単位取得満期退学
1988 年　理学博士（東京大学）
1990 年　株式会社 海洋バイオテクノロジー研究所 研究員
1995 年　お茶の水女子大学 理学部 生物学科 助手
1999 年　お茶の水女子大学 大学院人間文化研究科 助教授
2010 年　お茶の水女子大学 大学院人間文化創成科学研究科 教授
2015 年　お茶の水女子大学 基幹研究院自然科学系 教授
2022 年　お茶の水女子大学 理事・副学長

主な著書・訳書

マリンバイオの未来（共著，裳華房，1995 年）
植物生理工学（分担執筆，丸善出版，1998 年）
植物生理学（分担翻訳，シュプリンガー・フェアラーク東京，1998 年）（現在は丸善出版から刊行）
バイオサイエンス（分担執筆，オーム社，2007 年）
代謝と生合成 30 講（共著，朝倉書店，2011 年）
生化学（分担執筆，東京化学同人，2014 年）

植物生理学 ―生化学反応を中心に―

2019 年　4 月 15 日　第 1 版 1 刷発行
2022 年　5 月 25 日　第 2 版 1 刷発行

検印省略

定価はカバーに表示してあります．

著作者　　加藤　美砂子
発行者　　吉野　和浩
発行所　　東京都千代田区四番町 8-1
　　　　　電話　03-3262-9166（代）
　　　　　郵便番号 102-0081
　　　　　株式会社　裳華房
印刷所　　三報社印刷株式会社
製本所　　株式会社　松岳社

一般社団法人
自然科学書協会会員

JCOPY 〈出版者著作権管理機構 委託出版物〉
本書の無断複製は著作権法上での例外を除き禁じられています．複製される場合は，そのつど事前に，出版者著作権管理機構（電話 03-5244-5088，FAX 03-5244-5089，e-mail: info@jcopy.or.jp）の許諾を得てください．

ISBN 978-4-7853-5239-4

© 加藤美砂子，2019　Printed in Japan